U0386322

本成果受到中国人民大学2021年度
“中央高校建设世界一流大学（学科）和特色发展引导专项资金”
支 持

新·闻·传·播·学·文·库

走向和谐共生

中国环境议题的多元话语建构

Toward Harmonious Coexistence

The Construction of Multiple Discourse on Environmental Issues in China

黄 河 / 著

中国人民大学出版社
·北京·

总　序

自1997年国务院学位委员会将新闻传播学擢升为一级学科以来，中国的新闻传播学学科建设突飞猛进，这也对教学、科研以及学术著作出版提出了新的、更高的要求。

继1999年中国人民大学出版社推出“21世纪新闻传播学系列教材”之后，北京广播学院出版社、华夏出版社、南京大学出版社、中国社会科学出版社、新华出版社等十余家出版社纷纷推出具有不同特色的教材和国外新闻传播学大师经典名著汉译本。但标志本学科学术水平、体现国内最新科研成果的专著尚不多见。

同一时期，中国的新闻传播学教育有了长足进展。新闻传播学专业点从1994年的66个猛增到2001年的232个。据不完全统计，全国新闻传播学专业本科、专科在读人数已达5万名之多。新闻传播学学位教育也有新的增长。目前全国设有博士授予点8个，硕士授予点40个。中国人民大学新闻学院、复旦大学新闻学院等一批研究型院系正在崛起。北京大学和清华大学的新闻传播学教育以高起点、多专业为特色，揭开了这两所百年名校蓬勃发展的新的一页。北京广播学院（后更名为中国传媒大学——编者注）以令人刮目相看的新水平，跻身中国新闻传播教育名校之列。武汉大学新闻与传播学院等以新获得博士授予点为契机所展开的一系列办学、科研大手笔，正在展示其特有的风采与魅力。学界和社会都企盼这些中国新闻传播教育的“第一梯队”奉献推动学科建设的新著作和新成果。

进入新世纪以来，随着以互联网为突破口的传播新媒体的迅速普及，新媒体与传统媒体的联手共进，以及亿万国人参与大众传播能动性的不断强化，中国的新闻传媒事业有了全方位的跳跃式的大发展。人民群众对大众传媒的使用，从来没有像今天这样广泛、及时、须臾不可或缺，人们难以逃脱无处不在、无时不有的大众传媒的深刻影响。以全体国民为对象的新闻传播学大众化社会教育，已经刻不容缓地提到全社会，尤其是新闻传播教育者面前。为民众提供高质量的新闻传播学著作，已经成为当前新闻传播学界的一项迫切任务。

这一切都表明，出版一套满足学科建设、新闻传播专业教育和社会教育需求的高水平新闻传播学学术著作，是当前一项既有学术价值又有现实意义的重要工作。“新闻传播学文库”的问世，便是学者们朝着这个方向共同努力的成果之一。

“新闻传播学文库”希望对于新闻传播学学科建设有一些新的突破：探讨学科新体系，论证学术新观点，寻找研究新方法，使用论述新话语，摸索论文新写法。一句话，同原有的新闻学或传播学成果相比，应该有一点创新，说一些新话，文库的作品应该焕发出一点创新意识。

创新首先体现在对旧体系、旧观念和旧事物的扬弃上。这种扬弃之所以必要，人文社会科学工作者之所以拥有理论创新的权利，就在于与时俱进是马克思主义的理论品质，弃旧扬新是学科发展的必由之路。恩格斯曾经指出，我们的理论是发展的理论，而不是必须背得烂熟并机械地加以重复的教条。一位俄国作家回忆他同恩格斯的一次谈话时说，恩格斯希望俄国人——不仅仅是俄国人——不要去生搬硬套马克思和他的话，而要根据自己的情况，像马克思那样去思考问题，只有在这个意义上，“马克思主义者”这个词才有存在的理由。中国与外国不同，新中国与旧中国不同，新中国前30年与后20年不同，在现在的历史条件下研究当前中国的新闻传播学，自然应该有不同于外国、不同于旧中国、不同于前30年的方法与结论。因此，“新闻传播学文库”对作者及其作品的要求是：把握时代特征，适应时代要求，紧跟时代步伐，站在时代前列，以马克思主义的理论勇气和理论魄力，深入计划经济到市场经济的社会转型期中去，深入党、政府、传媒与阅听人的复杂的传受关系中去，研究新问题，寻找新方法，获取新知识，发现新观点，论证新结论。这是本文库的宗旨，也是对作者的企盼。我们期待文库的每一部作品、每一位作者，都能有助于把读者引领到新闻传播学学术殿堂，向读者展开一片新的学术天地。

创新必然会有风险。创新意识与风险意识是共生一处的。创新就是做前人未做之事，说前人未说之语，或者是推翻前人已做之事，改正前人已说之语。这种对旧事物旧体系旧观念的否定，对传统习惯势力和陈腐学说的挑战，对曾经被多少人诵读过多少年的旧观点旧话语的批驳，必然会招致旧事物和旧势力的压制和打击。再者，当今的社会进步这么迅猛，新闻传媒事业发展这么飞速，新闻传播学学科建设显得相对迟缓和相对落后。这种情况下，“新闻传播学文库”作者和作品的一些新观点新见解的正确性和科学性有时难以得到鉴证，即便一些正确的新观点新见解，要成为社会和学人的共识，也有待实践和时间。因此，张扬创新意识的同时，作者必须具备同样强烈的风险意识。我们呼吁社会与学界对文库作者及其作品给予最多的宽容与厚爱。但是，这里并不排斥而是真诚欢迎对作品的批评，因为严厉而负责的批评，正是对作者及其作品的厚爱。

当然，“新闻传播学文库”有责任要求作者提供自己潜心钻研、深入探讨、精心撰写、有一定真知灼见的学术成果。这些作品或者是对新闻传播学学术新领域的拓展，或者是对某些旧体系旧观念的廓清，或者是向新闻传媒主管机构建言的论证，或者是运用中国语言和中国传统文化对海外新闻传播学著作的新的解读。总之，文库向人们提供的应该是而且必须是新闻传播学学术研究中的精品。这套文库的编辑出版贯彻少而精的原则，每年从中国人民大学校内外众多学者的研究成果中精选三至五种，三至四年之后，也可洋洋大观，可以昂然耸立于新闻传播学乃至人文社会科学学术研究成果之林。

新世纪刚刚翻开第一页，中国人民大学出版社经过精心策划和周全组织，推出了这套文库。对于出版社的这种战略眼光和作者们齐心协力的精神，我表示敬佩和感谢。我期望同大家一起努力，把这套文库的工作做得越来越好。

以上絮言，是为序。

童 兵

2001 年 6 月

前 言

随着“美丽中国”和“促进人与自然和谐共生”等国家战略目标的先后提出，如何通过环境话语实践更好地阐述人与自然的关系、动员全社会力量参与环境治理和构建生态文明体系，已然成为愈发迫切且重大的社会课题。

在环境传播领域，既有的研究已经在环境传播概念和观念、环境新闻报道策略、环境传播与环境治理、社会组织的环境倡导、环境传播中的公众参与等方面积累了较为丰富的成果，这为本研究提供了很多有益的参考。在新媒体快速发展且对传播方式、传播格局和生态治理产生革命性影响的大背景下，对环境传播的研究也亟须摆脱聚焦热点、剖析个案、重在当下、引用西方的阶段式惯性，力求从整体上把握中国环境传播的历史脉络和核心驱力，在新媒体发展浪潮中系统梳理和提炼多元主体针对环境公共议题的交互机制和对话路径，全面构建兼具中国本土特色和国际话语权的环境治理话语体系。

本书旨在顺应上述新形势、新变化、新要求，立足“完善生态文明领域统筹协调机制，构建生态文明体系”的现实需求，针对环境领域日渐凸显的话语冲突及舆论引导困境，综合历时性和共时性的视角，政府、媒体、社会组织和公众四类主体，常规、风险和突发三种环境公共议题，基于多学科知识图谱和多种研究方法，系统阐述中国环境传播的多元话语建构与互动模式，为进一步提升环境决策的合理性与合法性，以及推动环境议题的对话协商提供有益参考。

本书由三大部分共计八章构成。第一部分回顾了新中国成立以来环境传播的演进路线。第二部分阐述了政府、媒体、社会组织和公众这四大类环境传播主体各自建构环境议题、展开话语竞争的动机、方式与特点，全景式把握中国环境传播的生态和格局。第三部分则围绕环境传播的三大议题，基于新媒体语境全面考察、提炼了不同议题中多元主体的互动模式与规律。

第一，新中国环境传播的历史进路与角色嬗变。

我国的环境传播实践有着独特的驱动因素、演变特征和发展规律，若想评估现状、预判趋势，就必须首先考察其历史进路。自 1949 年新中国成立以来，我国环境传播实践随环境保护事业经历了从无到有、由弱至强的发展过程。根据历史背景和主要实践，这一过程可划分为通过卫生宣传服务人民和生产的初级阶段，帮助环境保护工作打开局面的起步阶段，推动环境保护工作家喻户晓的实质性发展阶段，以及助力多元主体共建“美丽中国”的公共化发展阶段四个阶段。伴随着环境传播实践的阶段式发展和跨越，其传播主体、思路、议题、方式等都发生了非常大的转变，在新媒体时代，传播主体从单一变为多元，传播思路由单向输出走向双向对话，传播议题从同一趋向冲突，传播方式由一律转为多样。这样的新语境在给环境传播带来话语冲突、价值混乱、非理性从众行为等挑战的同时，也开启了了解公众的新渠道、解决问题的新思路和推动交互的新路径。

第二，各类主体环境话语建构的基点、逻辑与路径。

当前，我国参与环境话语实践的主体主要为政府、媒体、社会组织和公众。

政府是国家环境保护事业及生态文明建设的首要责任主体，其围绕环境治理所提出的核心理论及战略主张占据环境治理话语的主导地位，代表着国家环境治理的总体思路与价值取向，影响环境治理工作全局。政府环境治理话语变迁的主轴实质上是三类问题：环境战略、环境管理、环境参与。其话语变化既内嵌于我国环境传播实践的四个发展阶段中，也存在着自己的发展节奏与发展指向：环境战略话语在“发展”与“环境”间取舍、平衡直至走向统一；环境管理话语从一体、两翼、多元融合三个方面日渐完善；环境参与话语则从强调义务走向兼顾权利。经由横向和纵向的梳理，可总结出中国政府环境治理话语的三个发展逻辑：其一，中国政府环境治理话语的演进，与其治理实践一道，实质上采取了先协同经济发展后向关注自然价值与自然本体复归的路线；其二，中国政府环境治理话语的出现与革新呈现出很强的内在性，即主要依靠政府内部自上而下的改革动力完成，这与20世纪六七十年代美国等西方国家由公众对自身环境权益的主张推动环保议题进入国家议程及其行动框架的社会路径存在显著差异；其三，从话语传播层面看，居于主导的政府环境治理话语也同样表现出对寻求与积累社会共识的强烈追求。

媒体通过赋予各种“环境议题”不同的显著性影响公众对特定议题重要性的判断，其报道这些议题时采用的建构角度与话语方式也会在很大程度上决定公众的理解与认知方式。基于对《人民日报》这一主流媒体1949—2019年间的8 000余篇环境报道整体形态及话语结构的描摹，可梳理出中国主流媒体环境议题建构的框架特征与话语规律：其一，以政府话语为核心线索，报道规模与议题格局表现出对政府环境议程的跟随；其二，对环境议题的建构蕴含着导向意图，以报道环境保护的成效与政府的环境管理措施为主导，通过对正面议题的强调及宣传性话语策略的使用，有意或无意地对环境议题进行“非问题化”处理；其三，在主体形象的建构上，赋予政府主体显著的主动性，而非政府主体则呈现出被动特征，这既体现在两者形象的从属象征方面，也反映在报道中话语权的对比上。总体而言，虽然环境议题于新时期得到重视并被大量报道，但主流媒体对它的报道并未形成畅通的多元化利益表达机制。这种现象在更加强调平等、沟通、协商的新媒体环境下很可能使传统主流媒体渐渐失去环境议题的话语权，并危及其在环境议题方面的公信力与影响力，因此重塑主流媒体在环境传播中的角色迫在眉睫。

社会组织是构成我国现代环境治理体系的重要力量，其主要借助环境倡导和绿色广告两类典型环境话语参与到环境议题的建构中。环境倡导一般由环保组织主导，其要解决的三大问题为明确行动目的、划分目标受众和发展影响决策者的战略。具体到某一议题的建构中，则又可细分为环境议题的科学化与宣称、环境议题的形象化与传播、环境议题向实际行动转化和环境议题推动政策改变四个阶段，贯穿这一建构过程的，是作为前端的全国性或国际性环保组织、作为中端的地方性环保组织以及作为后端的公益环保社团等主体的接力式互动与协调。绿色营销主要由企业实施，其目标为谋求社会利益、企业利益和环境利益的平衡。传统绿色广告和绿色逆营销广告在特定情境下都具有良好的效果。对企业而言，传达自身发展理念与社会责任的环境传播是一个持续的过程，企业不仅要增加和优化环境话语中的实质内容，还应注重与社会公众的日常沟通。

公众的环境话语建构在议题选择、话题转换、逻辑设计、叙事方法、动机和目标等方面与其他主体相比都呈现出非常明显的差异。针对环境议题，公众在社交平台上的会话有扩散式、中断式、接续式和单一式四种结构。实际上，并非所有的会话都是理性的、双向的、持续且建设性的，若要实现真正的协商对话，还需要政府、平台乃至社会在公民之维、空间之维和陈述之维持续改进和优化。在环境风险议题中，公众会出于对不确定性的恐慌，负向建构风险管理者和风险议题本身的后果、管理水平、决策过程，从本质上看，这一行为的终极目标是通过制造舆论对风险议题施加社会控制。在新媒体背景下，公众对媒介的使用已超出信息消费这一初级范畴，而更多地涉入社会参与领域，希望以此维护个人权益，改进公共生活的现状。因而，解决负向建构这一问题的核心在于“参与素养”的培养，让公众正确、正向地行使自己的权利，通过有益的信息生产行为对环境公共议题发表意见，并通过与其他社会主体展开建设性对话，实现参与和完善社会公共生活的总体目标。

第三，多元主体围绕三类环境公共议题展开互动的特征、问题和对策。

根据属性的差异，我们可将环境公共议题划分为常规环境议题、环境风险议题和突发环境事件议题三类。各主体围绕不同议题进行互动的方式差别很大，对其特殊性加以分析总结，既有助于鸟瞰新媒体语境下环境公共议题多元互动的全貌，又有利于提炼更有针对性、指导性和可操作性的对策建议。

常规环境议题表现为持续的、变动的环境议题，这些议题基本上可以反映我国环境发展的核心议题。“雾霾归因”是典型的常规环境议题，在多元主体历时 8 年的讨论中，其各归因项在以媒体为中介、政府和公众交替主导话语格局的交互路径中出现了共识度和显著性的分化。内生于这一话语实践过程的是三种环境传播的多元话语交互机制，以及三个关键环节：建构话语的合法性、获取议程可见性和顺应主体预期。关于“垃圾分类”政策的沟通也是非常有代表性的环境公共议题互动，对其进行共时性考察可归纳出影响公众与政府话语交互的四个重要因素。其中，个体垃圾分类意识起到主导作用，政策传播因素会加以持续影响，群体规范因素能够促进效果的优化，而外部制度因素则是效果的保障。相应地，推动这一政策沟通的优化需要加强垃圾分类普及教育、明确社会机构角色定位、利用群体规范约束个人行为、确保政策执行公开透明。

环境风险议题关涉公众自身的健康、安全与环境权益，常表现出较强的话语冲突和对抗，对这一症结根源的剖析需从关键主体在议程建构和互动之中的表现着手。通过对典型邻避事件的梳理和分析发现，公众借助舆论实施社会控制的手段有三种，即表达对立性意见以争夺话语权、宣泄负面情绪进行交往压迫、发起行动对抗谋求实质变革。作为公众主要信源的媒体，在议题建构效果方面存在着负向优于正向、新议题优于旧议题的“不对称”效果；而作为风险管理者的政府和企业又在公众对于风险的判断、公众的特征和需求等方面存在认识误区，使得风险沟通的对抗、阻滞和错位成为老问题。解决这一问题的重要手段是风险认知差距的弥合。在运用心智模型理论和实验法加以研究后我们发现，在各类风险沟通信息中，旨在说明邻避设施技术原理与运作流程的“工艺流程”信息，可在改善公众风险感知以及提升公众支持度等方面发挥一定功效。

与环境风险议题相比，在突发环境事件议题的建构中，政府、媒体、公众及其议程之间的对抗性有所下降，但批评性和质疑性仍存。其中，大众媒体扮演了最为关键的角色，其既能通过曝光、共鸣等方式赋予事件议题更高的社会能见度，也能在事件议程的建构过程中挖掘、展示不同的议题属性并对之展开批评性建构，引领公众议程对事件议题的认知和责任归因。相比较而言，政府作为危机应对主体，对事件议题的事实层面的议程建构能力较强，但其采用的延迟发布和保留发布策略为媒体和公众进行议程建构“让渡”出了很大的空间，从而使突发环境事件的议程建构呈现出明显的批判性、质疑性特征，进一步导致政府的舆情应对陷入失信、失效和失序的困境。回溯“天津港爆炸事故”可以了解到，新媒体为个体记忆话语提供了发布、存储、传播与共享的平台，借由广泛的群体互动与记忆流动，个体与他者在围绕事件归因及关键主体责任等方面渐趋达成共识，使得个体记忆能够超越个体的限制转化为带有群体一致的社会经历与精神特征的集体记忆，成为公众日后认知、衡量、评判类似事件的意识刻度与类比标尺。社会管理者理应认识到，积极的集体记忆将会成为形塑信任与认同的重要力量，消极的集体记忆则可能蕴含着价值分化、信任瓦解与认同解体的风险与危机。

总体而言，本书力求对中国环境传播的进路、规律、要点做出全景式分析，系统构建新时代中国特色环境传播体系，通过梳理、分析多元社会主体建构环境公共议题的历史脉络和现状特征，为环境决策合理性与合法性的提升、生态文明领域统筹协调机制的完善提供包含历史参照、经验参考、问题反思的“中国样本”；进而聚焦中国环境传播及环境治理领域的话语冲突、认知分歧和信任缺失困局，设计弥合认知差距、化解负向建构、形塑正向记忆、达成多元共识的“中国方案”。

从 2013 年机缘巧合涉足环境传播至今，我和我的团队已经在这一领域持续研究近 10 年。作为以国家社科基金项目“新媒体语境下环境公共议题的多元话语建构与互动研究”（17BXW055）为基础延展、完善的一项成果，本书既是这些年我们学术坚守的一个见证，也是我们对重大社会问题的主动跟进、动态思考和系统回应，希望读者能从中找到这些问题的“真答案”与“好答案”。最后，感谢中国人民大学新闻学院的领导和同事们的大力支持，感谢中国人民大学出版社编辑老师的专业帮助，感谢环境传播领域学界和业界诸多前辈同仁的实践探索与智慧结晶，感谢为我们展开研究提供便利与协助的各界朋友，感谢课题组成员刘琳琳、杨小涵、邵逸涵、王芳菲、翁之颢、邵立、张含笑、贾挺、田以丹、程晛、曹晓静、郑晓霞、董骁、杨茜婷、王潇怡、郭忆馨为本书做出的贡献。

期待“美丽中国”的目标早日实现。

黄河

2022 年 1 月

目　录

第一章　新中国环境传播的历史进路与角色嬗变

时至今日，国内外对环境传播的作用已经形成基本共识。作为建构环境问题、宣扬环保主张、表征环保意义和践行环境教育的话语性实践，环境传播能帮助我们了解环境以及我们与自然间的关系，调节个人对自然和环境相关问题的信仰、态度和行为[①]，这又有利于针对环境议题的对话协商的开展、社会共识的达成，从而促进环境冲突的消除、环境问题的解决、生态文明的建设、社会秩序的重构，以及实现人与自然和谐共生的现代化。

尽管在世界范围内，环境传播研究于 20 世纪 60 年代起步，在 20 世纪 70 年代环境传播的概念才开始进入公众视野[②]，但与这一概念有关的实践却由来已久，例如环境文学、环境科普和环境新闻报道。自 1949 年新中国成立以来，环境传播实践随环境保护事业的发展经历了从无到有、由弱至强的发展过程。如今，除了前述三类，环境信息公开、环境舆情应对、环境保护活动、环境公众参与等也都属于环境传播的范畴，成为新中国生态环境保护事业的重要组成部分，并深刻地影响着新中国的历史变迁与社会变革。

回望新中国环境传播的演进，我们可以看到，在社会背景、政策法规、传播技术、现实问题及国际大环境等因素的影响下，环境传播的功能和目标、参与主体、传播形态、核心议题、互动机制均呈现出鲜明的阶段性特征，对这些特征加以总结分析有助于我们更好地把握环境传播的规律，并预判其发展方向，为环境传播的优化提供有益的参考。

根据历史背景和主要实践，我们可以将新中国环境传播的发展划分为“初级阶段”“起步阶段”“实质性发展阶段”和“公共化发展阶段”四个阶段。

---

① 考克斯．假如自然不沉默：环境传播与公共领域：第 3 版［M］．纪莉，译．北京：北京大学出版社，2016：21－23.

② 刘涛．“传播环境”还是“环境传播”?：环境传播的学术起源与意义框架［J］．新闻与传播研究，2016，23（7）：110－125.

一、通过卫生宣传服务人民和生产的初级阶段

对于新中国环境传播的开端，一种较为常见的论断是新中国的环境传播始于1972年我国派代表团参加联合国人类环境会议，受此次会议和次年召开的第一次全国环境保护会议的影响，围绕我国环境问题及推动环境保护的宣传活动才开始广泛进行。然而不能忽视的是，新中国成立至1972年之间，与环境有关的信息传播活动也不同程度地存在且发挥了积极的作用。

新中国在成立之初，面临众多亟须治理的社会问题，其中比较迫切的是公共卫生状况恶劣及多种疫病流行。因此，当时中国政府开展了一项重要工作，即卫生防疫工作。卫生防疫工作的主要举措为在各地——特别是城市——动员开展以疏浚河湖沟渠、清除旧社会积存多年的垃圾、修缮厕所和下水道等为主的“清洁大扫除运动”（见图1-1）。而“清洁大扫除运动”也成为最早出现在新中国国家议程中的环境治理话语。

讓我們的首都更加乾淨美麗

全市人民舉行清潔大掃除

【本報訊】爲了慶祝國慶節和迎接亞洲及太平洋區域和平會議，全市人民在愛國衛生運動的基礎上，最近舉行了一次清潔大掃除。

這次全市大掃除，發動得非常普遍。宣武區第八派出所管界的居民，百分之九十以上都參加了大掃除。第二和第九派出所都組織了幾千人，把街道掃得非常乾淨，並將坑窪的地方墊得很平。掃除工作比過去做得更加徹底。各區居民的屋裡，院內以及街巷都弄得很整潔。東四區鄭家胡同十九號，不但室內外沒有蚊蠅，沒有塵土，而且養着鷄却不見地上有鷄糞。南苑一帶的居民還修好四條土路，下雨也可以不蹚泥了。

經過這次大掃除，克服了愛國衛生運動發展不平衡的現象。例如：東四區第九派出所管界，運動展開以來，一直是個空白點。這次，當地居民都組織起來了，大家進行了室內外大掃除，連窗戶欄上也摸不着一點土。街道掃得更是乾淨，並且拔了七十多大車的雜草。

爲了經常保持清潔，很多區的市民都健全了各種衛生制度。東單區北蠍蛄巷一帶居民，規定分段負責街巷的清潔工作。西單區第八派出所管界內的雨水口、滲水井、公厠都有專人負責管理。

在這次大掃除中，廣大的羣衆更高度地發揮了自覺性；而且還顯示了團結互助、集體主義的精神。如崇文區鐵路職工宿舍靠近鐵道，宿舍的家庭婦女就自己組織起來，把鐵道兩旁坡上的草，及靠近鐵道護城河邊上的草，都拔除了，並且把附近掃得非常乾淨。各區很多街巷的居民，都訂了定時掃街潑水的制度。

（鄭幼德、李晴家）

图1-1　1952年国庆节，关于北京人民开展清洁大扫除的相关报道（1952年10月1日，《北京日报》第3版）

1952年，我国又发起了对环境介入更深的“爱国卫生运动”，采取除四害（老鼠、苍蝇、蚊子、麻雀）、农村“两管五改”（管水、管粪、改水井、改厕所、改炉灶、改牲口棚、改室内外环境）、治理脏乱差等多项环境管理措施。

与同期其他群众运动相同，上述两项运动均是通过政治动员自上而下推广和贯彻的：一是借助强有力的党政各级组织对人们进行思想和行动动员，如在座谈会、干部会、群众会上进行口头宣传，利用黑板、墙体、标语等做文字宣传，组织医药卫生展览会等；二是利用报纸、广播等大众媒体对民众进行宣传鼓动和思想教育。受政治动员的影响，该时期有关“环境卫生”的媒体话语也表现出极其显著的政治意识形态特征，如“到环境卫生管理所去为工人阶级掌权！”“他越学越感到对不起伟大领袖毛主席，越感到不愿去环境卫生管理所工作，就是不愿继续革命，就是在继续革命的道路上开小差”“他坚定地表示，为革命甘当一辈子清洁工人，把继续革命道路上的‘垃圾’统统扫掉”[①]。而无论是何种形式、何种话语，这一阶段环境传播的目标与上述运动的核心目标高度一致，皆是“为劳动人民（健康）服务”和“为生产服务”。从效果上看，这些运动不仅积极动员了全国各阶层人民，也让群众受到了深刻的清洁卫生教育，我国的卫生工作有了很大的进展。[②]

实际上，在20世纪五六十年代我国还因为“大跃进”等运动的影响而存在一些环境污染和生态破坏问题，但由于国家主导任务和主流话语的因素，这些环境问题并未受到足够的关注。

二、帮助环境保护工作打开局面的起步阶段

上述情况在20世纪70年代迎来转机。一方面，在20世纪60年代后期，西方国家在遭遇大规模的环境保护抗议后普遍开始反思战后经济快速发展所付出的环境代价，环境治理成为国际社会的热点议题；另一方面，国内长期粗放的工农业生产带来的环境污染与生态破坏持续累积，此前的环境公害是资本主义国家独有的、计划经济不会造成环境问题的统治性观点

① 环境卫生管理所的好“班长”[N]. 人民日报，1969-12-06 (3).

② 肖爱树 .1949～1959年爱国卫生运动述论 [J]. 当代中国史研究，2003 (1)：97-102，128.

受到冲击，环境问题由此得到国家高层重视，以周恩来为代表的部分国家领导人开始在内部会议中提出要研究工业发展中的公害问题[①]，学习国外环境治理经验。

在此背景下，中国派代表团于1972年参加了联合国人类环境会议，在会上阐述了中国政府在环境问题上的基本立场、观点和原则，这成为中国参与国际环境事务的开端。中国代表团团长、时任燃料化学工业部（已撤销）副部长的唐克在会议上表示，维护和改善人类环境，是关系到世界各国人民生活和经济发展的一个重要问题，中国政府和人民积极支持此次会议。会议通过了对于人类环境保护而言具有里程碑意义的《人类环境宣言》，中国代表团在讨论、修改这项宣言的过程中据理力争，极大地维护了中国及广大发展中国家的利益。中国代表团的总结报告这样评价："大会通过的《人类环境宣言》，基本上去掉了原宣言草案中的反动观点。接受了我国关于世间一切事物中，人是第一个可宝贵的，充分肯定人民群众在创造历史、改善环境方面的决定作用的观点，关于强调发展中国家应当主要通过发展经济去改善环境的观点，关于保护发展中国家利益的观点，关于支持各国人民反对公害斗争的观点。有的条文全文接受了我修正案中的条款。"[②] 在此次会议上，中国代表团还首次提出了我国环境保护工作的"32字"方针，即"全面规划、合理布局，综合利用、化害为利，依靠群众、大家动手，保护环境、造福人民"[③]。

周恩来总理在听取代表团工作汇报后当即表示："对中国环境问题再也不能放任不管了，应当提到国家的议事日程上来了！"[④] 1973年8月，我国紧接着以国务院的名义召开了第一次全国环境保护会议，进一步确立了推进新中国环境保护工作的上述"32字"方针。这一方针包含四个基本内容：(1) 全面规划、合理布局，阐明环境保护是国民经济发展规划的一个重要组成部分，必须纳入国家、地方和部门的社会经济发展规划，保证经济和环境的协调发展；(2) 综合利用、化害为利，要对工农业生产和居民生活排放的污染物展开综合利用，

---

① 曲格平．中国环境保护四十年回顾及思考（回顾篇）[J]. 环境保护，2013，41（10）：10－17.

② 曲格平，彭近新．环境觉醒：人类环境会议和中国第一次环境保护会议［M］. 北京：中国环境科学出版社，2010：215.

③ 我国代表团出席联合国有关会议文件集（1972）［M］．北京：人民出版社，1972：275.

④ 同②16.

变废为宝，促进经济发展；(3) 依靠群众、大家动手，即把环境保护事业作为全国人民的共同事业，强调群众路线的必要性，扩大环境保护事业的群众基础在今后很长一段时间内成为环境保护工作的重要方面；(4) 保护环境、造福人民，表明环境保护的根本目的是促进国民经济持久健康发展，为人民生产生活创造良好的环境条件。“32 字”方针体现出的预防为主、对资源充分利用和群众参与等思想，对今天的环境保护工作仍然有着积极意义。会议还通过了《关于保护和改善环境的若干规定（试行草案）》，此项规定以“32 字”方针为出发点，对做好全面规划、实现工业合理布局、改善老城市的环境、综合利用和除害兴利、加强对土壤和植物的保护、加强水系和海域的管理、植树造林和绿化祖国、开展环境监测工作、发展环境保护的科学研究和宣传教育、安排落实环境保护投资和设备十个方面的内容做了具体规定，在此后相当长的时间内起到了临时环保法的作用。1974 年，国务院环境保护领导小组成立，下设办公室。这是我国第一个环境保护机构，负责统一管理全国的环境保护工作，它的出现标志着环境保护正式进入国家管理架构。

环境保护工作的起步对推动环境传播进程具有关键意义。从根本上看，政府对环境问题的承认为环保议题提供了合法性支持，“环境保护”开始作为独立的话语和报道主题出现在中国政治议程与大众媒体上。具有政治风向标意义的《人民日报》于 1973 年 6 月 16 日发表了第一篇以环境保护为主题的社论文章（见图 1－2）。文章一方面批判资本主义国家中的垄断资本为追逐利润，肆意排放工业“三废”（废水、废气、废渣）、肆意开发自然资源，严重污染和破坏环境、威胁劳动人民健康；另一方面也在肯定社会主义制度优越性的同时，承认社会主义条件下也会存在环境问题，指出在发展社会主义经济的同时要注重环境保护，强调保护环境的重要意义，即保护环境契合“一切从人民的利益出发”的社会主义经济发展目的，也可满足发展本身的需要。最后，文章指出，“综合利用，化害为利”将是发展经济和保护、改善环境的重要途径。此外，基于“依靠群众、大家动手”的工作方针，第一次全国环境保护会议明确指出“要采取各种形式，通过电影、电视、广播、书刊，宣传环境保护的重要意义，推动环境保护工作的开展”。

1973年6月16日 星期六 第二版

人民日报

经济发展和环境保护

在资本主义国家中，工业生产排出的废水、废气和废渣等有害物质越来越多，造成了对环境的严重污染和破坏，威胁着广大人民的身体健康。因此，经济发展和环境保护的问题引起人们广泛的注意。我国社会主义建设正在蓬勃发展，正确处理经济发展和环境保护的关系，充分发挥社会主义制度的优越性，做到既高速发展经济，又保护并不断改善环境，这对进行社会主义建设、巩固无产阶级专政具有重要意义。

（一）

（二）

（三）

图1-2　1973年6月16日刊登于《人民日报》第2版的社论文章《经济发展和环境保护》

受此政策影响，相关政府机构也将环境宣传作为帮助环境保护工作打开局面、扩大环境保护事业群众基础的重要手段，《环境保护》（见图1-3）杂志由此创办，大众媒体中环境报道的数量在这一阶段有了大幅增长。以《人民日报》为例，其在1972—1978年7年间发表的“环境”主题报道总量为85篇，而在1949—1971年的20多年里这一数量仅为49篇。值得一提的是，环保类图书此时也作为内部批判性资料出现，如《环境保护知识讲座选编》《公害引起的疾病》《谈谈空气污染》《环境保护浅说》等，这些出版物多以对环境保护基础知识和公害影响的介绍为主要内容，通常是集体编译，出版数量较少，国外译著较多。[①]

虽然环境宣传开始得到政府机构的重视与支持，但需要看到的是，在当时“文化大革命”的政治背景下，作为“中国社会主义黑暗面”[②] 的环境问题仍比较敏感。而在这一时期，环境保护尚未被纳入国民经济发展计划之中，也缺乏专门的法律对其加以保障，因此，围绕环境问题的宣传、报道活动实际非常有

① 张毓．环保书出版研究：以1995—2009年环保出版为基础［D］．保定：河北大学，2011．

② 曲格平．中国环境保护四十年回顾及思考（回顾篇）［J］．环境保护，2013，41（10）：10-17．

图 1-3　1973 年《环境保护》杂志创刊号封面

限，内容也比较谨慎。就新闻报道来说，该阶段的环境传播紧跟政府环境治理的中心议题，将防止和消除工业生产中产生的“三废”污染列为重点，在话语策略上主要采用政治经济话语和规制话语。

政治经济话语重在宣传环境保护的积极意义，将环境保护与社会主义建设、人民健康乃至巩固无产阶级专政相联系，强调开展环境保护工作的价值。譬如，1974 年 9 月 17 日刊登于《人民日报》第 2 版的评论文章《重视环境保护工作》指出“保护和改善环境，消除工业‘三废’污染，是关系到保护人民健康、巩固工农联盟和多快好省地发展工农业生产的一个重要问题”，“保护和改善环境，从根本上说，就是保护广大人民群众和子孙后代的健康，以保护和促进生产力的发展”，“关系到亿万人民群众切身利益”。

规制话语则重点论证社会主义制度在合理规划、发动群众、保护环境中具备的优越性，这其中尽管承认了社会主义经济模式也会带来环境问题（如工业发展一定会产生“三废”），但对“问题”本身，如当前环境污染的程度、生态破坏的状况等，却基本没有进行客观具体的描述。如 1974 年 10 月 10 日《人民日报》第 1 版登出的《发动群众消除烟尘 不断改善城市环境》一文，报道了沈阳市狠抓消除烟尘污染工作，使得工业区过去那种烟尘弥漫、“黑龙”乱舞的现象大为改观，而这一变化得益于中共沈阳市委充分发动和依靠群众、搞好环境保护的工作努力；报道强调在社会主义制度下，我们不仅能够高速发展生产，而且可以保护和改善环境，消除“三废”污染。该篇报道重点描述了沈阳市在消除烟尘方面的积极努力，但对我国当时的工业烟尘污染情况只是一笔带过。

三、推动环境保护工作家喻户晓的实质性发展阶段

1979年后新中国的环境传播进入实质性发展阶段。随着改革开放大幕的拉开，为保障社会主义现代化建设的长久发展，中央政府大幅提高了对环保工作的重视，于1979年颁布了新中国第一部综合性环境保护法《中华人民共和国环境保护法（试行）》，随后又在1982年成立了城乡建设环境保护部（已撤销）。1983年12月31日到1984年1月7日，第二次全国环境保护会议在北京召开，在这次会议上，保护环境被确立为我国必须长期坚持的一项基本国策，同时制定了经济建设、城乡建设和环境建设同步规划、同步实施、同步发展，实现经济效益、社会效益、环境效益相统一的指导方针。上述措施不仅使环保工作从之前现代化建设的边缘位置移到中心，也为环境传播的发展创造了新的机遇。以20世纪80年代中期为界，这一阶段环境传播的实质性发展大致可分为两个时期。

第一个时期为1979年至80年代中期，在政府主导下，我国的环境传播体系通过体制手段被架构了起来：

其一，每年设定宣传主题并以行政命令的形式组织大众媒体、各级环境管理部门开展广泛、持续的环境宣传活动，力争让环境保护“家喻户晓”。[①] 具体包括举办世界环境日、地球日等环保纪念活动，举办环保宣传周，开展建设绿色学校和绿色社区、环保知识下乡等活动。

其二，出版更多的环境保护图书，创办更多专业的环境保护报刊。以中国环境科学出版社（1980年）、《世界环境》杂志（1983年）、《中国环境报》（1984年）等为代表的覆盖政策、学术、科普等领域的国家级出版社、报刊在这一时期集中创立（见表1-1）。

---

① 国家环境保护局办公室．环境保护文件选编：1973—1987［M］．北京：中国环境科学出版社，1988：111-115.

表 1-1　早期的环境保护出版社与报刊

刊物/机构	定位	宗旨	主要栏目/出版范围	创刊号/标识
《环境保护》	全国环境保护领域最具权威和影响力的综合性期刊	权威的政策解读、深度的形势分析、实用的业务探讨	资讯快递、政策导航、特别关注、国际瞭望、环保漫笔、一线来风等	
中国环境科学出版社	全国唯一一家以环境科学书刊为主要出版对象的专业出版社	宣传党和政府的环境保护方针政策，传播环境科学知识，提高全民族的环境意识	环境管理、环境工程、环境法学、环境经济、环境监测等	中国环境出版集团
《世界环境》	注重政策导向的学术信息刊物	把握全球环境保护的前沿动态，追踪发展趋势，提供可资借鉴的实例与观点，为中国环境决策提供信息和建言献策	特稿、综述、法制与管理、大气、水、固体废弃物、能源、自然与生态保护等	世界環境
《中国环境报》	全球唯一的国家级环境保护报纸	防治污染，改善生态，促进发展，造福人民	要闻、观点、人物、综合新闻、对话、法治、生态、城市、环球等	中國環境報 ZHONGGUO HUANJING BAO

其三，推进环境教育，建立并完善了在职环境教育、高校环境专业教育以及中小学环境普及教育三位一体的环境教育框架，环保书籍的种类和形式都开始不断丰富，《环境保护与综合利用》（1982 年）等专业教材得以问世。

第二个时期为 20 世纪 80 年代中期至 2003 年前后，在这一时期，大众媒体站到了环境传播前列，环境传播进入规模化发展的快车道。

就政策来看，1990 年，国务院要求宣传教育部门把环境保护的宣传教育列入计划，利用多种形式大力开展针对“保护环境是一项基本国策”、《中华人民共和国环境保护法》（以下简称《环境保护法》）以及有关资源保护的宣传教育活动，普及环境科学和环境法律知识，提高全民族特别是各级领导干部的环境意识和环境法制观念，树立保护环境人人有责的社会风尚。同年，第一次全国环境保护宣传工作会议在北京召开，提出要振奋精神努力进取，大力加强环境保护宣传工作，明确了环保工作能否持续发展、能否打开局面，要看宣传教育能否跟上，这标志着环境保护宣传工作进入了新的阶段。① 此后我国开展了一系列环境保护的理论建设、政策制度建设、法制建设和管理体制建设工作，逐步形成和完善了有中国特色的环境保护政策体系。

以主体观之，除了政府组织创办的环境专业期刊及《人民日报》等开辟环境专栏的国家级媒体外，更多的全国和地方媒体开始关注环境议题，环境报道、环境节目不断丰富。以电视媒体为例，1994 年 5 月 11 日，以“讴歌生命，关注环境”为宗旨的《人与自然》节目（见图 1－4）在中央电视台开播，主题涉及环境保护与发展问题、人与自然的相处方式、探索大自然等方面，兼具知识性和趣味性，在社会民众中获得了积极的反响。1999 年第一季度的电视节目观众满意度调查显示，《人与自然》在中央电视台专题节目中名列第一，无论是综合评分、知识内容评分、表现形式评分、主持人评分还是播出时间评分，《人与自然》均获第一。②

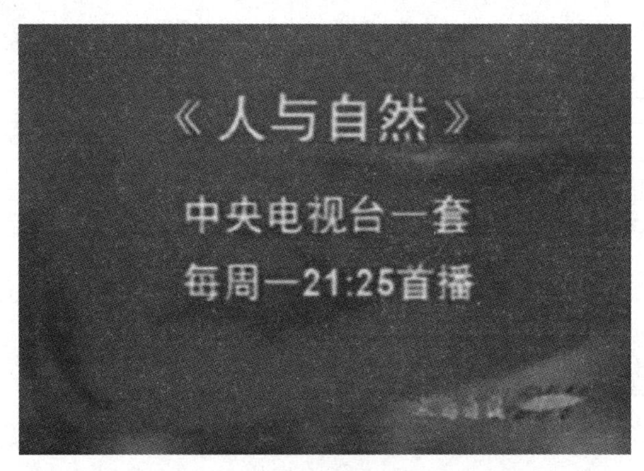

图 1－4　1999 年在中央电视台播出的《人与自然》节目

此外，中央电视台还创办了《绿色空间》《地球故事》《真情无限》等新栏目，CCTV-7 播出了一档由社会人士制作的环保节目《环保时刻》，《焦点访谈》

① 《改革开放中的中国环境保护事业 30 年》编委会．改革开放中的中国环境保护事业 30 年［M］．北京：中国环境科学出版社，2010：407－421．

② 姚桂松．论《人与自然》栏目的发展历程及其走向［EB/OL］．（2001－08－08）［2021－01－03］．http：//www. cctv. com/geography/human _ nature/bdzs/20010808/48. html．

《经济半小时》等权威栏目经常播出有关环保的舆论监督报道。[①] 至于地方电视媒体，广西电视台于1997年在各省台中率先开办了以环境、生态和资源为主题的环保电视栏目《生存空间》，此外，湖北电视台开播的综艺型环保栏目《幸运地球村》、江苏卫视推出的环保类节目《绿色报道》、北京电视台的《绿色经济》等都具有较强的影响力。

在数量增长、类型丰富的同时，环境报道的水平也有了显著提高。一方面，这一时期涌现出大批优秀的环境报告文学作品，如沙青的《北京失去平衡》(1986年)，徐刚的《伐木者，醒来!》(1988年)、《中国风沙线》(1995年)，黄宗英的《天空没有云》(1991年)、《没有一片树叶》(1991年)，张建星的《酸雨——关于我们质量的悲剧》(1990年)，等等(见表1-2)。

表1-2　20世纪八九十年代部分环境报告文学作品

文学作品	作者	图片	介绍
《北京失去平衡》	沙青		通过大量的事实和数据，揭示出北京缺水的严酷现实和真实原因，发出保护环境、珍惜水资源、科学用水的呼吁
《伐木者，醒来!》	徐刚		讲述了伐木给人类带来的种种危害，指出"日益残破的森林哺育着日益膨胀的人类"，发出"伐木者，醒来"的呐喊，呼吁保护森林、保护地球

① 王芙蓉．环保类电视节目的危机及出路[J]．中国广播电视学刊，2008(8)：19-21.

续表

文学作品	作者	图片	介绍
《没有一片树叶》	黄宗英	没有一片树叶 ——电视纪录片《望长城》拍摄散记	记录了《望长城》纪录片拍摄行程中一段有关罗布泊的故事，以自然之笔书写自然，由追忆历史转向对话自然、关注生命，指出“罗布泊本身是一座生态危机鸣警的大烽火台”

另一方面，以自1993年起每年一次的中华环保世纪行宣传活动为开端，各级新闻媒体纷纷深入报道各地环境污染、生态破坏的问题。中华环保世纪行宣传活动是由全国人大环境与资源保护委员会会同中共中央宣传部、水利部等14个部委开展的活动，每年组织《人民日报》、新华社、中央电视台、《中国环境报》等数十家新闻单位的记者深入污染严重的地区调研采访。该活动每年围绕一个宣传主题进行，包括“向环境污染宣战”（1993年）、“保护生命之水”（1996年）、“爱我黄河”（1999年）、“珍惜每一寸土地”（2004年）、“让人民呼吸清新的空气”（2009年）等。

这样的行动在很大程度上解决了一些现实环境问题。2000年，因有群众举报山西清徐土暖气厂污染严重导致工人患上肺癌，中华环保世纪行宣传活动立即组织记者前往采访。记者在调查中发现，这个号称“中国暖气片工业城”和“全国乡镇企业示范区”的清徐县，有数百家原始落后的土暖气厂，暖气厂的工人在没有保护设施的环境中工作，多人患上严重肺部疾病。通过此次行动，借助媒体的力量，清徐县开展了大规模的关闭污染企业行动，使污染得到了初步控制。2002年，中华环保世纪行宣传活动记者在内蒙古采访时发现，一些重污染企业打着高新技术的旗号，开始由发达地区向西部地区转移。由于记者的关注与报道，西部大开发中“污染西移”的现象受到了关注，相关问题得到了解决。

中华环保世纪行宣传活动引发社会强烈反响。据不完全统计，截至2002

年，全国共有 5 万人次记者参加了中华环保世纪行宣传活动，发表各类报道 15 万篇（条），促使各级政府及有关部门解决了超 2 万个环境问题[①]，包括推动怒江建坝事件中公众与政府的对话和问题的解决、藏羚羊的生存困境解决、制止污染企业西移等。受环境传播的影响，公众对自身的环境权益愈发关注，由国人创建的民间环保组织（见表 1-3）陆续进入公众视野，如全国性的“自然之友”（1993 年）、“北京地球村”（1996 年）、“绿家园志愿者”（1996 年），地域性的“绿色汉江”（2002 年）等，它们通过发起环保活动、宣传环保观念、开展环境监督等方式活跃在中国环境保护的舞台上。

表 1-3　部分有代表性的民间环保组织

民间环保组织	创始年份	创始人	定位	特色活动
自然之友	1993 年	梁从诫、杨东平、梁晓燕、王力雄	建设公众参与环境保护的平台，让环境保护的意识深入人心并转化成自觉的行动	绿孔雀保护公众行动；垃圾减量；蓝天实验室
北京地球村	1996 年	廖晓义	通过营造大众环境文化，促进中国可持续发展	在 CCTV-7 制作播出《环保时刻》；出版《公民环保行为规范》《儿童环保行为规范》以及《绿色社区指导手册》《绿色之声——环保歌曲集》等读物
绿家园志愿者	1996 年	汪永晨	依托环境记者沙龙平台倡导环保领域的信息公开、公众参与、科学决策，致力于气候变化、江河保护、企业环境责任、低碳生活等领域，推进环境信息的公开化，提高公众对环境保护的关注与参与，推进环境公共决策的科学化和公平性	绿家园环境记者沙龙；江河十年行；黄河十年行；北京观鸟活动；汶川地震绿丝带活动；26 度空调活动
绿色汉江	2002 年	运建立	保护汉江流域特别是汉江中游襄阳段的生态环境	水环保的绿色汉江模式；探访汉江源等环保行考察活动

① 张威．绿色新闻与中国环境记者群之崛起［J］．新闻记者，2007（5）：13-17．

续表

民间环保组织	创始年份	创始人	定位	特色活动
绿色江河	1995 年	杨欣	推动和组织江河上游地区自然生态环境保护活动，促进中国民间自然生态环境保护工作的开展，提高全社会的环保意识与环境道德，争取实现该流域社会经济的可持续发展	中国城市的青少年环保教育；长江冰川拯救行动；长江源水生态环境拯救行动

值得一提的是，随着互联网的快速发展，网络媒体渐渐成为政府、媒体机构、社会组织乃至普通公众的另一个环境传播阵地。政府方面，1997 年，第一个政府类环境保护网站“新疆环境保护”创建，主要功能包括信息发布、在线讨论、建设网站、组织活动、招募志愿者、在线请愿和在线合作等；在 1999 年国家启动了“政府网站工程”之后，更多的政府环保部门开始建设环保政府网站。媒体机构方面，除了环境媒体自建的中国环境网等，有的门户网站也开设了绿色频道或环保频道。社会组织方面，绿家园志愿者、绿色流域、自然之友、北京地球村等均建立了自己独立的网站，借此传播环保知识，对环保活动进行跟踪报道。普通公众方面，通过 BBS 发布环境信息、交流环境话题的行为也逐渐多了起来，网民甚至还自发创建了“绿网”这样的环保公益网站，进行环保科普宣传教育和环保实践。①

四、助力多元主体共建“美丽中国”的公共化发展阶段

以 2003 年为节点，政策环境与媒介环境的新变化驱动着我国的环境传播迈入多元主体共同参与的公共化发展阶段。

在政策环境方面，2003 年党的十六届三中全会提出的“科学发展观”、2012 年党的十八大提出的“建设美丽中国”和 2017 年党的十九大强调的“坚持人与自然和谐共生”，使得生态环境保护被进一步提升到与经济社会发展同等重要的地位，一系列有利于环境的税收、投资、融资、公众参与政策相继出台，环境保护由以往的政府事业转变为一项社会事业。以此为主基调，国内环境传

① 柏凯辛．绿网环保志愿者：环保是做出来的［J］．新安全，2002（11）：22－23.

播的内容与目标亦从环保知识和观念的宣传，向引导社会对话以应对环境危机、解决环境问题、发展环境事业并动员各界共同建设“美丽中国”和实现“人与自然和谐共生的现代化”拓展。

在媒介环境方面，网络媒体自2003年起持续得到跨越式发展，新的网络平台层出不穷，互联网和移动互联网逐渐变成信息传播与公共讨论的主要场域，社会力量借助互联网践行公众参与、影响政府决策、开展社会动员、进行网络舆论监督成为常态。这主要体现为三类情形：一是大范围民间组织和民众自发或自觉参与的，以改变某些现状为目标的运动式事件①，典型的例子如2003年的“怒江建坝事件”②，以及之后的系列PX事件、反垃圾焚烧事件、反核事件。在这些案例中，很多项目正是因为公众的反对而缓建、换址、搁置。二是普通公民、意见领袖在网络空间积极发声，对公众议程、媒体议程和政府议程产生越来越大的影响。三是公众的网络监督及通过与官方主张相悖的话语建构展开抗争，例如在邻避事件和松花江水污染事件、天津港爆炸事故等发生后网民的规模化围观、质疑、批判，以及由此展开的表达对立性意见以争夺话语权、宣泄负面情绪进行交往压迫、发起行动谋求实质变革。③

在这样的大背景下，环境传播的主体、思路、议题、方式等都发生了非常大的转变。

首先是环境传播主体从单一变为多元。

以往，环境传播的主体是政府以及以行业报刊为主的主流媒体。作为政府环境宣传工作的组成部分，主流媒体承担着“宣传党的环境政策、启蒙公众环保意识、实施舆论监督”的功能。除进行宏观层面的引导外，各级政府部门还进一步从体制资源、运行经费等方面积极扶持环境新闻媒体，使环境新闻逐步成为政府宣传工作的重点。④ 因此，尽管政府和主流媒体是完全不同的两类传

① 覃哲．转型时期中国环境运动中的媒体角色研究［D］．上海：复旦大学，2012.

② 2003年的怒江建坝事件中，围绕怒江建坝议题，社会上形成了支持建坝与反对建坝两个阵营，前者主要以当地政府和电力企业为主，后者主要以环保组织为主。双方在经济效益与生态保护、移民问题与原住民权益、程序正义等多个争议点上展开了激烈的话语竞争。

③ 黄河，刘琳琳．媒介素养视角下公众对环境风险议题的负向建构［J］．现代传播（中国传媒大学学报），2018，40（2）：157-161.

④ 王利涛．从政府主导到公共性重建：中国环境新闻发展的困境与前景［J］．中国地质大学学报（社会科学版），2011，11（1）：76-81.

播主体，但它们在环境传播上呈现出高度合作、口径一致的状态。而随着网络媒体的发展，话语表达空间得到极大的拓展，借助官方网站、网络论坛、微博、微信和短视频，企业、社会组织、公共意见领袖、专业意见领袖和草根网民在与环境议题相关的公共讨论中获得了较传统媒体时代更多的话语权，其意见或观点往往拥护者众，除了可以左右舆论的走向，还能设置议程，从而形成个体议程、社群议程、媒体议程、公众议程、政策议程多元共振的局面。这样的特点从番禺垃圾焚烧发电厂事件中可窥一斑。

2009 年 9 月起，广州市番禺区大石街道的居民从多种渠道得知当地要建垃圾焚烧发电厂。9 月 23 日，在广州市例行市民接访会上，广州市市容环境卫生局宣布，番禺垃圾焚烧发电厂项目将在完成环评工作后开工建设。在政府坚持推进垃圾焚烧项目的强硬表态下，10 月 25 日大石街道的数百名居民发起反对建设垃圾焚烧发电厂的抗议活动。随后，多方主体迅速加入垃圾焚烧的议题讨论中来。

当地居民的反应尤为强烈，“江外江”“祈福人热线”等论坛开设专版讨论垃圾焚烧发电厂的有关问题，相关网帖在一周的时间内超过了 1 000 条。居民们在论坛上持续讨论“如何让民意直达政府”“如何合理合法表达诉求”。其间有网民提出一起在 11 月 23 日的“广州市城管委接访日”向市政府直接表达意见。这一提议很快获得居民们的赞同，数日内微博、开心网、天涯社区、“江外江”论坛、“祈福人热线”论坛随处可见居民们自制的前往市政府的交通路线示意图及相关情况介绍。

对当地主流媒体这一环境传播主体而言，广州电视台、《广州日报》和《番禺日报》与政府立场基本保持一致。11 月 5 日，《番禺日报》以头版头条刊登《建垃圾焚烧发电厂是民心工程》一文，称番禺区 70 多名人大代表视察了项目选址现场，认为这是“为民办好事、办实事的民心工程”。11 月 6 日，广州电视台、《广州日报》先后报道番禺和广州当局将“依法推进垃圾焚烧项目”。然而，这些媒体一味地站在政府的立场上发声及在关键时刻失声的行为招致了公众广泛的质疑和批评。

在这种情况下，《广州日报》官网大洋网设置专题“一场纷争的始末：番禺垃圾焚烧厂事件解析”，从政府建厂的出发点和居民抗议的角度开设了不同板块，分别聚焦“什么是垃圾焚烧厂”“公众的担忧和现实考虑”“化解策略”等话题，并提供讨论区助力公众发声。

与此同时，中央电视台、《人民日报》等多家中央媒体也开始报道“番禺垃圾门”事件，对当地居民进行声援。例如，《人民日报》、人民网的时评《决策不能“千里走单骑”》《民意更重要——广州番禺居民对垃圾焚烧项目坚决说不》被居民们广泛转载，他们将这些文章视作权威媒体对居民诉求的支持；《南方都市报》则爆出当地政府与承建运营商有千丝万缕的联系。这些媒体报道引发了全国范围内的公众对此事的关注。

此外，一些网络媒体以其快速发布、持续跟进、多元呈现的特质，对“反烧”的成功起到了至关重要的作用。比如新浪、网易、中国水网等针对番禺事件开辟专栏，对此事进行了详尽的跟踪报道，不仅讲述了事件的始末，还揭示了此次事件背后各方角力的情况；新浪广东开设专栏“垃圾焚烧厂 vs 番禺三十万业主：建？不建?”，将番禺事件中的两大主体——政府和业主的声音同时呈现了出来。

由于垃圾焚烧涉及安全论证并需要专业的解释，因此专家的意见也显得尤为重要。各方专家通过政府新闻发布会、传统纸质媒体及其官网、网络媒体等平台表达了自己的观点。例如，政府方面的四位专家起初通过政府通报会解答公众疑虑，从“解决垃圾围城问题刻不容缓”“垃圾焚烧发电后的排出物无害无污染”等方面解释了项目建设的合理性与必要性，以期消除公众疑虑。美国卡万塔（中国区）副总裁、首席技术专家舒成光称：“如果比较二噁英产生的量，那么烤肉产生的二噁英比垃圾焚烧高 1 000 倍。”然而，来自官方专家的声音并未收到预期的效果，其中的一些言论反而刺痛了网民的神经，很多网民称通报会专家“站着说话不腰疼”。相反，“反烧派”专家的声音受到了广泛支持，迅速聚合起民意，对番禺事件的走向起到了进一步引导和推动的作用。如国内“反烧派”代表人物、中国环境科学研究院的环境学专家赵章元指出，焚烧技术绝对是“夕阳产业”，垃圾焚烧厂周边居民癌症高发是事实，没人敢否认，也没人敢保证二噁英可防可治。他认为垃圾难题只能通过分类回收来解决，因而也鼓励网民和当地居民加入提倡垃圾分类的行列中来。

经由多元主体的议题建构和讨论，12 月 10 日，广州市番禺区政府表示暂缓垃圾焚烧发电厂项目选址及建设工作，并启动有关垃圾处理设施选址的全民讨论。

上述案例不仅仅反映出围绕某个环境议题会形成多元主体发声的局面，更显示出公众这一以往以信息接收者、事件旁观者的身份出现的主体，现今已经向更为主动的问题提出者、言行质疑者、现实发难者、行动动员者等角色转变。

其次是环境传播思路由单向输出走向双向对话。

在环境传播方面，先前传统媒体所做的环境报道普遍遵循宣介的思路，如在政策法规类议题上描述中央及地方在环境政策法规上不断出新，突出中央及地方党和政府对环保工作的重视和支持；在环保工作类议题上，强调各地方政府正在“铁腕治理环境污染”，“着力推动生态环境改善”，以完成国家要求、回应公众期盼。[①] 而在现今日益重视平等、尊重、互信的新媒体时代，由于具有自上而下、轰炸灌输、重在说服等特点，政府等传播主体以常规工作信息和正面成就信息为主的单向输出开始遭遇无人倾听的“飞沫化”困境。[②]

解决之道在于促进多元主体就社会议题展开开放、平等的对话，在彼此开放、认真倾听、真诚表达、平等协商的理想状态下，持有不同意见的群体通过交流和沟通可以增进理解、寻求共识、建立信任、展开合作。环境传播领域的对话思路如今在新媒体平台上体现得非常明显，例如 2019 年《上海市生活垃圾管理条例》施行引起的全国范围内针对垃圾分类的大讨论。

2019 年 1 月 31 日，《上海市生活垃圾管理条例》由上海市第十五届人民代表大会第二次会议通过，并决定于 7 月 1 日施行，自此上海进入垃圾强制分类时代。由于垃圾分类关涉到每个个体的日常生活，这一政策自发布后便引发了社会各界的讨论，迅速建构起一个公共讨论的空间。在新媒体自下而上与横向传播的传播结构中，通过微博、微信、知乎、抖音等社会化媒体平台的推动，各利益相关方或主动或被动地参与到讨论中来。

其中，关于垃圾强制分类必要性的讨论是较为突出的焦点之一。微博用户“@Esports 海涛”在《一文告诉你垃圾分类的所有真相》中，从国内垃圾处理

---

① 黄河，刘琳琳．环境议题的传播现状与优化路径：基于传统媒体和新媒体的比较分析［J］．国际新闻界，2014，36（1）：90－102.

② 黄河．网络舆论引导的困境与破局［J］．新闻与写作，2018（6）：24－28.

方式中存在的问题和上海市的城市管理水平与市民素质入手，论述了垃圾分类在解决“垃圾围城”中的关键作用，赞扬“上海的垃圾分类立法，是中国向垃圾发出的最掷地有声的挑战书”。“@人民日报”则通过列举我国多年来因垃圾处理不善付出的环境、健康代价，肯定垃圾分类的必要性，“如果垃圾不分类，最终将伤害我们自己”。同时，环保公益组织无毒先锋在知乎上发布的《上海急推垃圾分类，这个原因还没人敢提》、澎湃新闻刊载于网站中的《垃圾分类不会减少垃圾数量，为什么能改善“垃圾围城”现象?》等文章，皆从多个角度论证了垃圾分类的紧迫性与重要性，回应了“为什么要垃圾分类”“垃圾分类究竟有什么用”等质疑与不解。

如何迅速、准确地对垃圾加以分类也是讨论中的重要关切。面对很多网民提出的“分类难”“学到哭”问题，上海市废弃物管理处第一时间在其主办的微信公众号“垃圾去哪儿”上推送科普文章，指出了一些常见的归类错误，同时“官宣”了由上海市绿化和市容管理局制作的《上海市生活垃圾分类投放指南》，全面细致地讲解垃圾分类标准。其他社会主体也充分发挥自身的创造力和想象力，借助多种介质载体和内容模态参与到垃圾分类科普中，例如抖音号“VU百科”自制的“上海滩版垃圾分类歌”，将经典老歌《上海滩》的旋律与辨认干湿垃圾方法的歌词相结合，被多家主流媒体转载；又如央视新闻主持人朱广权在新闻播报时介绍了网友的辨别方式，即“是干是湿，让猪试吃，一吃便知”，以猪的饮食习惯划分四类垃圾，生动形象又便于记忆。

当然，垃圾分类在具体实践中仍存在需完善之处，而这也催生了部分不满意的声音，既包括对湿垃圾破袋脏手、定时定点不便利、垃圾桶数量少、扔错罚款不合理等细节问题的调侃或抱怨，也有对整体处理成本上升、各地分类标准不统一、垃圾收集及后续处理能否贯彻分类精神等中观、宏观层面问题的质疑，“可操作性低”“在基础设施不完善的情况下，强制的法律政策解决不了问题”等观点频频出现。多家媒体就此进一步发出呼吁、提出建议，倡导“兼顾强制性与便利性，让垃圾分类变得好上手，方有望尽早突破落地的‘最后一米’”，“将高科技用于垃圾分类，不是‘杀鸡用牛刀’……要系统地解决多头问题，实现全面精细化管理”。

总之，多元主体的积极讨论不仅极大地提升了垃圾分类政策的关注度，挖掘了政策背后承载的意义并助推政策顺利施行，还进一步提升了中国环境问题的能见度，为形成有建设性的建议及动员社会力量参与环境治理创造了机会。

再次是环境传播议题从同一趋向冲突。

在我国环境传播开展的早期，环境传播议题以传统媒体输出“节约用水”“环境卫生”和“处理工业‘三废’”等议题为主，这在公众普遍缺乏环保意识和环境知识的情形下，会很容易赢得社会的支持。随着社会的发展以及公众环境意识的提高，环境议题渐渐变得多元，自然生态保护与监管、环境政策法规、污染防治、节能减排、垃圾处理、低碳生活、公众参与等常规环境议题以及环境风险议题、突发环境事件议题被纳入环境传播当中；人们对环境的了解越来越深入，除了形成自己的判断，还会参考意见领袖等他人的意见，解构、质疑、批判取代了先前的附和、赞同、从众。现今，环境议题的争议性十分普遍，议题和话语的冲突也在一定程度上造成了价值混乱、传播资源浪费、非理性从众行为多发等问题。[①]

这种状况与新媒体背景下的媒介环境有关，同时也受公众对某一环境议题或环境风险的感知的影响。比如有研究者认为，在新媒体环境下，政府和传统媒体主导的环境传播面临的社会情境、权力结构和舆论环境发生了重大变化。意识形态、商业利益不同的媒体，其环境报道框架往往有很大差异。除了科学和技术视角之外，各媒体对新闻框架的选取呈现出较强的策略性，体现出多元意识形态、价值观和商业诉求。[②] 而面对环境风险时人们对风险的感知也往往与实际风险存在出入。有时，各种新媒体提供的话语空间较为极端地表达了公众的风险意见，弥漫着对于风险的恐惧、愤怒与抵触，与传统媒体共同形成了鲜明对立的双重话语空间。更加复杂的是，专家、意见领袖在各种媒介平台上的意见争夺，同样促成了民众的“潜在恐惧”。[③] 多元主体从不同的立场和角度出发建构环境议题，意见的统一和共识的达成难度加大。2012 年 7 月 21 日北

① 张淑华，员怡寒．新媒体语境下的环境传播与媒体社会责任［J］．郑州大学学报（哲学社会科学版），2015，48（5）：175－180.

② 曾繁旭，戴佳，郑婕．框架争夺、共鸣与扩散：PM2.5 议题的媒介报道分析［J］．国际新闻界，2013，35（8）：96－108.

③ 曾繁旭，戴佳．中国式风险传播：语境、脉络与问题［J］．西南民族大学学报（人文社会科学版），2015，36（4）：185－189.

京特大暴雨后的话语竞争即是典型案例。

“7·21”北京特大暴雨是北京近些年发生过的最严重的自然灾害事件之一，政府、传统媒体、公众、意见领袖等在事件发生后频频发声，围绕多元议题展开了讨论，并呈现出以下特征：

其一，政府与公众在各自关注的议题上难以形成对接和呼应。政府通过新闻发布会和网络等渠道通报救援进展，展现政府积极有效地领导救援。然而，大量网民却指责政府对应急工作“自我肯定”。面对“死亡人数”等公众关注的问题，政府的延迟通报引发了民众的质疑，最终统计出的数字也被人们认为不可靠。

其二，传统媒体和新媒体营造的话语空间差异明显。传统媒体主要输出救援行动和市民互助的“正能量”，例如《人民日报》的《媒体，暴雨中战斗在现场》和《京华时报》的《暴雨中的北京人值得尊敬》；而新媒体话语空间的主要议题（由意见领袖和公众发起）则是对有关部门的批评问责。有人将公安机关交通管理部门给“趴窝”汽车贴罚单和机场高速公路收费站不顾排队车辆熄火危险坚持收费的行为发布至网上，迅速引起了网民的声讨。

其三，在这种议题割裂和话语权激烈竞争的情形下，意见冲突逐渐扩大。事件末期，北京市民政局官方微博发布呼吁社会捐款的信息，出乎意料地被网友以“捐你妹”回应，谩骂之声四起，随后北京市民政局被迫关闭评论。政府与公众的对话难以顺畅进行。

其四，主要议题随着事件的推进发生了变化，从应急本身向其他议题扩散。在人们最初的愤怒、恐慌、焦虑等情绪消退以后，更加具有建设性的议题开始呈现，追责和反思的声音增多，这集中在问责政府在应急救援中的失职、质疑应对暴雨等气象灾害的应急机制、反思城市基础设施建设的弊病以及提出今后的应对之策等方面。

近年来，随着多元主体在公共空间就特定环境议题展开的对话讨论愈发频繁和深入，以及公众的媒介素养、参与能力、问题解决能力不断提升，上述这些争议、对抗和冲突也有了更多缓和与化解的可能。

最后是环境传播方式由一律转为多样。

现今，新兴的媒体形式层出不穷。对于环境传播的各类主体而言，一方面，政府和媒体组织有了更多的传播平台、对话平台，借助网站、微博、微信、短视频，这些组织不仅可以让自己发布的信息覆盖到更广泛的人群甚至直达目标群体，还能够持续倾听民意、掌握民需、回应公众的关切、解决公众提出的问题；另一方面，企业、社会组织、意见领袖和公众也拥有了影响更多人的“麦克风”，凭此即能便捷地参与公共空间中针对环境议题的讨论。

相关数据可以表明环境传播中传播方式的多样。截至 2014 年 12 月 2 日，全国 287 个地级市中，有 119 个开通了环保官方微博。① 而在微信日渐普及的大势下，又有很多组织开设了环保类的微信公众号。2014 年 12 月北京市环保局联合相关机构评选发布的“首届绿色环保主题十大微信公众号”中，既有《南方周末》《新环境》（现更名为《环境经济》）杂志等传统媒体开设的账号“千篇一绿”“新环境”，也有人民网这样的网络媒体开设的账号“人民环保”，还有“绿色和平”“自然之友”等环保公益组织开设的账号，以及“联合国环境规划署”“天津环保宣传”等由国际及地方环境部门开设的账号。2017 年，由环境保护部宣传教育司指导，中国环境新闻工作者协会、新华网、中国报业新媒体等单位联合发起的“全国环保新媒体联盟”成立，旨在推动新媒体时代环境传播新媒体矩阵的建立。② 至 2019 年前后，民间非营利组织、企业甚至个人在微博、微信等平台上开通了多个环保类账号，并在环保大类下发展出环境影响评估、环境工程、排污许可、环保科普、时尚环保等多个细分领域，环境传播进一步向精细化传播发展。

不过，使用多样的媒体加以传播只是环境传播多样化的一个初浅的阶段，这是注重手段丰富与拓展的全媒体扩张思路。更重要的思路，则是注重多种媒体手段有机结合的全媒体融合思路③，即设计沟通方案，将各类媒体手段的核心优势发挥出来，在沟通的“深度”而非仅仅是“广度”上取得实效。

在内容表现形式上，为了更好地适应新媒体语境中人们的偏好以及让各新

---

① 周辰．环保部，网友喊你开微博：“衙门未开、击鼓又有何用!”［EB/OL］.（2014-12-03）［2021-01-03］. http://www.thepaper.cn/newsDetail_forward_1282884.

② 沈鸿，营凡，刘燕龙．全国环保新媒体联盟成立［EB/OL］.（2017-07-14）［2021-01-03］. http://zgbx.people.com.cn/n1/2017/0714/C347562-29406239.html.

③ 彭兰．如何从全媒体化走向媒介融合：对全媒体化业务四个关键问题的思考［J］. 新闻与写作，2009（7）：18-21.

媒体用户愿意听、听得懂、听得进，无论是官方平台还是个人账号，都越来越多地组合运用文字、图片、视频、动画等多媒体形式进行视觉效果更佳的传播，有的环境传播主体还借助大数据实时呈现环境状况。例如公益环境研究机构北京市朝阳区公众环境研究中心开发并运用中国空气污染地图数据库创设全国城市空气质量实时发布平台，推动环境信息公开和公众参与，促进环境治理机制的完善。某网络媒体为提醒民众注意雾霾天跑步的危害而特意制作了信息图。此外，网易新闻下的栏目“网易数读”还推出了多篇关于环境风险的大数据新闻，借助一系列与环境相关的大数据分析和对数据的可视化处理，用生动易懂的方式向用户描述、分析环境现状，达到了较好的传播效果（见图 1－5）。

图 1－5　网易数读报道《煤炭依赖下的阴影：不止矿难与雾霾》

接下来，笔者还将以 2014 年的兰州水污染事件（详见第八章）为例，进一步展示各类环境传播主体如何综合运用多样的传播方式。

2014 年 4 月 11 日 11 时，新华网发布《兰州自来水苯含量严重超标》一文，称兰州威立雅水务（集团）有限责任公司于 4 月 10 日 17 时检测出自来水苯含量严重超标。此消息迅速通过微信、QQ、短信传播开来，很快就成为全国关注的热点话题。

在整个事件中，新华社在网站上发布的水污染消息是使得事件获得广泛关注的关键点。随后，以微博为主的新媒体成为话语竞争的主要平台。各个主体的发声渠道也各有侧重，在公共空间形成热烈讨论。

政府作为应急处置的重要主体，除了利用新闻发布会、官方网站、纸质媒体和广播电视媒体之外，还利用官方微博“@兰州发布”等渠道传达信息。11日下午3时58分，“@兰州发布”首次发声，公布自来水苯含量超标，告知居民24小时之内不宜饮用自来水。“中国兰州网”则每两个小时发布一次苯含量数据，并几次发布“告市民书”，力求保证信息公开。而《兰州晨报》等传统媒体在此后几天跟进了政府的应急工作进展，向公众传达了政府领导救援的信息。综合来看，官方微博、网站的及时发布使信息得以更迅速地抵达公众，帮助公众快速做出反应，减少信息不对称带来的恐慌情绪；而对于那些并不使用新媒体的公众来说，新闻发布会和广播电视媒体依然是重要的信息来源。

媒体组织的信息发布也集纳了平面媒体、广播、电视、新闻网站、微博、微信等多种渠道，并采用了除文本之外的图片、音频和视频等表现形式。例如，针对污染源的分布情况，多家媒体利用示意图进行了分析。新浪新闻4月11日发布的《抢水背后的自来水污染危机》运用信息图表分析了2011—2014年的抢水事件和水污染的主要原因。[①] 值得注意的是，大量的纸媒文章和电视报道以文本和视频形式在互联网上形成了对事件的二次传播，在微博等社交媒体的助推下起到了塑造议题的作用。一方面，《新京报》《人民日报》《南方都市报》等传统媒体发布的水污染稿件，被新浪、网易、腾讯、搜狐等新闻门户网站广泛转载；另一方面，这些传统媒体也在其微博账号上发布简讯或发表观点。如《人民日报》官方微博4月12日发布如下信息：“兰州自来水渐复正常，公众心头的疑虑仍难驱散。三月辟谣，四月成真，这究竟是巧合还是另有隐情？作为生活必需品的饮用水，安全保障是否有待升级？须警惕：每一次‘偶发’污染，都将恶化人们的环境焦虑，更透支政府公信。”

公众参与话语竞争的渠道主要有微博、微信、网络论坛等。事件发生后，其在微博上得到了大量的关注，当地居民的“朋友圈”也被水污染事件“刷屏”。居民将自己在水污染事件中的经历、感受发布在网上，这一做法对政府的应急叙事

---

① 抢水背后的自来水污染危机［EB/OL］．(2014-04-11)［2021-01-03］．http：//news.sina.com.cn/c/t/20140411/1849180.shtml.

形成了挑战。对于政府的通告，许多人并不买账。网友“懒赖宝”质疑“为什么18小时后才公布”，这个问题继而成为微博网友最高频的追问之一。网友“志愿者-文韬武略”的评论“水污染事件成了夸领导的契机”，道出了人们对政府一贯使用的应急叙事方式的反感和不满。同时，微博上问责呼声高涨。微博网友“未知归宿”称：“像这种造成老百姓身体伤害的重大事故已构成玩忽职守罪，相关人员单纯的解职都不行，还需要起诉，让相关人员负法律责任的同时出来谢罪。”

而行业专家和公共意见领袖也通过微博、微信以及接受媒体采访等方式发出了自己的声音。特别是在新媒体平台上，意见领袖得以迅速引领和聚合民意，显著拉高了特定议题的热度。例如“洋水务”议题中，一些“大V”称洋水务“既没带来技术，也没带来资金，也没带来先进管理经验”，只带来了高水价和“不断的事故”，并认为政府溢价出售水控权危害民生，这些发言有效地推动该议题成为全国热议的焦点。而其他一些专家则通过媒体发表看法，例如清华大学傅涛教授就在接受财新网采访时指出水质检测应“引入第三方专业服务结构，保障公众知情权；将苯纳入水质常规检测”。

环境传播方式由一律转为多样，这是由新媒体背景及其引发的社会变化决定的。对于政府和传统媒体这些长期主导环境传播的传播主体来说，方式的多样不仅仅为其战术实施提供了更多的选择，更为重要的是其必须通过多种方式与其他传播主体展开对话，既要在洞察新时期公众的新变化、新特点、新诉求、新需求的基础上优化传播方式，让自身传播的信息被目标受众听得到、听得懂、听得进，又要借助各类平台与其他主体建构良性的对话、合作、伙伴关系——一旦信息流进入这样一张由关系编织的网络，其裂变式传播的威力、对公共讨论的推进力和对公共意见形成的促进力，就能被真正发挥出来。[①]

---

① 李小萌．融合时代传统媒体引导舆论要走出三大误区：访中国人民大学新闻学院副教授黄河[N]．光明日报，2014-09-18（7）.

第二章　战略、管理与参与：政府环境治理话语建构

作为国家环境保护事业及生态文明建设的首要责任主体，政府既要进行以解决环境污染问题、促进环境保护为目标的客观实践[①]，也要通过建立与传播环境治理的观念、目标、制度、方法等方式，开展对环境事务和行为主体行动的管理及协调的话语实践。纵观中国环境保护与环境传播的发展历程，承担国家环保制度制定、环境监督管理、环境公共服务等环境治理重任的政府机构围绕环境议题提出的核心观点及行动主张通常在国家环境话语系统中处于主导地位，代表着国家环境工作的总体思路与战略安排，影响着环境保护工作全局。因此，梳理、总结政府环境治理话语的演变与革新，对把握、理解、预判一个国家环境治理的历史、现状及未来发展道路可起到纲举目张的作用。

本章基于新中国成立以来中央政府公开发布的环境保护政策、环境宣传教育指导文件等政策性文本，附以《人民日报》为代表的党和政府的“喉舌”报道环境议题时形成的新闻性文本，采用话语制度主义在制度变迁与政策调整问题上提供的“观念-话语-行动”的范式框架，对中国政府环境治理话语的演变进行探讨，提炼与发现 70 余年来中国政府环境治理话语的演进特征及提升空间。与现有相关研究不同的是，本章对政府环境治理话语的探讨，将不从多数研究采用的政策科学取向切入，即不重点分析政府环境治理话语在环境治理政策与环境治理技术层面的合法性、合理性与有效性，而是从公共传播的视角出发，关注进入公共话语空间的政府环境治理话语的形态与特征，分析政府主体如何传递环境治理信息、设置环境治理议程以及阐释、建构特定环境治理话语的意义。对此，本章将循着时间和逻辑两个维度，对新中国成立以来中国政府环境治理话语展开演进分析与路径呈现。

---

① SCHREURS M. 国际环境执政理论研究进展透视 [J]. 环境科学研究，2006 (S1)：71－80.

第一节　政府环境治理话语的演变与阶段性特征

环境治理（environmental governance）是政府落实自身环境责任的具体体现与主要职能[①]，政府环境治理话语是政府围绕环境治理议题所做的陈述与表达的集合。政府环境治理话语作为对政府环境治理工作的一种符号性指称，其自身结构会受到特定时期意识形态、社会结构、经济文化环境以及政府环境治理政策与实践的制约和限制，同时也会对环境治理议题的社会身份、知识体系产生建构性影响，并作用于后续环境治理实践及其话语表征。因此，对政府环境治理话语的考查，不应仅把它看作一系列纯粹、简单的词汇混合体，还须将其还原至生成和发展的特定历史语境之中，发现话语形成的可能性条件及其构成规则，由此才能理解与回答特定的政府环境治理话语“是根据什么规律形成的”以及“为何在其位置的不是其他陈述”等问题。[②]

从中国政府环境治理的历史实践中探究政府环境治理话语的构成和特点，还须承认人类社会历史发展具有渐进性规律这一基本前提。也就是说，中国政府对环境治理的认知及其环境治理实践的发展必然是一个持续演进的过程。在此过程中，国家发展战略的转向、政府相关政策的调整、生态与环境问题的演变，乃至环保技术的创新与社会公众的诉求等内外部因素的变化，将在不同程度上影响政府的环境治理实践在各时期呈现出的重点、思路与方式，话语领域亦会随之形成对应的表述与主张。所以从 70 多年的时间跨度看，把握中国政府环境治理话语的演变，关键在于厘清中国政府环境治理工作的实践发展历程及其影响因素，通过发现不同阶段的政策主轴与宣传导向，来提取中国政府表述中国环境问题与环境治理过程中的话语线索。而这也是本研究将中央政府的环境宣传教育指导文件以及国家级媒体的环境报道作为基础研究材料的原因所在：前者收录了国务院与环境主管部门的政策文件、环境主管部门主要领导在相关会议上的讲话、全国环境保护宣传教育的主题及要求等，以此可观察政府环境治理的主导思想与行动指向；后者作为政府环境治理话语传播的载体，同样可

---

① 娄树旺．环境治理：政府责任履行与制约因素［J］．中国行政管理，2016（3）：48－53.

② 丹纳赫，斯奇拉托，韦伯．理解福柯［M］．刘瑾，译．天津：百花文艺出版社，2002：28.

以反映政府环境治理话语中的重点主张和表达策略。

基于上述材料，通过对政府环境治理工作的时代背景及其话语行为的主题、形式、目标与规模等指标的分析，我们发现，新中国成立以来政府环境治理话语的发展也经历了四个主要阶段，这和第一章总结的环境传播演进的过程基本一致，进一步印证了政府对于环境传播的绝对主导地位。

一、专注生活环境治理，以卫生宣传为主

此阶段的时间跨度大致为1949年新中国成立到1972年之前。此时，国家尚处于成立初期，经济基础薄弱、生产力落后、生产生活资料短缺，政府的中心工作是发展物质生产以满足人民的生存需求和国家的发展需要。为向生产与发展提供空间与资源，自然环境成为被大力开发和利用的对象。毛泽东在1957年的《关于正确处理人民内部矛盾的问题》讲话中就指出“团结全国各族人民进行一场新的战争——向自然界开战，发展我们的经济”①，地方政府和公众也普遍抱持“宁可呛死也不饿死”② 的心态。可见，这一时期环境保护问题并没有得到政府的注意，自然也没有现代意义上指向生态保护与污染防治的环境治理实践。

但是，在这个阶段，由中央政府牵头，各地城市与农村地区陆续开展的生活环境清洁与治理活动效果分外显著。如上一章所述，1949年新中国成立之时，各地恶劣的公共卫生状况及疫病的流行成为突出的社会问题。为控制与解决传染病、寄生虫病的蔓延，多地政府大力开展以疏浚河湖沟渠、清除生活垃圾、修缮排污设施为主的“清洁大扫除运动”。1952年，中央政府又发起了层级更高、覆盖范围更广、宣传力度更大、参与人数更多的“爱国卫生运动”（见图2-1、图2-2、图2-3），继续推进生活环境治理，实施了除四害、农村“两管五改”、治理脏乱差等多项管理措施。可以说，尽管这一时期政府还未形成对环境保护的充分认识，但在“为了劳动人民（健康）服务”和“为生产服务”的目标指引下，以清洁、卫生为导向的生活环境治理得到了政府部门的关注、推动和贯彻。鉴于其中诸多管理措施与环境治理有较大重合，因而亦可将之看作新中国成立后政府议程中出现最早的一类环境治理话语。

---

① 毛泽东著作选读：下册［M］. 北京：人民出版社，1986：770.

② 曲格平．环境改善，重在决心和执行力：本刊记者专访曲格平［J］. 绿叶，2010（1）：39-43.

图 2－1　爱国卫生运动整治后的北京龙须沟（1952 年 8 月 13 日，《人民日报》第 5 版，《家家讲卫生 人人爱清洁 爱国卫生运动在龙须沟》）

清　運　垃　圾

肖林　畫　　傳琇　詞

新社會居民習慣好，
愛衛生來愛起早，
清早太陽剛冒頭，
家家戶戶忙打掃。
掃街道，掃裡院，
把垃圾送到集中站，
大卡車呼呼開過來，
裝卸員忙搬又忙抬，
汽車「笛一笛」跑得快，
一溜烟直奔到城外。
大娘心裡好喜歡，
指指劃劃說半天：
「舊社會，住北京，
活像埋在『垃圾城』，
髒土爛紙天上地下到處翻，
臭氣直往鼻子裡鑽，
如今政府處處對咱照顧到，
垃圾徹底消滅掉！
街道、院子豁亮又乾淨，
保咱身子壯實不鬧病！」

图 2－2　1952 年报纸上关于爱国卫生运动的宣传

（1952 年 12 月 5 日，《北京日报》第 3 版）

需要说明的是，在 20 世纪五六十年代，政府话语之中实际上并非完全没有

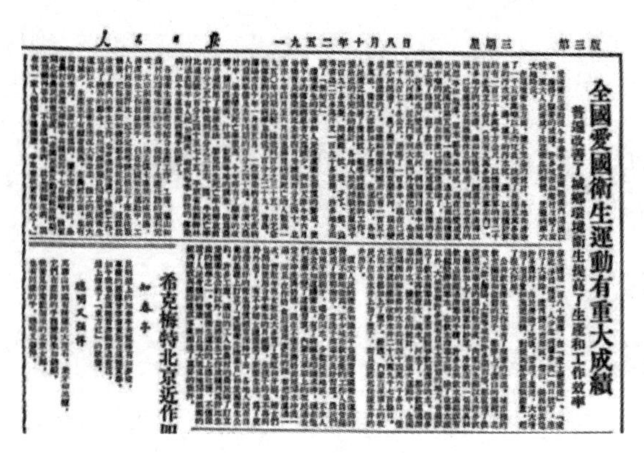
人民日報 一九五二年十月八日 星期三 第三版

全國愛國衛生運動有重大成績

普遍改善了城鄉環境衛生提高了生產和工作效率

希克梅特北京近作

图 2－3　爱国卫生运动取得重大成绩与积极成效

（1952 年 10 月 8 日，《人民日报》第 3 版）

环境保护话语的身影。但在公开表达里，政府谈及环境问题时针对的对象大都是美、日等资本主义国家，主要批评其资本集团为攫取最大利润，任意排放污水、废气、垃圾等有害物质，污染自然环境，并试图将这种环境代价转嫁给发展中国家。比较典型的如《人民日报》在 1958 年 3 月 2 日发表的社论《不许美国污染太平洋!》，该文用严厉的口吻表达了中国政府对美国在太平洋岛屿进行核武器爆炸试验的反对和抗议；在 1970—1971 年间发布多篇报道批评美国①、日本②等国家因无序生产使国内产生严重的环境公害问题，威胁、危害人民健康；等等。遗憾的是，“在我们颇有些自负地评论西方世界环境公害是不治之症的时候，环境污染和破坏正在我国急剧地发展和蔓延着”③，但在发展优先及之后极左思想路线的支配下，这些问题基本上处于一种听而不闻、视而不见的状态，“我们并无觉察，即或有点觉察，也认为是微不足道的……按照当时极‘左’路线的理论，社会主义制度是不可能产生污染的……在只准颂扬、不准批评的政治气候下，环境清洁优美的颂歌，吹得人们醺醺欲醉”④。

① 美帝国主义一天天烂下去 美国社会危机日益深化 空气河流污染极为严重［N］. 人民日报，1971－03－11（6）.

② 反对日本反动派为实现经济军事化危害人民生活的罪行 日本全国各地八十万人举行集会和示威：佐藤反动政府和亲美垄断资本加速发展军事经济，追求巨额利润，使日本许多地区的空气和水遭到污染，破坏自然环境，严重危害人民的健康［N］. 人民日报，1970－12－01（6）.

③ 曲格平，彭近新．环境觉醒：人类环境会议和中国第一次环境保护会议［M］. 北京：中国环境科学出版社，2010：2.

④ 同③.

二、环境保护进入政策议程，环境保护工作正式起步

中国环境保护意识的启蒙与环境保护工作的初步启动发生在 20 世纪 70 年代。一个重要契机是 20 世纪 60 年代后期西方环境保护运动的兴起。由于西方国家环境问题持续加剧，人民的环境意识逐渐觉醒，多国公众开展了以健康损害为焦点、以被害者为中心的大规模环境诉讼活动，引发了反对公害的舆论抗议浪潮，这促使国际社会开始普遍反思战后经济快速发展所付出的环境代价，环境治理成为世界热点议题。另外，国内粗放、落后的工农业生产带来的环境污染与生态破坏持续累积，大连湾、渤海湾、上海港、北京官厅水库等都发生了较为严重的环境污染事件。在内外因素的共同作用下，环境问题开始进入中央政府的视野。

以周恩来为代表的部分国家领导人是中国环境保护事业的开创者与倡导者。原国家环境保护局首任局长曲格平回忆，周恩来从 20 世纪 60 年代末期就在政府内部"一再讲环境问题的严重性"，驳斥了部分领导同志觉得"中国环境问题不大，不必太着急"的观点，提出了"不能再等待了，从现在起应该抓紧进行这方面的工作，防止环境问题出现"①。1970 年年底，周恩来在听取了一位日本记者介绍的日本"公害病"的情况后，要求国务院计划起草小组组织报告会，请国家机关特别是各部委负责人听取、讨论这位日本记者介绍的日本污染问题，并指示把报告会记录发放给参加全国计划会议的人员，"这是在高层次的会议上，出现的第一份有关环境保护的文件"②。

在这样的背景下，1972 年 6 月，中国政府派代表团参加了联合国人类环境会议（见图 2 - 4）。通过这次会议，结合我国当时的环境污染与生态破坏情况，更多的国家领导人开始认识到环境保护的重要性与紧迫性。随后在 1973 年 8 月，中央政府组织召开了第一次全国环境保护会议，部署、推进新中国的环境保护工作。紧接着，1974 年国务院环境保护领导小组成立，环境保护正式进入政府治理架构，地方政府也陆续启动建设相应的环保机构。

---

① 曲格平，彭近新．环境觉醒：人类环境会议和中国第一次环境保护会议［M］．北京：中国环境科学出版社，2010：472 - 473.

② 曲格平．中国环境保护四十年回顾及思考（回顾篇）［J］．环境保护，2013，41（10）：10 - 17.

图 2-4　中国政府代表团在联合国人类环境会议上发言

政府对环境问题的承认与政府环境治理工作的启动，带来了话语领域的两个重要变化：第一，国家政治议程中出现了作为独立政策话语的“环境保护”，其中最重要的就是在第一次全国环境保护会议中得到确立的中国环境保护“32字”方针与《关于保护和改善环境的若干规定（试行草案）》，后者从十个方面对今后一段时期的政府环境保护工作提出了要求（详见第一章）。第二，按照《关于保护和改善环境的若干规定（试行草案）》第九条提出的“采取各种形式，通过电影、电视、广播、书刊，宣传环境保护的重要意义，普及科学知识，推动环境保护工作的开展”之目标，政府领导下的环境宣传教育工作正式启动。其中，作为党和政府的喉舌以及最主要的大众传播力量，以报纸、广播为代表的中国主流新闻媒体开始涉足“环境保护”议题，有关保护环境、治理环境的新闻报道较上一阶段明显增多。而在传播议题方面，除了向广大干部群众宣传环境保护的重要意义，防止和消除工业生产中产生的废气、废水、废渣等“三废”污染（见图 2-5）成为本阶段政府环境治理的主要议题。

随着环境保护事业的起步，中央政府调整了对环境保护相关问题的阐述。对于此前很多人持有的“社会主义国家不会产生环境污染”的观点，原国家计划委员会常务副主任顾明在全国环境保护会议上公开发言，认为其“是不全面的”，因为必须通过切实有效的措施，才能让社会主义制度在防止和消除环境污染上的优势变为现实，若放任自流，社会主义国家也会发生环境污染。[①] 关于

---

① 顾明．以路线为纲 搞好环境保护 为广大人民和子孙后代造福：顾明同志在全国环境保护会议上的发言 [M]// 曲格平，彭近新．环境觉醒：人类环境会议和中国第一次环境保护会议．北京：中国环境科学出版社，2010：253-254.

图 2－5　株洲市工业卫生监督部门定期测定湘江水质，查明“三废”对水质、水生物的影响以加强管理（1973 年 10 月 20 日，《人民日报》第 2 版，《消除“三废污染” 保护和改善环境》）

做好环境保护工作的价值与意义，中央政府在这一时期也提出了两个主要观点：一是在定位上，将保护环境作为一个事关人民健康和切身利益、巩固工农联盟、发展工农业生产以及为子孙后代造福的路线问题，是“执行毛主席革命路线的一个重要的方面”，这与“以资产阶级的老爷态度对环境污染听之任之”“对工人阶级和人民健康漠不关心”是对立的“两条路线、两个道路”[1]；二是否定普遍存在的“妨碍生产”“污染难免”“无能为力”的错误观点和消极情绪，理顺和明确了发展生产与保护环境是对立统一关系[2]，这为此后环境保护工作奠定了重要的思想认识基础。

环境保护工作的启动使地方政府开始着手开展环境治理工作。到 1975 年，全国陆续对官厅水库、富春江、白洋淀、桂林漓江等 70 多个重点污染地区开展治理[3]，水源污染基本得到控制。但较为遗憾的是，在 1976 年周恩来总理逝世

① 关于开展环境保护工作的几点意见（讨论稿）［M］// 曲格平，彭近新．环境觉醒：人类环境会议和中国第一次环境保护会议．北京：中国环境科学出版社，2010：258.

② 顾明．以路线为纲 搞好环境保护 为广大人民和子孙后代造福：顾明同志在全国环境保护会议上的发言［M］// 曲格平，彭近新．环境觉醒：人类环境会议和中国第一次环境保护会议．北京：中国环境科学出版社，2010：253－254.

③ 曲格平，彭近新．环境觉醒：人类环境会议和中国第一次环境保护会议［M］．北京：中国环境科学出版社，2010：4.

之后，“由于得不到领导人支持”①，环境保护工作进入了一段较为艰难的时期，“显得平平淡淡，无大起色”②。

三、强化完善环境管理能力，全面提高公众环保意识

1979年，中国环境保护事业开始进入新的发展时期。③ 随着改革开放大幕的拉开，为保障社会主义现代化建设的长久发展，中央政府再次提高了对环境保护工作的重视，环境保护在第二次全国环境保护会议上被确立为国家发展的一项基本国策（见图2-6），国家环境保护部门也从之前临时的国务院环境保护

图2-6　1983年12月31日—1984年1月7日举办的第二次全国环境保护会议

（在这次会议上，环境保护被确立为基本国策）

领导小组办公室变为城乡建设环境保护部环保局，后者于1988年升格为国务院直属的国家环保局，环境管理机构终于成了一个独立的国家工作部门。同时，中国环境保护开始了法制化与制度化建设：1978年《中华人民共和国宪法》

---

① 曲格平，彭近新．环境觉醒：人类环境会议和中国第一次环境保护会议［M］．北京：中国环境科学出版社，2010：4.

② 同①.

③ 曲格平．中国环境保护四十年回顾及思考（回顾篇）［J］．环境保护，2013，41（10）：10-17.

（已废止）第一次对环境保护做出规定，提出“国家保护环境和自然资源，防治污染和其他公害”；1979年《中华人民共和国环境保护法（试行）》通过，结束了中国环境保护无法可依的局面；此后几年中，包括《中华人民共和国海洋环境保护法》（1982年）、《中华人民共和国水污染防治法》（1984年）、《中华人民共和国森林法》（1984年）、《中华人民共和国大气污染防治法》（1987年）、《中华人民共和国水法》（1988年）等在内的一系列污染防治、资源保护方面的单项法律陆续出台，环境保护的法律框架初步形成；环境保护的政策制度体系也逐步完善，包括环境保护三大政策、八项管理制度等在内的环境管理政策于这一时期颁布并在全国范围内实施。

国家政策的强力推动使环境保护工作从现代化建设的边缘位置开始移至中心位置，环境治理体系得到大幅度完善，政府环境治理的话语内容进一步扩充，话语传播行为丰富起来。总体来看，在从1979年开始一直到21世纪初期的近30年时间内，政府在环境治理领域的话语行为主要聚焦于下述两个重点方面。

第一，强化环境管理成为政策与行政话语的新内容。20世纪80年代，政府环境保护工作以环境保护制度建设为重心，初步完成了环境保护战略地位、政策制度体系、法律法规和标准体系及行政管理架构的构筑，同时确立了将政府运用行政、法律与经济手段强化环境管理作为扭转和改善中国环境问题最现实、最有效方法的环保工作指导思想。在这个路线的指导下，20世纪90年代初中央政府开始大力推进切实的环境监管行动，实施重点污染物总量控制，拉开了以规模工业污染防治、规模流域污染防治、重点城市环境治理三大方面为主的规模污染治理的序幕。各级政府与媒体也随之加大了对政府环境保护政策、相关法律法规环境管理措施成效的宣传。

本阶段，环境主管部门还提出了“以监督促治理、以监督促保护”的工作新思路[①]，通过发挥大众媒体的监督力量，督促各地更积极地推进环境治理工作。受此影响，从20世纪80年代中后期开始，媒体监督成为揭露地方环境问题、配合中央政府加强环境执法的重要力量，其间媒体监督发挥巨大作用的例子如来自中央电视台、《中国青年报》等国家以及地方媒体的反映生态环境问题的系列新闻报道与报告文学作品，以及从1993年开始由全国人民代表大会环境

---

① 曲格平．中国环境保护四十年回顾及思考（回顾篇）[J]．环境保护，2013，41（10）：10-17.

保护委员会（现全国人民代表大会环境与资源保护委员会）、中共中央宣传部等部门联合组织各级新闻媒体举办的中华环保世纪行宣传活动等。

第二，针对普通公众开展环境保护宣传教育。1973 年，环境保护“32 字”方针就已指出中国的环境保护工作要依靠群众，走群众路线。但是，由于当时我国经济社会发展较为落后，干部、群众文化水平不高，科学素质低，法制观念淡薄，“经常出现好心办坏事，自觉不自觉地自毁家园”的情况。[①] 故而在这一阶段，政府进一步强调加强宣传教育，明确扫环盲、扫法盲的重要性、紧迫性，并运用体制手段在 20 世纪 80 年代中期建立起面向环境宣传教育的多级体系：（1）在普及与专业教育领域，推进环境教育体制化，建立并完善了在职环境教育、高校环境专业教育以及中小学环境普及教育三位一体的环境教育框架；（2）在大众传播领域，创办了更多、更专业的环境保护刊物，以中国环境科学出版社、《世界环境》杂志、《中国环境报》等为代表的覆盖政策、学术、科普等领域的国家级出版社、报社、杂志社在这一时期集中创立。以此为基础，国家环境主管部门运用规划环保系统法制宣传教育五年目标、设定年度宣传教育要点的方法，以行政命令的方式组织大众媒体、各级环境管理部门开展广泛、持续的环境宣传活动，以实现让环境保护“家喻户晓”的目标。

四、推动多元主体共建“美丽中国”，积极引领全球绿色转型

进入 21 世纪，中国环境保护事业与政府环境治理工作再次面临新的环境与挑战。随着 21 世纪初以来中国经济高速增长，重化工业加快发展，各地纷纷上马钢铁、煤电、水泥、化工等高能耗、高排放项目，国家能源资源全面紧张，主要污染物排放量居高不下，相关指标不断攀升，环境质量未能得到明显改善，环境保护面临前所未有的压力。而在社会一方，由于长期的环境宣传推动，环境保护理念日益深入人心，公众对自身的环境权益愈发关注，多个由国人创建的民间环保组织开始自觉发起环保活动、宣传环保观念、主张环境权益、开展环境监督。特别是在 2003 年之后，以网络媒体、社交网站为代表的新媒体进入跨越式发展阶段，公众通过网络平台获取多元信息、发表个人意见、参与社会

---

① 国家环境保护局办公室. 环境保护文件选编：1988—1992 [M]. 北京：中国环境科学出版社，1995：484.

讨论、开展舆论监督成为一种新常态，社会信息与公共议题的传播格局发生改变——政府过去拥有的绝对主导地位遭遇挑战，多元主体共同参与社会议题之建构与传播的潮流日渐兴盛。

在上述多元因素复杂交织的大环境下，我国政府的环境治理话语也发生了新的变化。在政策表述上，结合新阶段与新问题，2003 年党的十六届三中全会提出“科学发展观”，将环境保护上升到经济与社会发展的战略高度，提出“彻底改变以牺牲环境、破坏资源为代价的粗放型增长方式”，坚持“全面协调可持续发展”的要求。2006 年，温家宝在第六次全国环境保护大会上提出要加快实现“三个转变”，进一步强调把保护环境放到与经济增长同等重要的地位上。2007 年，党的十七大将“科学发展观”写入党章，并提出要“建设生态文明，基本形成节约能源资源和保护生态环境的产业结构、增长方式、消费模式”。2012 年，党的十八大将生态文明建设纳入中国特色社会主义现代化建设“五位一体”总体布局之中，提出“努力建设美丽中国，实现中华民族永续发展”的目标。针对经济发展与环境保护这一根本问题，习近平在 2013 年做出明确指示：“我们既要绿水青山，也要金山银山。宁要绿水青山，不要金山银山”[①]。国家主流意识形态对环境保护的关切与认同可谓达到了前所未有的高度。这既为我国环境保护事业的进一步推进奠定了政治基础，也拓宽了其发展空间。

在连续的政策推动下，本阶段，政府在环境治理工作上的决心和力度大幅度提高。环境保护开始从过去仅作为环境管理部门的工作内容向成为各级政府的主要公共管理和服务职能转变，一系列有利于环境保护的经济社会发展考核评价体系与相关的税收、投资、融资、公众参与政策相继出台，并不断得到更新和完善，一方面促使政府不断提高环境管理能力，另一方面也加速推进全社会广泛参与环境保护的制度和政策的建立健全。受此影响，在上述政策话语之外，这一时期政府环境治理话语在参与主体及其功能方面也发生了重要转变，主要体现为面向社会主体从过去以宣传教育环境保护意识为主，向引导社会对话以应对环境危机、解决环境问题、发展环境事业并动员各界共同建设“美丽中国”拓展，而这也同

---

① 这是 2013 年 9 月习近平在哈萨克斯坦纳扎尔巴耶夫大学回答学生提问时对“绿水青山就是金山银山”做出的进一步清晰阐述。引自：习近平心中的这件大事，这样层层推进 [EB/OL].（2019 - 06 - 05）[2021 - 01 - 03]. http：//www. xinhuanet. com/politics/xxjxs/2019-06/05/c _ 1124587649. htm.

时带来了政府环境治理话语在以往科学话语与规制话语的基础上进一步被纳入公共参与话语的新发展。

另外值得关注的是，在国际环境保护问题上，进入21世纪后，中国也更加重视应对生物多样性保护、海洋环境保护、化学品和危险物质管理、跨界大气和水污染防治等各种全球和区域环境问题，加强和推动与周边国家的环境合作[①]，进一步在国际环境议题中增强中国的发言权，姿态从被动参与到积极参与再向主动推动转变[②]。特别是十八大以来，中国在国际环境治理方面更加积极主动：2017年，党的十九大向世界发出中国要“积极参与全球环境治理”，“为全球生态安全作出贡献”的承诺。在应对气候变化问题上，习近平同志多次强调，应对气候变化是我国推动构建人类命运共同体的责任担当，不论是2015年11月在气候变化巴黎大会开幕式上的发言，还是2020年9月在第75届联合国大会一般性辩论上率先提出的“碳达峰”目标和“碳中和”愿景，又或是2020年12月在气候雄心峰会上发表的重要讲话，都积极阐明了中国对全球气候治理的主张、思路和承诺。这不仅是中国成为“全球生态文明建设的重要参与者、贡献者、引领者”决心的展现，贯穿其中的“人与自然和谐发展”“天人合一”“和而不同”“合作共赢”等中国话语也作为一种国际话语体系，对当下和未来全球环境治理与绿色转型实践产生了影响。

第二节　三类主要政府环境治理话语的流变与内在逻辑

如前文所述，在时间维度上，新中国成立以来，中国政府的环境治理工作在其议程地位、话语内容与目标指向、传播规模等方面不断调整，呈现出中国政府的环境治理工作在话语实践层面的演变历程。但这仍属于一种景观层面的宏观叙事，若想了解中国政府环境治理话语的演变逻辑，还须深入其中，把握环境治理的核心问题及其话语内涵。

鉴于本章所探讨的政府环境治理话语是从公共传播层面切入的，不涉及解决

---

① 齐峰．改革开放30年中国环境外交的解读与思考：兼论构建环境外交新战略［J］．中国科技论坛，2009（3）：3－6．

② 李敏捷．当代中国环境外交的角色转变分析［D］．哈尔滨：黑龙江大学，2014．

环境污染与生态破坏的科学技术问题，故而在排除这部分环保科技议题之后，我们可以看到，政府环境治理话语变迁的主轴实质上是三类问题：环境战略、环境管理、环境参与。这也契合了话语制度主义所提出的政策话语的两个层面——政策行动者之间的协调性话语（coordinative discourse）和政策行动者同公众之间的交往性话语（communicative discourse）。[①] 具体而言，协调性话语旨在进行政策建构，因此可对应政府环境治理话语中围绕环境战略与环境管理问题所形成的话语体系。其中，环境管理话语上溯至观念层面是政府作为行动者针对环境治理工作制定的具体政策和实施方案，即政策性观念；而环境战略话语则是使上述政策性观念得以巩固的更为基础的纲领性观念。交往性话语是行动者针对政策的必要性和适当性向公众进行政治观念表达并寻求回应与集体行动的介质。[②] 广义而言，政府环境治理中的环境战略话语和环境管理话语须被纳入与公众交流的交往性话语，从而为其增添政策的正当性。但由于在我国的政治活动里，政策建构可能更多存在于远离公众视线的封闭式讨论中；同时，为避免将其作为协调性话语进行重复论述，此处笔者仅将政府与公众沟通环境保护观念及行动的环境参与话语作为交往性话语进行重点论述。这三类问题自身的话语变化，既内嵌于前文所论述的四个发展阶段中，受到中国政府环境治理实践进程的影响，同时也有着自己的发展节奏与发展指向。这其中所呈现出的演变路径，对于理解中国政府环境治理的发展道路及其话语在实质层面的变革方式更具说明意义。以下分而述之。

一、环境战略话语：对“发展”与“环境”的平衡与统一

现代社会中环境问题的出现与演变，与人类活动，特别是经济发展活动密切相关。受此影响，环境保护的方式与效果也往往要以特定的经济发展方向及其路径选择为重要前提，这让“发展与环境”问题成为各个国家政府环境治理的核心战略问题，中国也不例外。习近平同志就曾于 2018 年指出：“生态环境保护的成败归根到底取决于经济结构和经济发展方式。”[③] 当然，面对不同社会情况及其所

① SCHMIDT V A. Discursive institutionalism：the explanatory power of ideas and discourse [J]. Annual review of policial science，2008，11：303 - 326.

② 施密特 . 认真对待观念与话语：话语制度主义如何解释变迁 [J]. 马雪松，译 . 天津社会科学，2016 (1)：65 - 72.

③ 习近平 . 在深入推动长江经济带发展座谈会上的讲话 [N]. 人民日报，2018 - 06 - 14 (2).

处的不同历史发展时期，政府对“发展与环境”问题的理解也不尽相同，而如何认识与处理两者间的关系则构成了政府环境治理的一种基础思想结构，规约着环境治理话语可能展开的逻辑空间。从新中国成立 70 多年来政府环境宣传所涉及的相关话语文本来看，伴随着国家发展战略的调整以及政府对环境保护认识的不断深化，政府论述中的“发展与环境”话语也存在三个方面的主要转变。

一是对环境问题的表述，从资本主义国家的独有问题向世界各国的共有问题转变。

受到马克思主义政治经济学观点的影响，新中国政府一开始也是从资本主义生产方式的消极产物这一角度来认识环境问题的，认为环境污染来源于资本主义国家生产资料的私有制和生产的无政府状态，而实现了生产资料公有、计划经济的“社会主义制度不可能产生污染”[①]。所以，在新中国成立初期，环境问题被当作资本主义国家独有之社会问题进行话语表述和宣传，是资本主义制度“缺陷”的体现。但是，随着五六十年代积累的、由国内落后的工农业生产和不适当的发展政策导致的环境污染与资源破坏情况日益严重，以 1973 年第一次全国环境保护会议为转折点，国内的环境问题得到了中国政府的承认，并相应地带来了话语与传播领域的转变。虽然在此过程中环境问题仍在一段时间内因被视为“中国社会主义黑暗面”[②] 而比较敏感，相关宣传、报道活动亦比较谨慎，数量有限，但这种转变本身就已反映出政府对环境问题的认识完成了从制度问题、道路问题向管理问题的转变，这也为政府启动环境治理奠定了重要的思想与话语基础。

二是“环境保护”在政府工作中的话语地位，从“为经济发展的中心任务服务”向“和经济发展同等重要”转变。

1978 年党的十一届三中全会以后，党和国家的工作重心转向“以经济建设为中心”，按照中央的要求，“其他各项工作都服从和服务于这个中心”[③]，环境保护“也要为这个中心任务服务”[④]。在这一思想的指导下，20 世纪 80 年代至

---

① 曲格平．中国的环境管理［M］．北京：中国环境科学出版社，1989：90.

② 曲格平．中国环境保护四十年回顾及思考（回顾篇）［J］．环境保护，2013，41（10）：10－17.

③ 江泽民．高举邓小平理论伟大旗帜，把建设有中国特色社会主义事业全面推向二十一世纪：在中国共产党第十五次全国代表大会上的报告（1997 年 9 月 12 日）［J］．求是，1997（18）：2－23.

④ 金鉴明副局长在全国环境宣传处长会议上的讲话（1992 年 8 月 25 日）［M］//国家环境保护局办公室．环境保护文件选编：1988—1992．北京：中国环境科学出版社，1995：504.

90 年代中期前后，虽然环境保护得到了更多的重视，但政府话语却侧重于强调其对经济发展的重要意义，这特别明显地体现在“环境不应是发展经济的负担”[①]“保护环境就是保护生产力”[②] 等政策观点上。然而，落实到实践中，“为经济发展服务”的环境保护在很大程度上变成了“为经济发展让路”。虽然各地在行政、经济、技术等方面实施了一些环境保护措施，但它们普遍缺乏力度，甚至广泛存在以牺牲环境为代价换取经济增长的问题[③]，并且这种问题在 1992 年中国向市场经济转轨、新一轮大规模经济建设启动之后进一步加剧。

环境问题加速恶化、环境质量不升反降等因素促使党和政府在 90 年代末期开始下决心转变“重经济发展轻环境保护”的倾向：在 1998 年九届全国人大一次会议上，部分人大代表率先提出了“环境保护和经济发展同等重要”[④] 的观点；2002 年出台的《中华人民共和国清洁生产促进法》开始对环境污染治理从末端控制转向全过程控制提出法律要求；特别是在 2006 年，时任国务院总理的温家宝提出环境保护工作要加快实现“三个转变”，其中之一就是确立“从重经济增长轻环境保护转变为保护环境与经济增长并重”。自此，环境保护话语的相对政策地位得到提升，这也同时体现在国家层面环境与经济协调发展理念的逐步形成上。

三是环境治理话语的基本框架从“以发展的观点平衡生态环境”向“以自然规律为基础发展生产”转变。

在新中国成立后相当长的一段时间里，面对国家迫切的发展需要，经济议题在国家治理议程中长期优先于环境议题。受此影响，这一时期来自政府的环境治理话语蕴含着强烈的工具取向，例如：新中国成立初期的“清洁大扫除运动”与“爱国卫生运动”是要“为生产服务”的[⑤]；改革开放之后，政府大力

① 国家环境保护局．关于中国环境与发展国际合作委员会成立大会情况的报告（环法〔1992〕182号）[M]// 国家环境保护局办公室．环境保护文件选编：1988—1992．北京：中国环境科学出版社，1995：203.

② 国家环境保护局．第四次全国环境保护会议文件汇编 [M]．北京：中国环境科学出版社，1996：3.

③ 陈吉宁．以改善环境质量为核心 全力打好补齐环保短板攻坚战：在 2016 年全国环境保护工作会议上的讲话 [J]．环境经济，2016（1）：7-19.

④ 国家环境保护总局办公厅．九届全国人大一次会议代表谈环境保护摘编 [M]// 国家环境保护总局办公厅．环境保护文件选编：1998．北京：中国环境科学出版社，1999：129.

⑤ 全国环境卫生和卫生工程工作两年来有很大发展 [N]．人民日报，1951-09-23（3）.

开展环境宣传教育，以期“为环境保护工作打开局面”，但其实质目标亦是最终“促进经济更好更快地发展”；等等。这种取向也使得相关的政府环境治理话语侧重环境污染、生态破坏等问题对经济“不可持续”发展的影响，重在呈现污染后的治理措施及其成效。

进入21世纪，随着科学发展观、生态文明、美丽中国等国家战略政策的提出，政府环境治理话语发生转向，环境治理从国家治理特别是经济管理的末端被提到优先位置，形成了“把生态文明建设放在突出地位，融入经济建设、政治建设、文化建设、社会建设各方面和全过程”，“把生态文明建设放到现代化建设全局的突出地位”以及“绿水青山就是金山银山”等典型论述。环境治理不再作为增强经济发展的可持续性的事后补救手段，相反，经济建设需以自然规律为前提和基础，“在保护环境中求发展”①，以此为主轴的环境治理话语也向积极建构、宣传绿色发展方式与生活方式转变。

二、环境管理话语：完善一体、两翼、多元融合三个方面

狭义上讲，环境管理即政府为控制污染与保护生态而采取的各类措施与手段，是政府环境治理中以解决环境问题为导向的具体实践。新中国成立初期，政府通过“清洁大扫除运动”和“爱国卫生运动”对生活环境污染进行过整治，但常态化、体制化的环境管理在20世纪70年代初环境保护工作正式启动之后才得到了建设和发展，政府环境管理话语也在后来的实践探索的基础上历经不断的适时调整和完善。对于环境管理话语的演变发展，笔者将其概括为三个方面：一体、两翼、多元融合。

所谓“一体”，指的是基于中国实际，以“强化环境管理”为核心的中国环境管理路线的形成。在环境保护事业建立之初，中央政府就意识到治理环境污染主要靠政策和管理，其中，加强管理作为政策落实的保障得到了特殊强调。按照李鹏的观点，“我们国家目前还拿不出很多钱用于治理污染”，从加强环境管理入手，可以“做到少花钱、多办事”②。1983年，第二次全国环境保护会议

---

① 周生贤. 加快推进历史性转变 努力开创环境保护工作新局面：在2006年全国环保厅局长会议上的讲话［J］. 环境保护，2006（5A）：4-15.

② 李鹏. 论有中国特色的环境保护［M］. 北京：中国环境科学出版社，1992：47.

提出要把强化环境管理作为环境保护工作的中心环节。[①] 此后，政府内部一系列以提高环境管理效率与效能为目标的体制、制度和手段的创新不断展开：（1）中央环境管理机构的设置从其他部门“托管”到城乡建设环境保护部内设机构再到创设独立机构，直至 2008 年成立环境保护部（2018 年撤销，组建生态环境部），环境管理机构的级别与权限不断提高，环境保护职能得到增强；（2）环境管理制度从尾部治理向总量控制再向全面环境质量管理转变，环境管理制度不断完善，管理思路不断从严；（3）环境管理手段从单一的行政手段，逐步演变为综合运用行政、经济、法律、技术与宣教等多种手段，环境管理手段的系统化、法制化、科学化、市场化和信息化水平不断提高。

“两翼”则是环境管理话语中污染防治与生态保护这两个关键议题，及两者呈现出的污染防治先行、生态保护逐步赶超的特点。新中国的环境保护事业是在解决环境污染问题的需求下诞生的，受此目标驱动，在政府环境管理的前一阶段，污染防治是其议程中的主要议题，包括 20 世纪 70 年代围绕“三废”的生产生活污染治理、80 年代的工业污染防治。而伴随 90 年代初环境管理从尾部治理向总量控制转型，中央政府愈加关注环境质量与生态安全问题，对此，1996 年国务院召开的第四次全国环境保护会议确定了环境保护要坚持“污染防治和生态保护并重的方针”，生态保护由此正式成为环境管理工作的另一组成部分，相关议题的显著性快速提升。这一变化也同样反映在主流媒体的环境报道之中，以《人民日报》为例，在其 1949—2019 年发表的共 8 140 篇环境报道中，涉及污染防治议题的报道共有 1 913 篇，而关涉生态保护议题的报道则是 3 511篇；在增长趋势上，20 世纪 90 年代中期以后，生态保护议题超越了污染防治议题，成为政府环境管理话语输出的首要议题（见图 2－7）。

“多元融合”指的是政府环境管理话语从以规制话语、科学话语为主向多元话语大融合转变。以话语的类型观之，在 20 世纪 70 年代之后一段相当长的时间内，我国政府环境管理的主导话语体现为规制话语与科学话语，即以环境管理者的身份告知其他社会主体管理环境问题的制度安排与相应的规约机制，向其呈现认知与解决具体环境问题的科学方法及技术方案。但随着作为外部环境的经济社会的快速发展以及环境管理自身理念、机制与手段的变化，政府环境

① 曲格平．走有中国特色的环境保护道路［J］．上海环境科学，1993（1）：2－6．

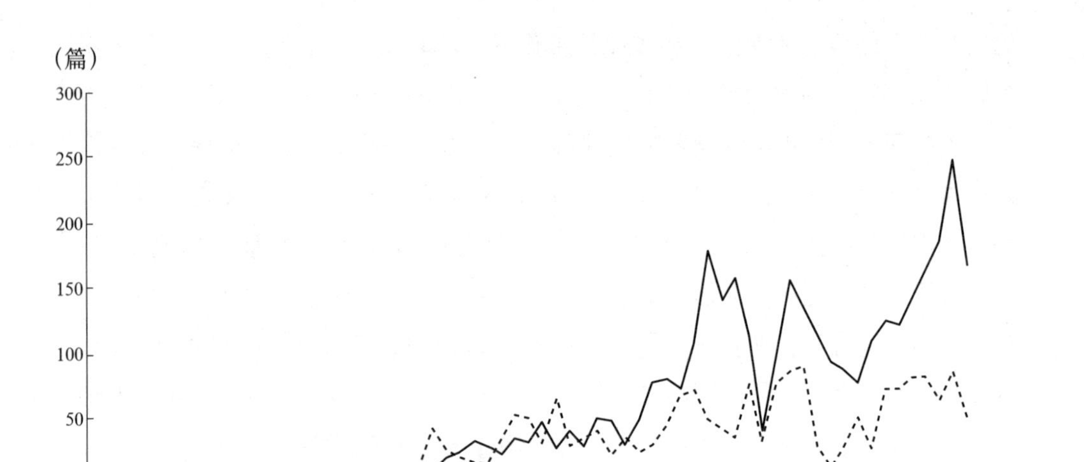

图 2-7 《人民日报》1949—2019 年污染防治议题与生态保护议题的报道数量

注：数据来源于人民日报图文数据库，本文通过环境保护、环保、生态、污染、低碳、节能减排六个关键词对《人民日报》相关报道进行检索，在排除无效样本后，得到 8 140 个有效样本。本书第三章对此有详细阐述。

管理的话语实践也在与时俱进地吸纳、创新新型话语表达，例如：（1）以发展环境保护产业、循环经济为代表的市场化话语；（2）强调人与自然和谐共生、提倡环境道德的文化价值话语；（3）发展节约型社会、倡导绿色生活方式的新型消费主义话语；（4）围绕全球环境治理的全球化话语。其中，最为重要的话语转型体现在环境治理理念与模式方面，在十九大报告提出构建现代环境治理体系目标之后，政府为主导、企业为主体、社会组织和公众共同参与①的多中心治理话语出现并成为新时代环境管理的引领性话语。从该角度看，政府环境管理话语正在不断突破传统行政管理的封闭思维，变得愈加外向开放与多元融合。

三、环境参与话语：从强调义务走向兼顾权利

与政府环境管理话语力图形塑的以效率为追求的技术性实践的自我形象不

① 中共中央办公厅 国务院办公厅印发《关于构建现代环境治理体系的指导意见》［EB/OL］．(2020-03-03)［2021-04-30］．http：//www.gov.cn/zhengce/2020-03/03/content_5486380．htm.

同，公众参与话语是政府环境治理话语中对“政府”这一主体之外作为“他者”的公众在环境保护中的地位、角色以及功能的建构。1973 年，中央政府在第一次全国环境保护会议上强调了群众路线的必要性，提出要“依靠群众、大家动手”，标志着公众参与被正式纳入新中国政府环境治理话语之中。随着中国环境保护事业的持续深入发展，政府环境治理中公众参与话语的内涵也不断得到丰富，其中一个鲜明的主线就是其从侧重义务话语向兼顾权利话语转变。

所谓义务话语，是政府在定位、宣传与动员公众参与时更多强调公众对于环境保护的义务。这种话语类型在 21 世纪初期之前，一直是我国公众参与话语的主体部分，典型的表述包括“保护环境、人人有责”和“保护环境是社会公德的主要内容”等。政府在长时间内对公众环保义务的强调，基础是其对中国环境问题产生根源的理解。按照政府的观点，“环保工作面临的困难和问题，归根结底还是各级领导决策层和广大群众的环境意识不够高”①。为了解决这种“意识不足”的问题，政府不断加强环境宣传与环境保护教育，希望让公众对环境保护形成“清醒的认识、负责的态度和自觉的行动”②。事实证明，政府围绕公众参与展开的宣传教育工作产生了非常积极的效果，不仅促进了公众环境意识的觉醒，引导全社会在环境保护问题上形成广泛共识，也激发了公众对自身环境权益的关注与主张。以环境信访为例，2000 年前后我国公众进行环境信访的数量激增，根据学者的相关统计，1996 年全国环保系统收到的有关环境问题的信件为 6 万多封，1999 年骤然增加到 20 万封，2002 年高达 40 万封。③ 这一现象引起了国家环境保护总局（已撤销）的注意，该部门专门下发文件，要求各地方认识到“环境信访问题已成为影响社会稳定的重要因素”④。

基于这种变化，政府开始对公众参与的内涵与范围进行政策性调整。一是

---

① 国家环境保护局办公室 . 1994 年全国环境保护宣传教育工作要点 [M]// 国家环境保护局办公室 . 环境保护文件选编：1993—1995. 北京：中国环境科学出版社，1996：541.

② 国家环境保护局 . 关于中国环境与发展国际合作委员会成立大会情况的报告（环法〔1992〕182 号）[M]// 国家环境保护局办公室 . 环境保护文件选编：1988—1992. 北京：中国环境科学出版社，1995：203.

③ 张玉林 . 中国农村环境恶化与冲突加剧的动力机制：从三起“群体性事件”看“政经一体化”[M]// 吴敬琏，江平 . 洪范评论 . 北京：中国法制出版社，2007：192 - 219.

④ 国家环境保护总局办公厅 . 关于加强环境信访工作的通知 [M]// 国家环境保护总局办公厅 . 环境保护文件选编：2000. 北京：中国环境科学出版社，2001：274.

肯定公众除了有保护环境的义务，也享有在适宜环境中生存与发展的权利。二是承认并保护公众参与环境公共事务的权利，包括知情权、批评权、参与决策权、法律救济权，并通过出台《环境影响评价公众参与暂行办法》（2006年，已失效）、《环境信访办法》（2006年）、《环境信息公开办法（试行）》（2007年，已失效）、《突发环境事件信息报告办法》（2011年）、《环境保护公众参与办法》（2015年）等一系列法律法规将其固定下来。三是以环境宣传教育为手段，为公众参与环境治理提供必要的条件、机会和场所，同时促进公众参与机制的建立，提高公众依法参与环境监督的能力。

从时间上看，政府环境治理中公众参与话语的跨越式发展，与政府环境宣传演进中的公共化趋势、政府环境管理话语的多元化转变具有某种程度的同步性，三者构成了新时代中国政府环境治理话语的典型特征，使其作为一种公共行政语言愈发具有“向他者开放”[①] 的特质。这种特质或能引领政府环境治理话语建构并形成围绕环境保护这一核心，同时融合多元话语的价值共同体。而这也与当下政府环境治理从过去由政府单一主体管理向政府主导下与社会多元主体开展协作治理的转变形成了呼应与对照。

四、政府环境治理话语的发展逻辑与特征

修辞学研究者欧内斯特·鲍曼（Ernest Bormann）认为：“理解事物的最重要的文化产物可能不是物或‘现实’，而是语言或者符号。”[②] 这一观点与话语制度主义存在某种程度的一致性。后者也认为话语的出现、制度化及转变是检视行动者对所处社会环境或议题的视角、诠释及归因的依据，是行动者解释、沟通、合理化自身行动的枢纽，也是分析制度或政策得以变迁与存续的关键线索。[③] 政府环境治理话语作为其环境治理实践的系统性表征，不仅会为实践所界定与制约，也会通过落实与贯彻作用于实践本身。鉴于政府主体在中国环境

---

① 法默尔．公共行政的语言：官僚制、现代性和后现代性：中文修订版［M］．吴琼，译．北京：中国人民大学出版社，2017：230.

② 鲍曼．想象与修辞幻象：社会现实的修辞批评［M］// 宁，等．当代西方修辞学：批评模式与方法．常昌富，顾宝桐，译．北京：中国社会科学出版社，1998：78－95.

③ SCHMIDT V A. Discursive institutionalism：the explanatory power of ideas and discourse［J］. Annual review of policial science，2008，11：303－326.

治理中的领导地位，其环境治理话语不但能深刻影响环境治理的具体安排与发展方向，还会全面作用于社会传播系统对环境问题的建构方式，促进其话语意义被中国社会普遍习得与接受，因而在一定程度上也反映着中国环境传播的特征与进程。基于前述从时间、逻辑两个维度对新中国成立以来中国政府环境治理话语演进路径的呈现与分析，我们可以对中国政府环境治理话语的发展逻辑做出如下三个方面的初步总结。

第一，中国政府环境治理话语的演进，与其治理实践一道，实质上采取了先协同经济发展后向关注自然价值与自然本体复归的路线。特别是在改革开放后，中国环境治理与国民经济建设同时进入快速推进阶段，但两者相较，经济发展作为中心任务在国家议程中的位置远远优先于环境保护。在政府内部博弈中，地位的弱势使环境治理在一段较长时期内难以独立且有效地主张自身合法性、正当性与紧迫性，而只能通过强调其对经济发展存在重要意义，环境污染、生态破坏会造成经济发展的“不可持续”等方式建构、宣传环境保护的观念，以此寻求环境话语和环境议程影响力的存续与提高。但在进入 21 世纪之后，随着中国的经济发展持续向前推进，这种情况逐步发生转变，关键节点便是科学发展观、生态文明、美丽中国等战略的相继提出。一方面，其从实质层面提高了环境治理工作在政府行政体系中的地位，环境治理议题在与其他社会议题的比较中获得了更为优先的合法性次序；另一方面，更重要的是其所倡导的理念，包括重建对自然规律与自然价值的认知与尊重、寻求人与自然和谐相处的社会发展模式等，使自然环境作为主体从相对的“遮蔽”状态走向“在场”，获得了建构自身独立之意义与价值的空间。政府话语中对人与自然互动关系的建构，也开始慢慢脱离乃至有意识地超越人类中心主义、经济至上导向的“物化”自然或单向度的“工具性”自然，进而对两者相互依存、彼此成就的主体间关系与价值给予更多呈现，有关表现自然审美价值与精神力量的诗意话语、主张保护生物多样性与稳定性的自然权利话语、强调平衡与共存的生态整体主义话语等新兴话语也因此得到日渐广泛的应用。

第二，中国政府环境治理话语的出现与革新呈现出很强的内在性，即主要依靠政府内部自上而下的改革动力完成，这与 20 世纪六七十年代美国等西方国家通过公众对自身环境权益的主张推动环保议题进入国家议程及其行动框架的社会路径存在显著差异。导致这种差异的原因其实也不难理解。虽然从时间上看，整体性、系统化的中国环境治理与以上述西方环境运动为代表的世界范围内对环境治理的关注大致同步，但与西方社会基本完成了本国的工业化与城市化进程相比，中国政府的环境治理决策与实践是在国家生产力和经济水平、人民富裕程度和环境意识都很低的背景下开始的。在发展经济、加大开发力度、改善生活的宏观需求面前，中国社会普遍缺少对环境保护的了解、关注、关心与行动。在这种情形下，中国环境问题的合法化以及环境治理的制度化、组织化、社会化也就不会形成像西方环境运动那样源于社会内部、自下而上的诱致性制度变迁，而呈现为政府自上而下、自内向外的强制性制度变迁。[①] 换言之，在中国环境治理中，政府扮演了先觉者、主张者与倡导者的角色，其内部对中国环境状况严峻性的认知成为其主动推行环保政策的核心动力。面对长期较弱的社会环保意识，政府不仅主导了环境治理基本路径的制定及其在不同阶段的步骤、方法与目标，也缔造并长期主导了传播领域对环境议题的建构与宣传方式。基本上，这种生发于政府内部的环境思想转变与治理改革实践带动了中国环境话语的更迭与演进。

第三，从话语传播层面看，居于主导的政府环境治理话语也同样表现出对寻求与积累社会共识的强烈追求。中国的环境治理工作虽然总体由政府主导，但最终要取得成效还需要广泛的社会参与，而这就需要以全社会内部达成环境保护共识为前提。从前文的发展历程可知，中国政府在环境治理工作开始之初就以开展环境保护宣传为手段，主动建构环境议题，提升公众的环保意识，将群众路线贯穿在政府环境治理工作的各个时期。特别是在大众传播领域，政府机构不仅直接推动创立并从体制资源、运行经费等方面积极扶持环境新闻媒体[②]，还在议程及导向层面对其环境宣传长期保持宏观引导，通过构建政府与新闻媒体在环境传播中高度合作、口径一致的关系，高效促进环境宣传目标与效果的实现，凝聚、扩大社会与政府在环境治理问题上的共识与认同。直到目前，政府的环境议程依然高度影响着主流新闻媒体的环境议程，后者基于官方

---

① 洪大用．试论改进中国环境治理的新方向 [J]．湖南社会科学，2008 (3)：79-82.

② 王利涛．从政府主导到公共性重建：中国环境新闻发展的困境与前景 [J]．中国地质大学学报（社会科学版），2011，11 (1)：76-81.

意识形态传播者的角色与立场，在话语结构、叙事策略等方面亦多沿用政府的环境治理话语框架，偏向以宏大叙事、正面为主的路径展开对国家环境决策、政府管理绩效的宣传报道。客观而言，由于这种长期的宣传教育，加之中国经济的快速发展和公众生活水平的提高，公众所表现出的对环境质量的关心、对自身环境权益的维护皆有了长足的发展进步。①

总体来看，在新中国成立后的70余年里，政府环境治理话语随着社会的变迁、体制的变革、政策的变化持续演进，并对环境治理实践起着极其重要的作用。在新时代，我们面对新环境、站在新起点，政府环境治理话语的凝练、建构、传播仍当继续创新、顺势而为，为早日实现美丽中国的目标提供更强劲的助推力。其中需要关注的是，当前，政府环境治理话语的传播身处中国快速发展的经济社会、日新月异的媒介环境以及异质多元的社会公众之中，上述以宣传为主的政府环境治理话语的输出方式及以自上而下为主要特征的政府与公众的互动模式正面临深度挑战。特别是面对以互联网、移动互联网为代表的新型媒介环境以及权利意识、法律意识、监督意识、参与意识不断增强的社会公众，政府环境治理话语能否有效地传递自身的价值主张，并在与多重话语的竞争乃至对抗中赢得社会公众的持续认同，是新时代政府环境治理话语输出所面临的重要挑战。

---

① 中国环境意识项目办.2007年全国公众环境意识调查报告[J].世界环境，2008(2)：72-77.

第三章　格局、特点与策略：主流媒体的环境话语建构

环境议题的建构是政府、媒体、公众、社会组织等彼此对话、相互影响议程的集体协作的过程。上一章我们重点探讨了作为中国环境保护事业领导者的政府70余年来围绕中国环境战略、环境管理、环境公众参与等问题所开展的话语实践及其特征。本章便聚焦新闻媒体这一主体，考察其在同样一个时间段内如何设置与呈现有关环境问题的媒体议程，以及这一议程在不同时期的结构变化。

在研究对象方面，本章选取1949年至2019年共70年间《人民日报》的环境报道并对之进行全样本内容分析。之所以选择《人民日报》，一方面是因为《人民日报》创刊于1948年，其报道可以完整覆盖上述研究时间跨度，且自身也是最早进行环境报道的国家主流媒体之一，在一定程度上引领了主流新闻媒体环境新闻的内容和形式上的设计；另一方面是因为《人民日报》是中国共产党中央委员会机关报，在重要议题上，“人民体”会对国内传统主流媒体产生极大的规范和引导效应，其环境报道可以在较大程度上代表党和政府对环境问题的政策、主张与立场，在主流新闻媒体中具有突出的代表性。

第一节　1949—2019年《人民日报》环境报道的特征与演变

在报道选取上，基于中国知识资源总库（中国重要报纸全文数据库）、人民日报图文数据库（1946—2020），对新闻主题中含有“环境保护”“环保”“污染”“节能减排”“低碳”“生态”“PX”等关键词的报道进行检索，时间跨度设定为1949年10月1日至2019年12月31日，共70年时间。以上述选取标准筛选排除不相关报道后，共得到自1949年12月24日第3版的《东海专区重视群众卫生工作 一年抢治病人三万余 改进农家环境卫生 大批改造巫婆》到2019年12

月 31 日第 5 版的《生态文明润泽美丽新疆（一线视角）》等 8 140 篇有效报道。

一、分析框架与变量设计

在研究类目的构建上，我们关注的核心变量包括“报道议题类型”“报道体裁”“报道信源”“报道调性”“关涉主体”与“叙述方式”。通过对部分样本的预编码，最终将各变量分析维度确定如下。

（一）报道议题类型

本部分将环境议题首先划分为常规环境议题与突发环境事件议题两类：常规环境议题主要涉及在环境报道中经常出现的日常议题，一般不具有时间上的紧迫性和性质上的紧急性；突发环境事件议题则针对突然发生，造成或可能造成重大人员伤亡、财产损失、生态环境破坏和严重社会危害，危及公共安全的环境事件的议题，这类议题一般需要进行及时的信息发布与舆论引导。在此一级议题分类之下，我们还进行了二级议题的细分。分类主要依据《国家环境保护“十二五”规划》对重点环境议题的分类，共设定“水污染防治”“大气污染防治”“土壤污染防治”“核与辐射污染防治”“重金属污染防治”“固体废物污染处理处置”“化学品环境污染防控”“环境政策法规”“自然生态保护与监管”“环境宣传教育”“节能减排”“全球环境发展与国际合作”“公众参与”“其他”等十四个细分议题。为方便分析，我们将上述十四个细分议题中的前六个合称“污染防治”议题。

（二）报道体裁

基于新闻体裁的一般划分标准及本部分的研究需要，我们将环境报道的体裁区分为：（1）消息；（2）通讯；（3）深度报道；（4）评论；（5）科普和研究类文章；（6）其他。

（三）报道信源

报道信源即新闻报道涉及的背景、事实、观点从何而来，由谁提供。通常来说，对信源的选择不仅隐含着媒体对于事件的态度、立场与倾向[①]，也决定

---

① 潘晓凌，乔同舟．新闻材料的选择与建构：连战“和平之旅”两岸媒体报道比较研究［J］．新闻与传播研究，2005（4）：54－65，96．

着报道对于事件的话语权与最终解释权。部分报道在导语中便会明确交代新闻来源，如“记者从某政府部门获悉”，而其余未标明新闻来源的报道亦可从记者的叙述中推知其消息来源——有的在文中其他部分标出，有的则需判断。[①] 我们根据此前的研究以及本研究的特点，设计这一变量的类目如下：（1）中央政府部门；（2）环境主管部门；（3）地方政府部门；（4）环保组织；（5）媒体（自采自评）；（6）企业；（7）公共意见领袖；（8）普通公众；（9）外国政府/组织/个人；（10）其他。如果一篇报道中出现了多个新闻来源，那么选择占主导地位的新闻来源。

（四）报道调性

报道调性关注报道的感情色彩问题，主要判断新闻报道的口吻是正面的还是负面的。一般来讲，报道调性主要包括三种类型：（1）积极报道，指针对环境保护政策、环境保护措施、环境保护效果等，价值导向较为积极乐观的报道文本；（2）消极报道，指针对环境保护现状中的问题、障碍等，价值导向较为悲观的报道文本；（3）中性报道（即无明显感情色彩的报道）或无法判断报道调性。

（五）关涉主体

关涉主体是指环境报道中向受众表达新闻事实的行为主体。依据环境议题的特殊性，本部分将环境报道关涉的主体划分为：（1）政府；（2）企业；（3）环保组织；（4）环保人物；（5）普通公众；（6）国际主体；（7）其他。若一篇报道中所涉及的主体不止一类，则选择占核心地位的主体（最多选三类）作为报道的关涉主体。

在对关涉主体行为表现的建构中，我们遵循内容分析研究的一般程序。首先阅读并分析部分样本，进行预研究，归纳该报道中各主体的形象，其方式是总结最能体现该主体形象的5～10个形容词。在此基础上，我们提炼出环境报道中主体行为分析的具体类目。如针对“政府”这一主体，其行为表现可分为：（1）法律存在缺失；（2）经济利益至上；（3）监督管理不力；（4）救济渠道不畅；（5）信息公开不足；（6）开展国际合作；（7）完善政策法规；（8）加强监督管理；（9）进行环境治理；（10）遵循科学发展；（11）开展环境宣传教育；

---

① 马修斯，恩特曼．新闻框架的倾向性研究［J］．韦路，王梦迪，译．浙江大学学报（人文社会科学版），2010，40（2）：68-81.

(12）推进信息公开；(13）其他。

（六）叙述方式

新闻的叙述方式大致可分为理性诉求和感性诉求两种：前者主要是对掌握的事实进行高度概括，不着力展示细节，在新闻事件五要素的基础上，对报道对象进行理性分析，以求反映事实的本质和规律；而后者则重视对新闻中形象事实的捕捉，以故事化、情节化的叙述方式将新闻事实“描绘”出来，让受众产生共鸣或身临其境之感。本部分基于上述两种方式，将环境报道的叙述方式划分成：(1）直接陈述事实；(2）数据图表呈现；(3）进行类比；(4）进行逻辑推理；(5）表现人文关怀；(6）诉诸亲情、乡情等情感；(7）展现价值观及自我实现；(8）无明显诉求。

二、1949—2019年《人民日报》环境报道的总体特征

（一）常规环境议题偏好监管治理，突发环境事件议题侧重污染防治

如表3-1所示，在8 140篇报道中，常规环境议题报道为7 929篇（占比97.4%），突发环境事件议题报道为211篇（占比2.6%）。在两类议题内部，常规环境议题侧重“自然生态保护与监管”“节能减排”和“水污染防治”三类议题（分别占比42.8%、11.2%与9.5%，合计63.5%）；突发环境事件议题则以水污染防治议题（占比1.3%）为主。其中，水污染防治议题不仅在常规的污染防治议题中占据44.6%的高比例，在突发事件的防治污染议题中的占比也超过六成。

表3-1　常规环境议题与突发环境事件议题报道中细分议题的分布

	常规环境议题		突发环境事件议题		总计	
水污染防治	777	9.5%	104	1.3%	881	10.8%
大气污染防治	618	7.6%	16	0.2%	634	7.8%
土壤污染防治	65	0.8%	2	0	67	0.8%
核与辐射污染防治	29	0.4%	5	0.1%	34	0.5%
重金属污染防治	30	0.4%	17	0.2%	47	0.6%
固体废物污染处理处置	146	1.8%	2	0	148	1.8%
化学品环境污染防控	78	1.0%	24	0.3%	102	1.3%

续表

	常规环境议题		突发环境事件议题		总计	
环境政策法规	693	8.5%	1	0	694	8.5%
自然生态保护与监管	3 484	42.8%	27	0.3%	3 511	43.1%
环境宣传教育	372	4.6%	1	0	373	4.6%
节能减排	909	11.2%	2	0	911	11.2%
全球环境发展与国际合作	533	6.5%	7	0.1%	540	6.6%
公众参与	193	2.4%	2	0	195	2.4%
其他	2	0	0	0	2	0
总计	7 929	97.4%	211	2.6%	8 140	100%

注：表中数据横向类目是一级议题类型，纵向类目是二级议题类型，表中数值及百分比分别为一级议题类型下二级议题的报道分布及占总报道量的比例。

（二）文章类型多元共存，以传达消息为首要目标

通过对《人民日报》环境报道文章类型的统计（见图 3－1），可以发现 70 年间使用频率最高的报道体裁为消息（3 563 篇，43.8%），其次为通讯（2 170 篇，26.7%）与深度报道（862 篇，10.6%），使用频率较低的是评论（744 篇，9.1%）、科普和研究类文章（407 篇，5.0%）。这说明《人民日报》环境报道在功能上主要定位于及时传达具有时效性的环境保护政策和环境保护管理的具体措施与行动。

（三）媒体主导报道来源，信源主导报道对象

如表 3－2 所示，在各类报道信源中，媒体（自采自评）占比最高（共计 4 542篇，55.8%），其次是政府部门（包括中央政府部门、环境主管部门和地方政府部门），为 2 655 篇（32.6%）。其他信源的占比较低，从高至低依次为外国政府/组织/个人（4.1%）、公共意见领袖（2.8%）、普通公众（1.6%）、企业（1.2%）、环保组织（0.9%）。基于新闻报道的一般规律，报道信源主体通常就是报道对象主体[①]，因此我们在对“报道信源”与“关涉主体”两个变量进行相关分析后发现，两者的皮尔逊卡方检验的结果为 0.000，验证了“报道信源”的确影响了环境报道“关涉主体”的分布。

① 杨保军．新闻价值论［M］. 北京：中国人民大学出版社，2003：160.

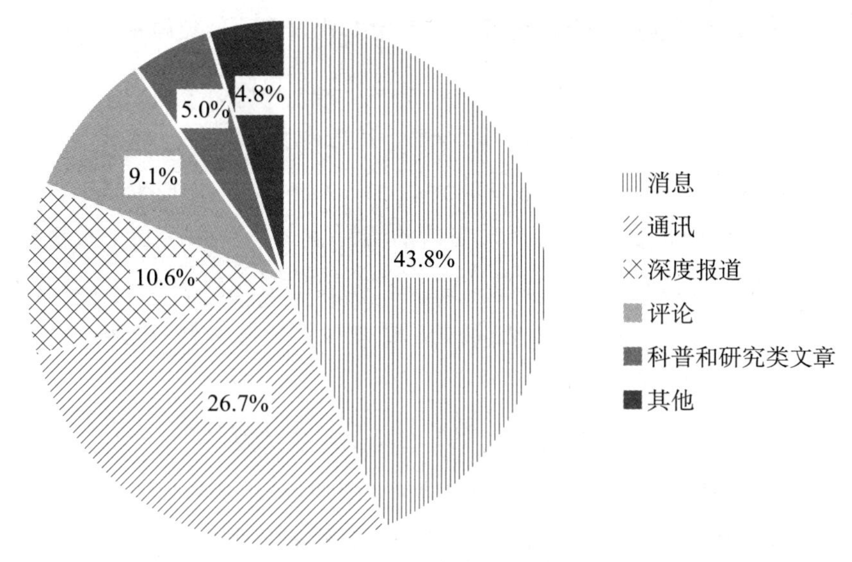

图 3-1　文章类型分布

表 3-2　报道信源与关涉主体的关系

	中央政府部门	环境主管部门	地方政府部门	环保组织	媒体	企业	公共意见领袖	普通公众	外国政府/组织/个人	其他	总计
政府	1 080 17.7%	650 10.6%	812 13.3%	20 0.3%	3 251 53.2%	11 0.2%	119 1.9%	55 0.9%	46 0.8%	62 1.0%	6 106
企业	80 5.9%	88 6.4%	124 9.1%	7 0.5%	862 63.1%	88 6.4%	20 1.5%	81 5.9%	7 0.5%	10 0.7%	1 367
环保组织	11 4.7%	7 3.0%	8 3.4%	50 21.5%	149 63.9%	1 0.4%	4 1.7%	0 0	1 0.4%	2 0.9%	233
环保人物	46 8.0%	33 5.7%	22 3.8%	12 2.1%	341 59.4%	3 0.5%	98 17.1%	4 0.7%	11 1.9%	4 0.7%	574
普通公众	42 5.3%	27 3.4%	59 7.5%	11 1.4%	544 69.1%	3 0.4%	14 1.8%	67 8.5%	5 0.6%	15 1.9%	787
国际主体	42 4.0%	16 1.5%	7 0.7%	4 0.4%	666 63.7%	2 0.2%	12 1.1%	1 0.1%	288 27.5%	8 0.8%	1 046
其他	4 8.3%	2 4.2%	3 6.2%	0 0	25 52.1%	1 2.1%	9 18.7%	1 2.1%	1 2.1%	2 4.2%	48
总计	1 121 13.8%	685 8.4%	849 10.4%	72 0.9%	4 542 55.8%	101 1.2%	225 2.8%	131 1.6%	334 4.1%	80 1.0%	8 140 100%

注：表中数据横向类目是报道信源，纵向类目是关涉主体；表中数值为特定消息来源对各主体的报道数量贡献，百分比为各信源在相应主体报道中的分布情况。

(四) 超 2/3 的报道涉及政府部门，各主体皆以正面形象居多

在 1949—2019 年这一时间段内，政府是环境报道涉及最多的一类主体，共有 6 106 篇（75.0%）报道对政府的形象、角色及行为进行了叙述与评价。关涉主体中数量排第二的是企业，总计 1 367 篇（16.8%）报道对这一主体有所涉及。包括外国政府、组织与个人在内的国际主体居于第三位，报道数量为 1 046篇（12.9%）。此外，其他主体的呈现在数量上相对较少，以环保组织、环保人物和普通公众为关涉主体的环境报道分别为 233 篇（2.9%）、574 篇（7.1%）和 787 篇（9.7%）。

就主体行为形象而言（见表 3-3），70 年间主流媒体所呈现的政府形象，主要集中于加强监督管理、遵循科学发展和进行环境治理三个方面，虽然也有关于其监督管理不力等方面的报道，但负面形象的呈现并不多。对企业而言，主流媒体呈现出的主要形象正负面兼具，排在前三位的为违法排污、节能减排以及技术创新。对环保组织、环保人物和普通公众而言，最为突出的形象分别是宣传教育、提出建议和参与活动。对国际主体的报道则侧重于国际合作。

表 3-3 环境报道中各关涉主体的行为形象

政府		企业		环保组织		环保人物		普通公众		国际主体	
法律存在缺失	119 1.0%	违法排污	548 26.5%	发展受限	1 0.3%	遭遇争议	2 0.2%	破坏环境	130 10.9%	污染严重	283 19.4%
经济利益至上	183 1.5%	高能耗	122 5.9%	能力不足	5 1.3%	身体力行	140 16.5%	意识淡薄	146 12.2%	转嫁污染	37 2.5%
监督管理不力	569 4.8%	公开不足	29 1.4%	行为不当	2 0.5%	参与监督	59 7.0%	参与不足	40 3.3%	监管不善	52 3.6%
救济渠道不畅	39 0.3%	掩盖问题	88 4.3%	参与监督	34 9.1%	提出建议	340 40.1%	监督不力	2 0.2%	新型政策	153 10.5%
信息公开不足	53 0.4%	信息透明	14 0.7%	提出建议	78 20.9%	倡导呼吁	156 18.4%	行为不理性	36 3.0%	管治创新	186 12.8%
开展国际合作	323 2.7%	节能减排	546 26.4%	倡导呼吁	69 18.5%	宣传教育	104 12.3%	意识提升	272 22.7%	技术创新	158 10.9%

续表

政府		企业		环保组织		环保人物		普通公众		国际主体	
完善政策法规	1 870 15.6%	技术创新	521 25.2%	宣传教育	89 23.9%	组织活动	26 3.1%	维护权益	117 9.8%	社会监督	42 2.9%
加强监督管理	2 719 22.7%	服务社会	141 6.8%	组织活动	66 17.7%	其他	20 2.4%	参与监督	149 12.4%	公众参与	85 5.8%
进行环境治理	2 638 22.0%	其他	60 2.9%	其他	29 7.8%	—	—	参与活动	290 24.2%	国际合作	390 26.8%
遵循科学发展	2 592 21.7%	—	—	—	—	—	—	其他	15 1.3%	其他	70 4.8%
开展环境宣传教育	523 4.4%	—	—	—	—	—	—	—	—	—	—
推进信息公开	185 1.5%	—	—	—	—	—	—	—	—	—	—
其他	155 1.3%	—	—	—	—	—	—	—	—	—	—

注：表中数据横向类目是关涉主体，纵向类目是主体行为形象；表中数值为关涉主体涉及的各类行为报道数量，百分比为各类行为在总体行为中所占的比例。

（五）报道调性以正面为主，彰显党报宣传职能

如图 3－2 所示，8 140 篇报道中超六成报道呈现出明显的价值倾向。其中，52.6%的报道对环境保护政策、措施及其成绩等持正面、积极态度，与之相反的消极报道占比为 10.6%。具体来看，在常规环境议题报道中，积极报道的比例为 53.4%，消极报道占 10.0%，中性报道占 36.7%。在突发环境事件议题报道中，消极报道的比例超过了积极报道，两者分别为 33.6%与 24.2%，中性报道的比例为 42.2%。这既体现出环境报道以积极报道为主的鲜明特征，也彰显了《人民日报》作为党报的正面宣传和舆论引导职能。

以正面、积极为主导的价值调性特点也体现在对环境保护各关涉主体的形象建构上。对环境报道涉及的政府、企业、环保组织、环保人物、普通公众和国际主体等六类主体来说，积极报道数量均大幅领先于消极报道数量，其中涉

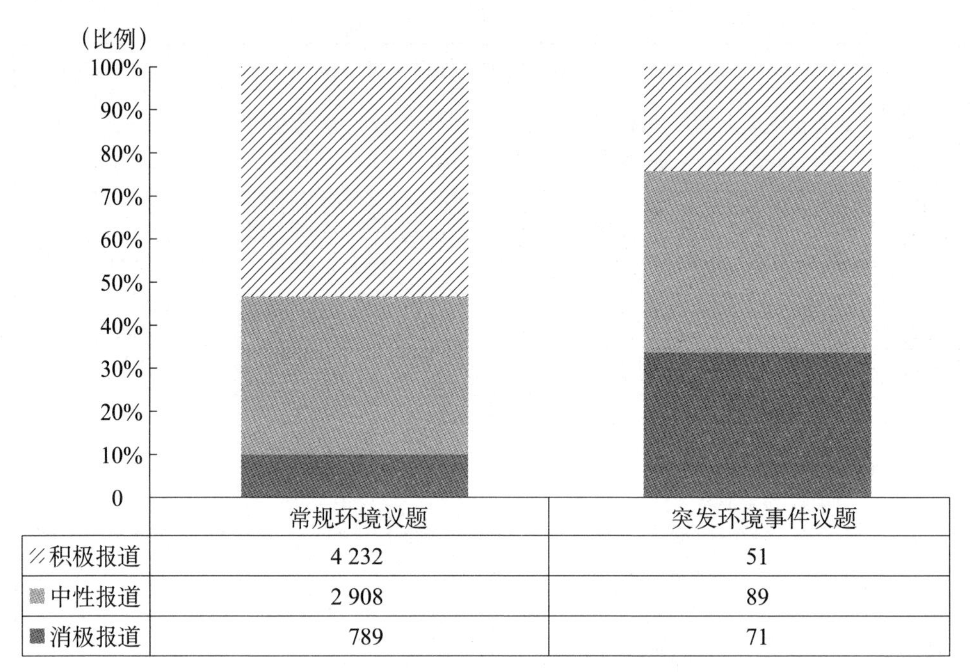

图 3-2　议题类型与报道调性的分布

及政府主体的积极报道占全部报道的 57.6%，表明政府是所有关涉主体中价值调性最偏向正面、积极的一类主体（见表 3-4）。

表 3-4　环境报道中各关涉主体的价值调性

	政府	企业	环保组织	环保人物	普通公众	国际主体
积极报道	3 515 57.6%	742 54.3%	113 48.5%	208 36.2%	392 49.8%	312 29.8%
消极报道	452 7.4%	309 22.6%	16 6.9%	52 9.1%	186 23.6%	212 20.3%
中性报道	2 139 35.0%	316 23.1%	104 44.6%	314 54.7%	209 26.6%	522 49.9%
总计	6 106 100%	1 367 100%	233 100%	574 100%	787 100%	1 046 100%

（六）叙述方式总体偏“硬”，感性诉求占比在 2000 年后有所提高

研究发现，理性诉求方式，即在报道中选择“以理服人”，是环境报道中最为常见的叙述方式。本部分将理性诉求方式分为四种，分别为直接陈述事实、数据图表呈现、进行逻辑推理和进行类比，使用上述方式的报道分别占总量的

57.1%、13.0%、8.0%和7.4%。与此相比，采用“以情动人”的叙述方式的报道则相对较少。本部分将感性诉求方式分为以下三种：表现人文关怀，诉诸亲情、乡情等情感，以及展示价值观及自我实现。统计结果显示，使用这三种方式的报道分别仅占报道总量的7.5%、3.5%和3.5%。这表明主流媒体的环境报道可能更加接近硬新闻——强调思想性、指导性和知识性。[①]

值得注意的是，进入21世纪后，环境报道在叙述方式上发生了一些改变，主要表现为感性诉求的比例有所提高。具体而言[②]，在1980—1999年间，表现人文关怀，诉诸亲情、乡情等情感，以及展现价值观及自我实现三种感性诉求方式在总体报道中的平均占比分别为2.9%、2.1%与1.3%；而在2000—2019年间，三者的平均占比分别增长为7.8%、4.4%与3.8%。这表明，感性诉求方式在近些年得到了主流媒体的更多运用，而这可能与新兴媒介环境影响下新闻报道与环境宣传工作在思路与方式方面的转变有关。

三、1949—2019年《人民日报》环境报道的演进脉络

通过以上数据分析，我们对1949—2019年《人民日报》环境报道的总体特征进行了概括性呈现。在这漫长的70年里，中国的环境保护事业经历了从无到有并由弱至强的历史性跨越，在此过程中，包括主流媒体环境报道在内的中国环境传播也由萌芽起步到日益发展壮大。那么，主流媒体的环境报道在这70年的发展过程中发生过哪些变化？背后的驱动因素为何？其演变有何规律以及指向哪种趋势？对此，接下来的内容将从报道议题、报道方式、主体结构等方面做出分析与解答。

（一）常规环境议题报道70年：政府议程影响媒体议程，议题多样性呈下降趋势

站在70年的历史跨度上，《人民日报》对常规环境议题的报道，可以1980年为节点分为两个大的历史阶段：其一为1949—1979年，其二为1980—2019年。1949—1979年，《人民日报》虽然对常规环境议题有所报道，但报道规模

---

① 甘惜分．新闻学大辞典［M］．郑州：河南人民出版社，1993：11.

② 此处仅呈现1980年至2019年之间的比较趋势，而非1949年至2019年的完整情况，原因在于1980年之前主流媒体对环境议题的报道尚处于较为松散、随机的状态，报道形式并不稳定，在叙述方式上缺乏与此后时期的有效比较价值。详见后文。

较小，且不具有稳定性与连续性，报道数量平均每年不足6篇，最多的一年也仅有34篇（为1972年，其中82%为对我国政府派代表团参加联合国人类环境会议的报道），而在诸如1954年、1955年、1964年等年份，则没有常规环境议题报道出现。除此之外，在报道涉及的环境议题方面，这一时期也不甚全面，各年份均未能出现前述分析框架所提及的所有子议题，其中涉及议题最为多元的年份为1973年、1978年与1979年三个年份，也仅包含调查所提到的污染防治、环境政策法规、自然生态保护与监管、节能减排、全球环境发展与国际合作、环境宣传教育、公众参与等七类议题中的五类。

1980年，《人民日报》常规环境议题报道首次超过50篇（为76篇），而这一年亦是第一个完全覆盖上述七类议题的关键年份。发生这种变化最直接的原因应是这一时期环境保护得到了国家的特殊重视：1979年9月中国第一部环境保护法律《中华人民共和国环境保护法（试行）》颁布，随后，中国环境保护开启了法制化、制度化与行政化的建设进程。受此影响，《人民日报》常规环境议题报道的数量在此后持续稳步增长，在2007年一度高达539篇，同时在议题结构方面也逐步完善与成熟。

综观1980—2019年《人民日报》常规环境议题报道的演变，可发现如下趋势与特点（见图3-3）。第一，污染防治议题呈现出由强转弱的态势，其占比从1980年的53.4%降至2019年的19.1%。第二，自然生态保护与监管议题占比不断提高，从1980年的13.7%升至2019年的64.6%，成为最显著的环境保护议题。第三，在特定时期，某些议题会得到重点呈现，如2007—2012年间报道数量较多的"节能减排"议题、1990—1995年间迎来相对高峰的"全球环境发展与国际合作"议题等。究其原因，多与当时国内外环境政策议程有所关联，如2007年发布的以《能源发展"十一五"规划》《国务院关于印发节能减排综合性工作方案的通知》等为代表的政策文件及对节约资源和保护环境的基本国策地位的强调，增强了节能减排议题的显著性；又如20世纪90年代初"全球环境发展与国际合作"议题的报道聚焦于当时的全球热点话题"可持续发展"与"21世纪议程"。除了上述几类议题，环境政策法规、环境宣传教育、公众参与等议题在整体报道结构中的占比较低，且呈现出不断降低的趋势，而此趋势实际上在污染防治、节能减排、全球环境发展与国际合作等议题上亦有所体现。从这一角度看，《人民日报》环境报道在议题结构上呈现出多样性降低、集中程度增强的特点。

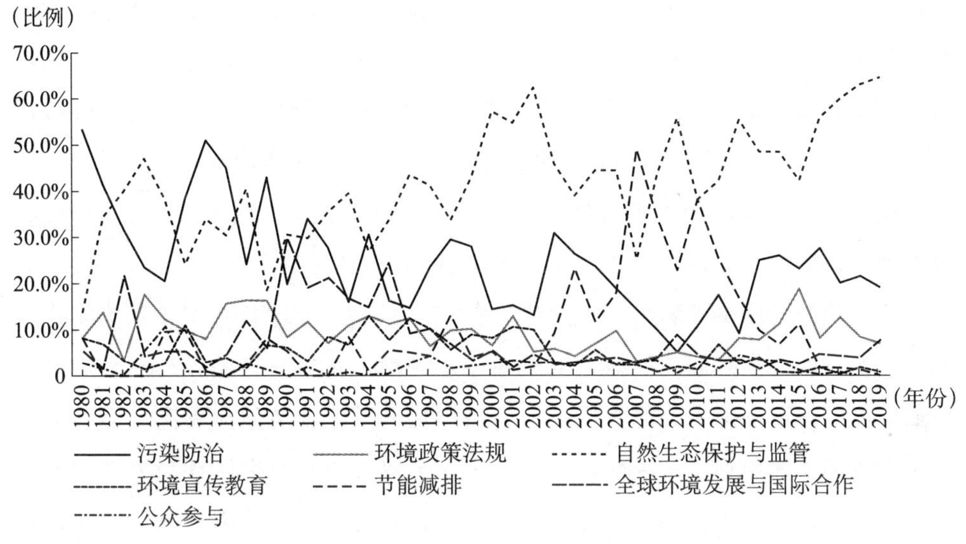

图 3-3　1980—2019 年常规环境议题报道的子议题分布

(二) 突发环境事件议题报道 70 年：规模、结构、框架均维持稳态，报道方式较固定

相较于常规环境议题报道复杂的演变态势，突发环境事件议题报道的规模、结构以及框架在 70 年间保持了一种相对稳定的状态。具体来看，在报道规模方面，《人民日报》中对突发环境事件的报道占全部环境报道的比例基本维持在 1%～10%之间，其中大多数年份处于低位，仅个别年份因发生重大环境污染事件而导致报道数量有所增长。如在 2005 年年底的松花江水污染事件①和珠江北江镉污染事件②之后，2005 年与 2006 年年初突发环境事件相关报道的数量大幅增加③；2011 年发生的日本“3・11”大地震、云南曲靖铬渣污染事件、南方多

① 2005 年 11 月 13 日，中石油吉林石化分公司双苯厂发生爆炸事故，约 100 吨苯、硝基苯和苯胺等苯类物质流入松花江，形成近百公里的污染带，沿松花江下泄并汇入黑龙江，导致松花江江水被严重污染，对沿江居民的生产、生活产生影响，引起国际、国内的广泛关注。

② 2005 年 12 月 16 日，广东省韶关市韶关冶炼厂违反法规规定，直接排放含镉超标的污水，导致珠江北江水域发生重大环境污染事件。

③ 以 2005 年为例，在当年 24 篇突发水污染议题报道中，涉及松花江水污染事件的报道共 22 篇，涉及珠江北江镉污染事件的报道为 1 篇。

起血铅中毒事件等也增加了当年的突发环境事件报道数量。

在报道结构即议题分布方面，突发水污染事件与大气污染事件常年占据突发环境事件议题前两名的位置，土壤污染、核与辐射污染、重金属污染、固体废物污染等其他类型的污染事件在环境报道中的呈现非常少。这虽然与不同类型环境污染事件的发生频率与概率存在差异相关，但也在一定程度上反映出《人民日报》在突发环境事件报道的议题方面具有一定的结构偏向。

在突发环境事件的报道框架方面，针对事件陈述、事件结果、他方反映、分析评估、历史背景与媒体预测这六种突发环境事件报道框架进行编码和方差分析后，我们发现事件陈述与事件结果是70年突发环境事件报道中最为常用的框架类型，两者与其他四种报道框架在使用频次上具有显著差异。而在后四种使用较少的报道框架中，他方反映与分析评估两种框架的使用频次又显著多于历史背景和媒体预测。这说明，长期以来《人民日报》对突发环境事件议题的报道更为坚持事实陈述优先的原则，其次才是对事件发生原因与事后影响进行分析，至于围绕事件展开历史追溯或未来展望，并不是重点。

（三）环境报道信源70年：媒体与政府持续主导，其他信源松散分布

通过对《人民日报》环境报道信源进行显现密度分析（见图3-4）我们可以发现，在1949—2019年的70年间，媒体（自采自评）一直是《人民日报》环境议题最为主要的报道信源，这类报道不仅数量最多，出现的频率也相对稳定。另一个长期主导环境报道的信源是包括中央政府部门、环境主管部门和地方政府部门在内的政府机构。三者之中，中央政府部门是70年间出现频率最高的政府信源，而负责落实政府环境管理职能的环境主管部门却是三者中输出信息最少的一方。

除媒体与政府两类信源外，企业、普通公众、公共意见领袖、环保组织、外国政府/组织/个人等信源的密度序列则相对疏松，其中：在企业信源方面，尽管近16.8%的环境报道对企业主体有所涉及，但企业自身并不是环境报道的常规信源（仅有1.2%的环境报道来自企业信源），在70年间的落点也较为松散；普通公众信源在2000年之前出现得较为密集，但在2000年之后逐渐稀疏，到2012年后几乎“销声匿迹”；与这两者不同的是，受到2008年后评论、科普和研究类文章数量增多的影响，以公共意见领袖为信源的环境报道数量在2009—2019年呈

现出一定的增长趋势，公共意见领袖也成为上述几类信源中唯一出现上升态势的信源。

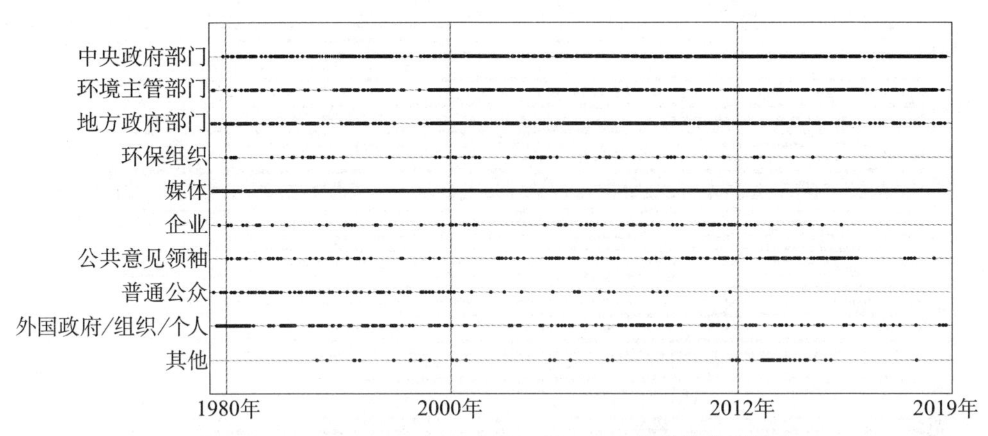

图 3-4 1949—2019 年《人民日报》环境报道的信源分布

注：本图横坐标原为报道篇目的数量，为方便读者理解正文阐释，笔者对具有转折意义的年份进行了标注，由此出现四个时间区间。由于不同区间的环境报道的数量存在明显差异，因此坐标广度和时间距离并非等比例对应关系。

整体来看，在《人民日报》环境报道 70 年的发展历程中，媒体与政府信源的巩固强化及企业、普通公众等社会信源的退场，显示出其在信息来源方面正在出现日益显著的“信源标准化”现象。所谓“信源标准化”，指的是记者倾向于使用相对固定的组织或个人作为常规信源，并因对其过度依赖而屏蔽其他信源。这些常规信源通常以政府官员、机构负责人、精英人士为主。对《人民日报》来说，采用上述标准化信源，是其作为国家主流媒体保证自身报道契合政府议程、提高报道权威性的必要手段，但亦应注意到过于单一、集中的信源必然会影响报道的平衡性、多样性甚至可信度。特别是在新媒体推动形成的价值多元化、诉求多元化的信源环境中，只有呈现多方信源的不同叙述、解释、评论、意见，才能更加全面、客观、平衡地描绘中国环境保护的丰富实践。

（四）环境报道体裁 70 年：前期体裁自少至多，近期走向由述转评

通过对环境报道的体裁类型进行分析，我们可以发现，1949—2019 年间，《人民日报》的环境报道在体裁演变上可分为三个明显不同的阶段（见图 3-5）。

第一阶段是 1949—1978 年。在为数不多的环境报道之中，消息和通讯两种体裁占大多数，其他类型的报道尚未形成常态，不仅数量较少，出现的频率也

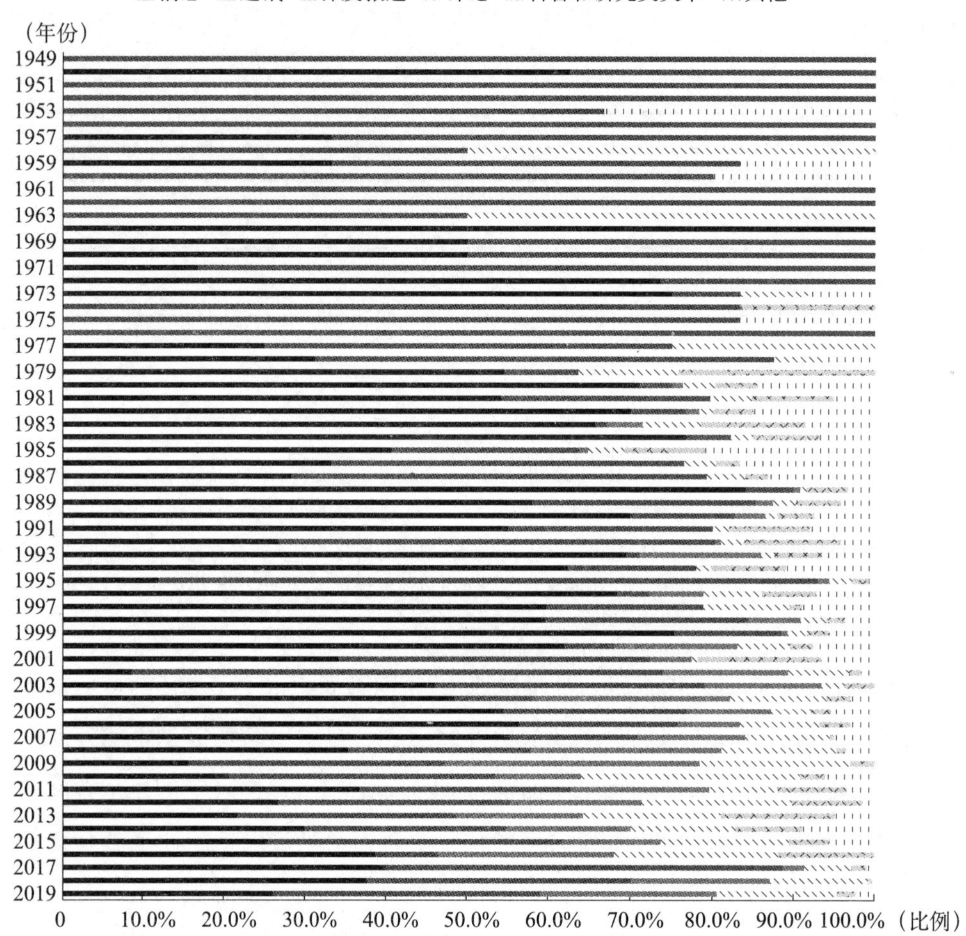

图 3-5　1949—2019 年《人民日报》环境报道的体裁占比分布

注：出于篇幅考虑，本图和图 3-6 纵坐标的年份数据采用隔年显示的方式，中间如有跨越，则是因为某些年份未出现符合筛选标准的环境报道。这一情形主要存在于 1949—1969 年间。

不稳定。考虑到这一时期环境保护工作尚未成为重要的政府议程和社会议程，环境问题自然难以得到媒体议程的充分关注，因此，对环境议题的报道方式呈现出一种相对单调和松散的状态。

第二阶段是 1979—2007 年。在 1979 年《中华人民共和国环境保护法（试行）》颁布及此后保护环境成为国家的基本国策之后，这一阶段的环境报道数量明显提升、体裁明显丰富。其中，尽管消息和通讯仍占较大比重，但包括深度报道、评论、科普和研究类文章等多种类型在内的环境报道开始常态化、规律性地出现在《人民日报》环境报道中。环境报道在形式上向全面、多样发展，不仅反映出主流媒体对环境议题的关注与探讨逐步加深，也代表着我国环境报道逐步走向体系化与成熟化。

第三阶段是2008—2019年。以2008年为分水岭，环境报道的体裁进一步趋向均衡。其中，消息与通讯虽仍是环境报道的两种主要体裁，但与其他体裁在使用频率上的差距有所缩小。从年均占比来看，2008—2019年，消息体裁的年均占比从1979—2007年的53.8%下降到29.6%；同时，通讯体裁的年均占比从22.8%上升至29.3%，深度报道体裁的年均占比则从5.2%提高到16.9%，评论体裁的年均占比从4.8%增长至15.4%。这在一定程度上表明，《人民日报》的环境报道在体裁类型上正在向多元方向发展，其报道结构从过去以报道事实类信息为主，向同时兼顾解释性信息与意见类信息转变。

（五）环境报道对象70年：政府主体地位不断强化，非政府主体比例压缩

如前文所述，政府是《人民日报》环境报道中出现最多的主体，75.0%的报道涉及政府。而从70年的发展历程来看（见图3-6），政府作为环境报道主体的地位及报道数量呈现出不断被强化与提升的趋势。按个案百分比计算，20世纪80年代，以政府为报道对象的环境报道的比例一直处于各年度报道总量的50%上下，这一比例在90年代上升至超过60%，在21世纪的第一个十年提高到80%左右。2014年之后，涉及政府的环境报道的占比维持在90%以上，可见政府已成为《人民日报》环境报道中的绝对优势主体。不仅如此，在这些涉及政府的环境报道中，57.6%为积极报道，消极报道的比例（7.4%）仅高于环保组织（6.9%），这说明政府是所有报道对象中调性最为正面、积极的。

政府主体在环境报道中出现比例的提高，会不可避免地挤压其他主体的呈现空间。1980—1989年，包括环保组织、环保人物、普通公众、国际主体在内的四类非政府主体在整体报道中平均占比为51.6%，这一数字在1990—1999年降至44.9%，在2000—2009年降至28.8%，而在2010—2019年继续降至23.8%。这显示出《人民日报》环境报道中关涉主体的多元程度正日趋减弱。

除了比例层面的趋势特征，《人民日报》对各主体行为形象的报道在70年间有以下特点。

1. 政府形象以立法、监管、治理与科学发展为主轴

这里的“政府”，我们采用广义的概念，即泛指一切国家政权机关，是立法

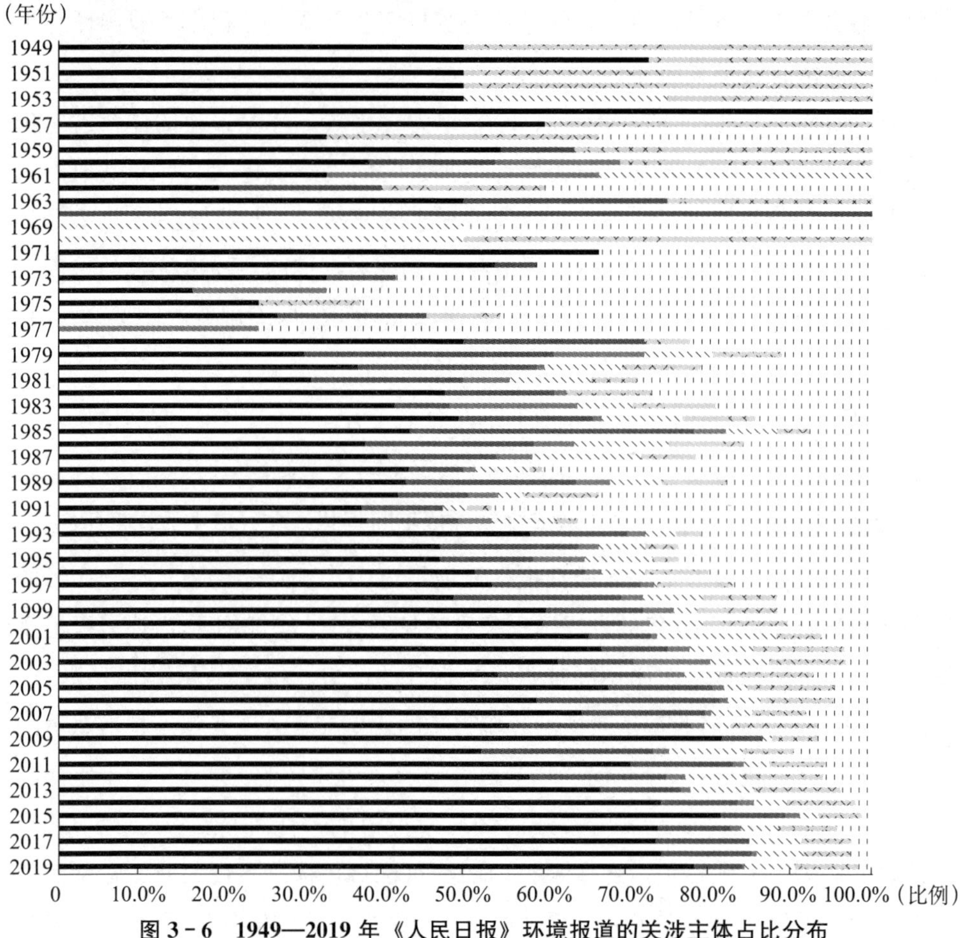

图 3－6 1949—2019 年《人民日报》环境报道的关涉主体占比分布

机关、司法机关、行政机关等公共机关的总和。① 从数据上看，在 1949—2019 年这 70 年间，环境报道对政府形象的表述基本保持以正面、积极为主导，但在各具体形象的选择与侧重方面则存在一定的年代差异（见图 3－7）。

在 1949—1978 年间，《人民日报》环境报道对政府作为的最早呈现集中在进行环境治理、开展环境宣传教育、加强监督管理三个方面，所涉报道事件则主要是新中国成立后由中央政府部门在国内广泛推动开展的“清洁大扫除运动”与“爱国卫生运动”。在 1972 年中国政府代表团参加联合国人类环境会议之后，

① 刘小燕．政府形象传播的本质内涵［J］．国际新闻界，2003（6）：49－54．

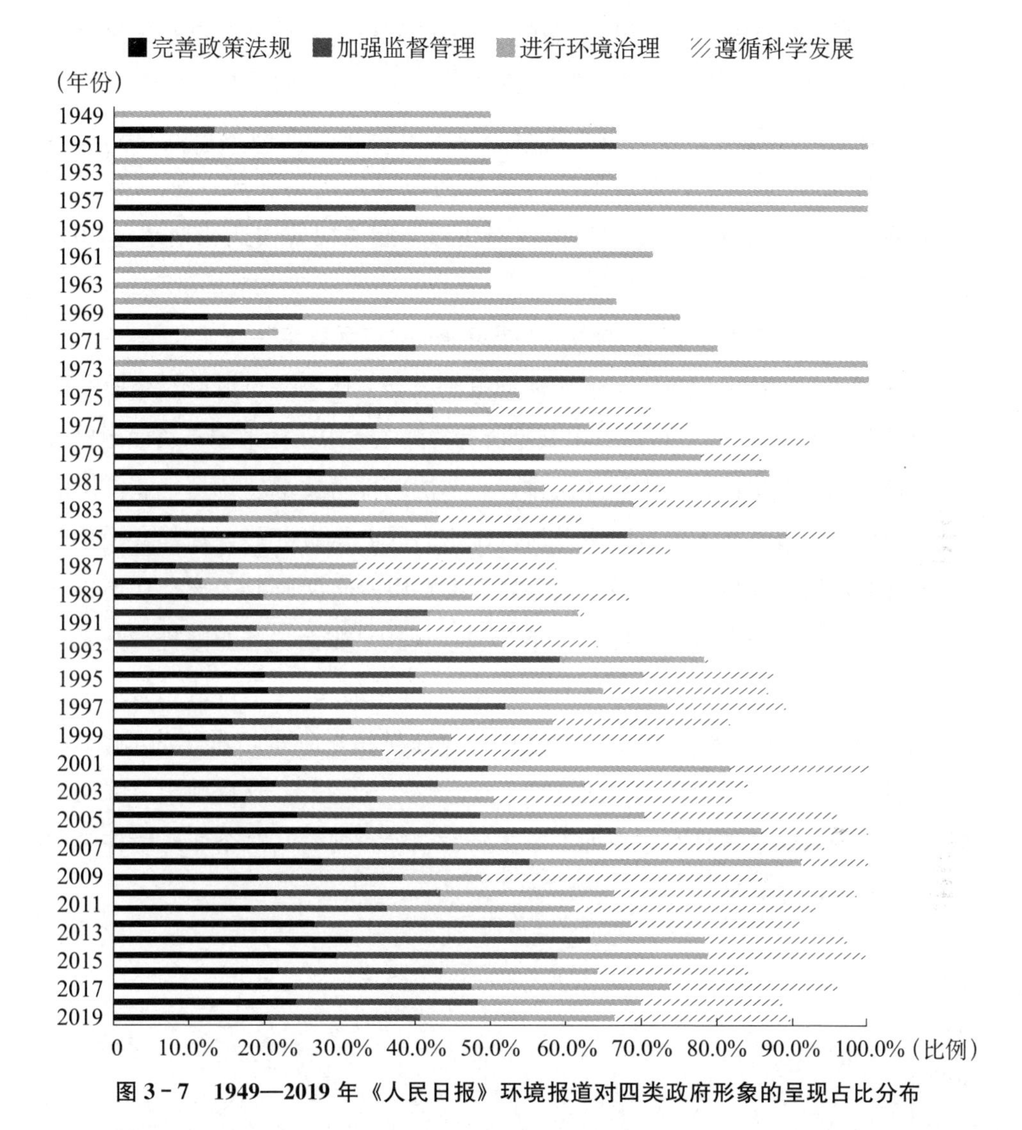

图 3-7　1949—2019 年《人民日报》环境报道对四类政府形象的呈现占比分布

《人民日报》对政府开展国际合作进行了更多的报道。但总体上，这一时期的环境报道还处在数量少、不系统的起步阶段，因而其对政府作为的呈现相对单一，所论及的政府形象 95%带有正面、积极属性，负面形象则主要出现在少量对外国政府的报道之中。

自 1979 年开始，伴随中国环境保护事业的快速发展，《人民日报》对政府形象的建构出现了新的变化，即负面形象开始常态化地出现在环境报道之中，其中被报道最多且最频繁的是政府机构经济利益至上、监督管理不力、法律存在缺失等问题。进入20世纪90年代中后期，政府救济渠道不畅以及信息公开不足等问题也开始得到呈现，但总体比例低于前述三个方面。2003年之后，开展国际合作、开展环境宣传教育、推进信息公开三个方面的报道占总报道的比例逐步降至10%以下，对政府主体的描述以完善政策法规、加强监督管理、进行环境治理与遵循科学发展为绝对主导，相关内容占比长期超过80%（见图3-7）。

2. 企业形象长期呈现为违法排污与科技环保的“二元背离”

企业是《人民日报》环境报道所涉的第二大类主体。综观报道对企业主体的形象呈现（见图3-8），可以看出其是所有关涉主体中正面形象与负面形象占比最为接近的一类主体。其中，违法排污、节能减排与技术创新是企业突出的环境形象，相关报道在各年报道中平均占比75.8%；与此相较，高能耗、公开不足、掩盖问题、信息透明、服务社会等形象平均占比仅为14.1%。从历年报道比重的变化趋势中也可以发现，1965年以后，违法排污、节能减排与技术创新三类形象成了企业环境形象的主导，在至2019年的45年里，这三类形象占比超过70%的年份高达40个；三者之中，违法排污形象平均占比为34.6%，节能减排与技术创新形象平均占比分别为33.3%、32.1%。这反映出《人民日报》对企业形象的呈现具有正负面兼具的特征，换言之，其对企业环境作为的呈现具有显著的二元性。

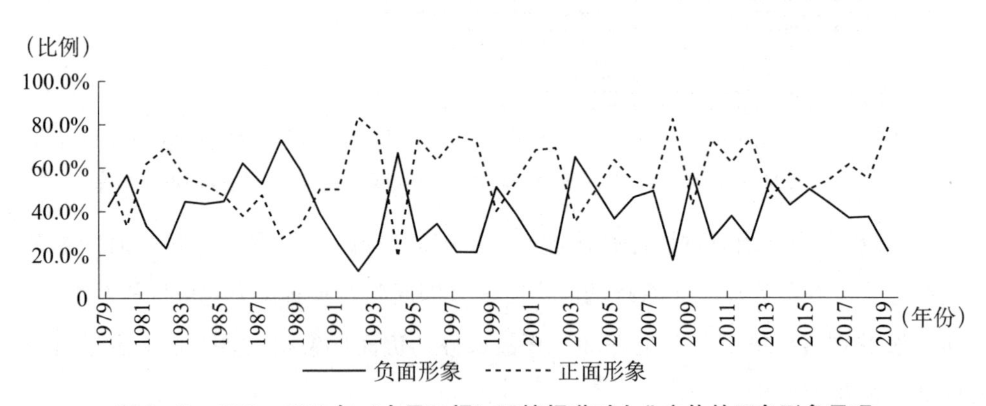

图3-8 1979—2019年《人民日报》环境报道对企业主体的正负形象呈现

3. 对社会力量的形象呈现经历从单调到丰富，再到逐步集中的过程

此处的社会力量，主要指的是前文提及的参与环境保护事业的环保组织、环保人物和普通公众三类主体。相比政府和企业，《人民日报》环境报道对社会力量的关注总体较为缺乏，且存在继续减弱的趋势。受此影响，其对社会力量环境形象的呈现力度在 1949—2019 年这 70 年间经历了自少渐多再由强转弱的过程（见图 3－9），形象类型亦表现出从单调到丰富再到逐步集中的演变态势。

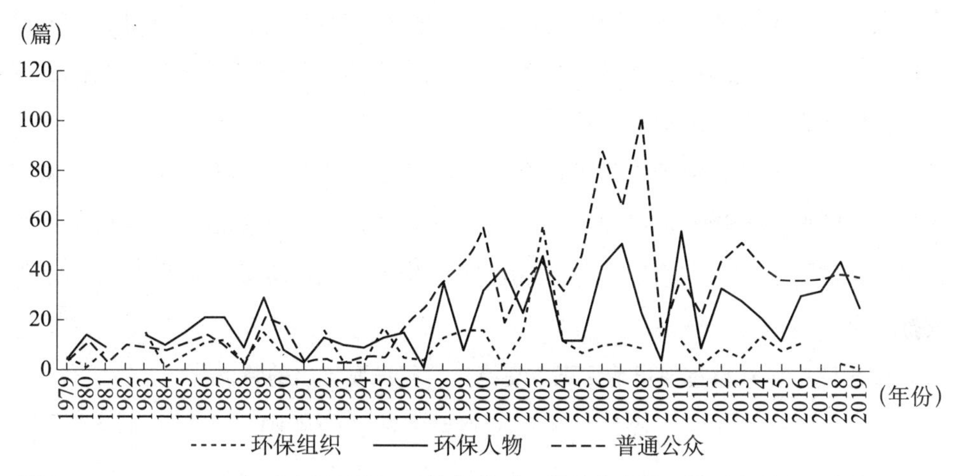

图 3－9　1979—2019 年《人民日报》环境报道对三类社会力量环境形象的呈现力度的演变

对于报道数量最多的普通公众，《人民日报》环境报道对其形象的呈现在多数年份以正面形象为主，聚焦于参与活动与意识提升两个方面。但在一些个别阶段，针对普通公众负面形象的报道存在突然增多、与正面形象报道交错出现乃至超越正面形象报道的情况：普通公众负面形象报道数量的首次暴增发生在 20 世纪 80 年代中期至 90 年代初期，突出年份为 1985 年（60%）、1988 年（50%）、1989 年（67%）及 1991 年（75%），主要报道普通公众在生产生活中造成的污染水源、过度捕捞、农村土壤污染、乱扔垃圾与滥伐乱垦等问题；到 90 年代中后期，普通公众负面形象报道的占比又一次增多，1995 年增至 60%，1998 年与 1999 年亦达 50%与 47%，所涉议题转变为破坏海洋生态、过度砍伐森林及污染水源水体等问题；至 2013—2016 年，普通公众正负面形象报道占比再度发生交错，除常见的水污染与农村土壤污染议题外，这一时期还新增加了雾霾与空气污染、环境邻避抗争两类议题。

相较于普通公众，《人民日报》对环保组织与环保人物的呈现则相对缺乏系统性。对于报道涉及最少的环保组织，《人民日报》对其形象呈现的高峰时期为 1995—2003 年，该阶段的相关报道占所有涉及环保组织的报道的 36.7%。回溯文本可以发现，这一时期报道数量和力度的增长主要受到中国民间环保组织于此时频繁成立并开展了诸如保护藏羚羊、保护滇金丝猴、“观鸟护鸟”等影响广泛的环保活动的影响。特别是2003年，针对怒江建坝事件，绿家园志愿者和自然之友等环保组织联合表示反对并展开多方呼吁，产生了广泛的社会影响，《人民日报》的相关报道数量也因此达到了历史最多。然而，除了这一阶段，《人民日报》对环保组织的报道则较为缺乏，对其形象的呈现也多零散分布在提出建议、宣传教育、组织活动等少数方面。

至于环保人物，由于《人民日报》主要聚焦于那些在环境保护工作中做出杰出贡献的典型人物或环境保护领域的专家学者，因此相关报道表现出了很强的正面宣传特征，对人物形象的呈现也常年侧重于提出建议、倡导呼吁与宣传教育三个方面。

4. 国际主体形象呈现出前后正负交错、中间正面突出的特征

国际主体指的是《人民日报》环境报道中涉及的外国政府、企业及其他各类社会组织等。从报道数量看，《人民日报》对国际主体的常态化报道在1969年之后才展开，由于主要聚焦于国外环境公害蔓延与西方社会日益扩大的环境保护运动，直至20世纪80年代初期，《人民日报》对国际主体的环境形象呈现仍较多地突出了污染严重、监管不善以及转嫁污染等负面形象。80年代中期之后，随着国内环境管理进入加速推进阶段，《人民日报》对国际主体环境作为的报道开始向侧重正面形象发展，并将其视为一种可供学习借鉴的对象，对外国政府、企业等推出的新型环保政策、管理措施、环保技术等内容进行了大力报道与宣传。1985—2010年，《人民日报》对国际主体正面形象的报道平均占比达75.2%，远高于负面形象报道的20%。然而在2011年之后，受到国内外形势变动的影响，《人民日报》对国际主体环境行为的负面报道重新增多，负面形象报道占比上升至35.6%，特别是对其监管不善与转嫁污染等问题的报道相较之前有较大幅度的提高，较为典型的报道如《经济衰退压制英国“绿色”雄心》（2011-05-09，第22版）、《“污染天堂”与“以邻为壑”》（2012-07-24，第21版）、《资本主义有反生态的一面——基于生态学马克思主义的视角》（2015-03-16，第16版）、《选票政治捆住美国环保手脚》（2018-01-12，第21版）等。

第二节　主流媒体环境报道话语的建构特点与策略

新闻是“一种以社会方式创造的产品”[①]。作为形塑社会关于环境状态、环境问题及其处理对策的主要机制之一，新闻媒体通过赋予各类“环境议题”不同程度的显著性，影响公众对特定议题重要性的判断，而新闻报道对这些议题的建构角度与话语方式也会在很大程度上决定公众对后者的理解与认知。基于前文的梳理，我们系统地描摹了《人民日报》这一主流媒体在1949—2019年间所进行的环境报道的整体形态及话语结构，并基于数据呈现了70年来其环境报道在报道议题、报道方式、主体结构上的演变与发展。鉴于《人民日报》在主流媒体中的特殊地位及其报道对国内其他新闻媒体的规范、引导效应，我们可以基于《人民日报》对环境问题的报道方式及其流变，将中国主流媒体环境议题建构的框架特征与话语规律总结为以下几个方面。

一、核心线索：对政府环境议程的跟随

《人民日报》环境报道的数量规模及议题分布的演变、发展，与不同时期政府环境政策议程表现出了强烈的相关性。从数量上看，《人民日报》环境报道的第一次飞跃出现于1972年，从过去的年均不到三篇直接上升至34篇。回溯报道内容可以发现，绝大多数报道为对当年中国政府代表团参加联合国人类环境会议的报道。换言之，受此次政府会议议程的影响，《人民日报》打破了过去自己在环境领域的报道惯例。在这之后，中央政府日渐加强对环境保护工作的重视，而每次重大政策与措施的出台亦会带来主流媒体环境报道领域的突破和发展。例如，伴随第一次全国环境保护会议召开（1973年）与国务院环境保护领导小组成立（1974年），中国环境保护事业正式起步，局部环境治理工作开始展开，环境宣传教育得以铺展。在此背景下，1972—1978年，《人民日报》发表的环境报道数量增长到85篇，这一数字是1949—1971年报道总量（49篇）的近两倍。值得注意的是，不仅是《人民日报》，其他主流媒体环境报道的数量

① SHOEMAKER P J, REESE S D. Mediating the message: theories of influences on mass media content [M]. New York: Longman Trade, 1991: 21.

也在同步增长，以《光明日报》为例，在1972—1978年，其环境报道数量就从1949—1971年的45篇上升到66篇。又如，1979—1983年，国家环境保护工作再次迎来政策窗口：1979年，我国第一部环境保护法律《中华人民共和国环境保护法（试行）》颁布，中国环境保护事业迈入法制轨道；1982年，城乡建设环境保护部（已撤销）设立环境保护局，政府环境管理机构从临时状态初步转入国家编制序列；1983年12月31日至1984年1月7日，第二次全国环境保护会议将保护环境确立为基本国策；等等。一系列重大政策推动了环境保护的地位在国家政治议程中的进一步提升。受此趋势影响，《人民日报》环境报道的数量从1979年开始逐年稳步增长，1980年达到76篇，1986年首次超过百篇（102篇）；包括《人民日报》《光明日报》《中国青年报》在内的主流媒体亦开辟了关注环境的新闻专栏；以沙青、徐刚、岳非丘、杨兆兴等为代表的新闻记者与作家发表的《北京失去平衡》《伐木者，醒来!》《只有一条长江——代母亲河长江写一封“万言书”》《沙坡头·世界奇迹》等优秀的环境报告文学作品也在80年代中后期集中涌现。

除了对主流媒体环境报道数量的影响，政府环境议程还显著作用于主流媒体环境报道所涉议题的分布格局，即围绕政府环境政策的演变，相关环境议题的数量在某一时期发生了显著的变化。以《人民日报》环境报道涉及的节能减排议题为例，2007年以前，节能减排议题一直处于自然生态保护与监管议题和污染防治议题之后，比重基本维持在20%以下（比如2006年这一议题的报道比例为17.9%），但2007年该议题的报道比例一下跃升至49%，甚至超越了长期作为首要议程的自然生态保护与监管议题（25.1%）；虽然此后节能减排议题的显著性有所回落，但仍然居于次要位置。将此激增现象与当时的政策环境、环境热点相联系可以发现，其出现与政府的政策议程密切相关：2006年，国务院发布了《中华人民共和国国民经济和社会发展第十一个五年规划纲要》；2007年，《能源发展“十一五”规划》《国务院关于印发节能减排综合性工作方案的通知》（已失效）等重要的节能减排文件相继发布，节能减排在2007年成了政府环境工作的一个重点，故而该议题在媒体议程中的显著性得到了明显提升。

以政府议程为导向设置报道议题的突出例证还包括环境政策法规类议题。在2011年，这一议题的占比仅为3.3%，但从2012年开始，《环境保护法》《大气污染防治法》等多部重要的环境法律法规开启修订或立法进程，在此后的三年间共有50部左右有关生态保护、污染治理、环境监管等方面的政策法规出台，对这些政策法规的报道与解读成为此类环境议题文本的重要内容。这种政府议程的变动推动环境政策法规议题在媒体议程中的显著性逐年提升，该议题占比在2015年提高至18.7%。另外，媒体报道中的主体形象也受到政府议程变动的影响。在环境政策法规类议题中，2012—2015年四年间，每年涉及政府在环境政策领域举措与问题的报道的数量分别为54篇、66篇、80篇、115篇，占当年报道文本总量的15.6%、15.8%、19.5%和18.3%，而这一比例在2003—2011年为年均11.4%。呈现同样趋势的还有对政府作为环境行政主体就企业、社会组织和个人是否遵守环境法律、法规、规章或行政决定进行监督管理的行为表现的话语表达——在2013—2015年，每年描述政府履行环境监管职责的文本比例分别为36.1%、37.4%与33.9%，这一比例在2012年仅为20.5%，且在2003—2012年这一整体区间内的平均值也只有27.4%。对政府环境行政监察工作的重视，一方面是因为"随着新修订的《环境保护法》实施在即，加强监管执法、保证法律得到严格实施，已经成为环境保护领域全面推进依法治国、加强环境法治的首要任务"①；另一方面也源于在2014年11月，国务院办公厅下发了《关于加强环境监管执法的通知》以"有效解决环境法律法规不健全、监管执法缺位问题"②。

客观而言，鉴于我国"党管媒体"的管理体制，主流媒体在关键领域的报道势必会普遍、显著地受到政府议程的影响。实际上，从20世纪80年代开始，国家环境主管部门就已通过设置"环境宣传教育工作要点"或"主题实践活动"等行政命令的方式对各年或一段时期内的新闻媒体环境报道的内容、重点和形式等施加影响。主流媒体作为"党和政府的喉舌"的角色也同样决定了其会主动承担宣传官方主流意识形态与环境话语的任务。然而不能忽略的是，主流媒体同时还具有扩大受众规模与实现传播效果的市场诉求，作为"历史记录者"

---

① 刘晓星．以严格执法确保法律落实：《关于加强环境监管执法的通知》解读［EB/OL］．（2015-06-02）［2021-01-03］．http：//www.qiaokou.gov.cn/xxgk/zc/zcjd/201506/t20150602_148340.shtml.

② 国务院办公厅．国务院办公厅关于加强环境监管执法的通知：国办发〔2014〕56号［A/OL］．（2014-11-27）［2021-01-03］．http：//www.gov.cn/zhengce/content/2014-11/27/content_9273.htm.

和“社会监督者”，其亦需在“专业性”范式下对环境事业发展、环境问题解决、政府环境监管等环境议题进行记录、报道。这意味着尽管跟随政府环境议程是主流媒体环境报道的核心线索，但在具体的传播情境中，如何实现其与受众需求和专业标准的结合或平衡，是主流媒体需要面对的重要挑战。

二、主要特点：偏向性与非问题化

麦库姆斯（McCombs）和肖（Shaw）在进行教堂山研究（Chapel Hill Study）时提出，“议题”是构成“议程”的一个基本单位，处于强势信息地位的一方可以通过输出特定议题影响信息地位处于弱势一方的“议题”议程。这也是议程设置理论所提出的第一层面的议程设置。此后，麦库姆斯和肖又在该理论的基础上从议题本身的属性的角度对议程设置理论进行了完善。他们所说的“属性议程”指的是就某一特定议题而言，选择该议题的某一个或者某一些属性进行强调，而忽视其他方面的属性，继而建构起由某一个议题的某些属性组成的议程，从而影响“他者”观察和思考该议题的方式。基于这两个维度，通过对《人民日报》环境报道的分析，我们可以发现，主流媒体对环境议题的建构呈现出议题选择的“偏向性”和属性叙事的“非问题化”两个主要特点。

从议题格局来看，主流媒体环境报道更为侧重对反映环境状况与环境保护事业发展整体认识与评价的常规环境议题的展现（比如《人民日报》环境报道中常规环境议题占比高达97.4%），但对集中反映环境问题与环境监管漏洞的突发环境事件议题的报道却相对缺乏（在《人民日报》环境报道中仅占2.6%）。而即便是常规环境议题报道，基于上文的数据分析可以发现，主流媒体也主要聚焦于自然生态保护与监管议题、节能减排议题、水污染防治议题与环境政策法规议题，这四类议题占据了主流媒体环境议程的主要方面。基于这样的格局，其他环境议题便难以避免地被“隐匿”在这种高度集中的议程之下：与水污染防治议题相比，包括大气污染防治、土壤污染防治、重金属污染防治等在内的其他污染防治议题被弱化；与上述几类核心议题相比，公众参与、环境宣传教育等议题自然而然地成为环境议程中的“边缘”议题，随之被边缘化的可能还包括后者对整体环境保护事业的意义和作用。

在主流媒体对环境议题的建构中，议题选择的偏向性导致环境污染防治、公众参与等弱势议题为自然生态保护与监管等强势议题所“遮蔽”。这种遮蔽性不仅仅体现在相关议题的显著性上，更体现为主流媒体在表达环境整体状况、建构他者的环境认知时采用的“非问题化”的宣传性话语策略。具体的表现包括以下几点。

在报道的整体调性方面，积极报道在整体报道中的比例远超消极报道，即“环境问题”并未以客观的姿态进入主流媒体议程。就《人民日报》而言，其环境报道中积极报道的比例超过了50%，而消极报道的比例只有10.6%，即使是在通常会造成重大生命、财产、安全与环境损失的突发环境事件报道中，消极报道的比例也仅为33.6%。换言之，尽管我国环境保护部门的负责人总是提及“我国环境形势依然严峻”[①]，但主流媒体对环境问题的呈现却极具正面性。

在报道的话语结构方面，笔者借助梵·迪克（Van Dijk）的宏观结构理论，将前述环境议题进一步细化为六类议题并分析其话语结构，分别为政策法规类（涉及政治思想、政策贯彻等）、环保工作类、环保人物类（涉及环境工作者、环保志愿者等）、技术创新类（科技创新、产品创新）、社会力量类（涉及环保组织、企业、普通公众等）、价值文化类（涉及生态观、发展观等）。总结发现，主流媒体的环境报道也主要在展示环境保护的正面效果，并将之与政府的有效监管挂钩（见表3-5）。

表3-5　主流媒体环境报道的话语结构及其策略

	话语结构	话语策略
政策法规类	描述中央及地方政府在环境政策法规上不断创新，突出党和政府对环保工作的重视和支持	通过各地方政府出台多样的“决定”“规划”“计划”“体系”等内容，体现“贯彻党和国家的可持续发展战略”，表现政府“绿色发展”的决心
环保工作类	各地方政府正在“铁腕治理环境污染”“着力推动生态环境改善”，以完成国家要求、回应公众期盼	政府通过“加强环境管理”“严格环境执法”“创新工作机制”，使各类环保工作取得显著成效

① 如2010年5月，原环保部副部长周建在中华环保联合会会员代表大会上提及我国目前的环境形势仍十分严峻；2015年3月，原环保部部长陈吉宁在“两会”期间回答记者提问时表示中国环境污染形势仍十分严峻；2015年12月，原环保部副部长吴晓青也在接受媒体采访时表示我国面临的环境形势依然严峻。

续表

	话语结构	话语策略
环保人物类	一方面，环境工作者勇于创新，敬业奉献；另一方面，环保志愿者身体力行，无怨无悔。前者是报道重点	侧重表现环保工作的辛苦与困难，突出工作人员与志愿者"舍小家顾大家"的奉献精神
技术创新类	我国的环保技术创新层出不穷；突出地方鼓励、企业着力通过技术创新贯彻节能减排、推进生态保护	以描述技术优势与实际效益为主，表现新技术基于现实资源和需求，在创造效益的同时降低了污染
社会力量类	公众积极参与环境保护活动以及环境保护监督管理；这一成果得益于政府的组织引导	直叙各地方多样的宣传活动、表彰奖励，营造出政府领导，全社会关心、支持、参与环境保护的浓烈氛围与良好效果
价值文化类	通过对地方环保成绩的报道来强调树立科学发展观及推进生态文明建设	叙述环境质量趋好、节能减排有效、污染治理有推进、生态经济有发展、机制建设有创新，并将之归功于建设"美丽中国"与生态文明战略的指引

在报道的关涉主体方面，主流媒体更多强调政府在环境保护中的主导地位和积极作用。从前文对《人民日报》环境报道的分析中可以看到，75.0%的环境报道将重点放在了政府身上。在这些涉及政府主体的环境报道中，宣传政府在推进环境保护与加强环境管理等方面取得的成绩和效果的报道超过90%，此外仅有8%的报道不同程度地提及了政府在行政管理过程中存在的不足。也就是说，在主流媒体对环境议程的建构中，政府作为我国环境保护的责任主体，其角色实践近乎完美，"难以挑剔"。

至此，可以显而易见地看到，主流媒体对环境议题的建构蕴含着鲜明的导向意图，其以报道环境保护的成效与政府的环境管理措施为主导，通过对正面议题的强调和对宣传性话语策略的使用，有意或无意地对环境议题进行"非问题化"处理。对主流媒体来说，这种报道模式虽具立场性和合理性，却并不一定能够取得预期的积极传播效果。应该看到，在当前的新媒体环境下，主流媒体并非公共空间中掌握环境话语权的唯一主体。社会公众借助新媒体平台，从维护自身环境权益、健康权益的立场出发，积极主动地参与环境议程的建构，揭露被主流媒体"遮蔽"的负面议题，这已经对主流媒体的公信力与传播影响力构成了严峻挑战。上述两种议程在公共话语空间中的互动与博弈，将使环境议题的建构更具复杂性和冲突性。

三、二元策略："高声"与"低语"

对于主流媒体建构的各类行为主体的环境形象，前文基于正面-负面二维评价体系对其调性与具体面向进行了统计与分析。但这仅仅呈现了主流媒体对各主体形象建构的一个方面，我们还可从主动-被动的分析维度出发，进一步发现主流媒体建构各类关涉主体环境形象时的深层逻辑，即针对政府主体，主流媒体对其形象的建构有更为显著的主动性，而对非政府主体形象的建构过程则体现出一种被动特征。

以《人民日报》为例，其建构的政府主体形象大体可划分为以加强监督管理、遵循科学发展、进行环境治理为代表的13种形象。基于这些形象的比例分布（见表3-3），我们可以将《人民日报》环境报道建构的政府形象总结为中国环境保护事业的"谋篇布局者""实际推动者""问题解决者"和社会环境保护的"有力支持者"四种主要角色。通过观察这四种角色能够发现，它们具备一种共同的指向，即政府在环境保护方面是一个拥有充分自觉、独立施动的行为体。与此相反，企业、环保组织、环保人物与普通公众等非政府主体则更多处于一种受动的状态，它们或需要接受宣传、教育以提升自身的环境保护意识，或是在政府监管要求下落实、推进环保节能生产。报道即便描述的是这些主体主动做出了诸如提出环保政策建议、开展环保宣传教育、组织参与环保活动等行为，也往往会附以其得到了政府的组织、支持、帮助或者保障的说明。换言之，在环境保护的实践共同体中，政府主体是主导因素，为这一实践共同体设立目标并带动其他主体不断推进、深化和发展环境保护的共同实践。

主动-被动的二元差异不仅体现在各主体形象的从属象征方面，还贯穿于主流媒体对各主体形象的建构过程之中。前文亦提到，新闻语篇构成要素中最能体现主体话语地位的是新闻来源，即谁是新闻事实的提供者、新闻中的说话人，这也在某种程度上代表着各主体可以在多大程度上把握建构自身形象的话语权。从个案百分比看，《人民日报》75.0%的环境报道涉及政府主体，在这些报道中，政府自身为信源的比例是41.6%，为各主体最高；其次为涉及国际主体的报道，其自身为信源的比例为 27.5%；而对于 16.8%的涉及企业主体的报道，来自企业自己的信息仅有 6.4%；普通公众主体方面，自我信源比例是 8.5%；对于环保组织和环保人物的报道，这一比例分别为 21.5%与 17.1%，高于企业和普通公众主体（见表 3-6）。可见，除了政府主体，其他主体——特别是企业、普通公众、环保人物、环保组织等社会主体——的形象在很大程度上并非由其自己言说，而更多是被其他主体“代言”。

表 3-6 《人民日报》环境报道中各关涉主体的信源比例

	自我信源	政府信源	媒体信源	其他信源
政府	41.6%	—	53.2%	5.2%
企业	6.4%	21.4%	63.1%	9.1%
环保组织	21.5%	11.1%	63.9%	3.5%
环保人物	17.1%	17.5%	59.4%	6.0%
普通公众	8.5%	16.2%	69.1%	6.2%
国际主体	27.5%	6.2%	63.7%	2.6%

注：其他信源指除自我、政府、媒体信源以外的其他类型的信源。

值得注意的是，在各关涉主体的报道信源中，媒体信源皆占有较大比例。一般而言，媒体作为相对中立的新闻生产机构，会不偏不倚、客观公正地开展对报道对象的报道。然而从前文对《人民日报》环境报道存在的“信源标准化”现象的分析中，我们也可以明显看到主流媒体在选择采访对象时对政府部门、行政官员、知识精英等“权威”信源的依赖（从表 3-6 可见，不论对哪类主体的报道，政府信源都占有较高比重，且是媒体信源之外最常出现的信源），因此，主流媒体在自采自评的报道中代表官方声音的概率很高。这也意味着前述几类社会力量在主流媒体的环境报道中所处的话语地位实际上可能更为弱势，其在环境保护中的行为及媒介形象在多数时候是由政府、主流媒体等权威“他者”把关并形塑的。而这种机制在某种程度上亦可为前面提及的社会力量在环境保护事业中更多地扮演被动角色提供侧面解释。

通过上述分析，本章可以得出这样一个结论：环境报道已经越来越多地受到主流媒体的重视，但议题建构呈现出以政策叙事[①]为主的特点，即媒体报道

① 林晖．媒体多元条件下的多元新闻框架：以企业报道等为例［J］．新闻记者，2007（4）：18-22.

往往站在反映工作成绩、贯彻党和政府政策方针的角度。在 8 140 篇环境报道中，信源高度集中，政府部门是环境新闻的主要信源和意见表达者，普通公众作为信源的比例非常小；新闻信源与议题类型相关，政府议程在环境报道中得到了更多的呈现；政府被描述为环境保护事业的“谋篇布局者”“实际推动者”与“问题解决者”，而环保组织、普通公众等民间力量被描述为“跟从者”“受益者”与“受教育者”，二者的关系呈现出极为明显的“主动-被动”的二元特征；政府部门在多数情形下被呈现为正面形象，相比之下，企业、普通公众的负面形象则被更多提及。

正如本书开篇所提到的，新的时代背景与媒介环境使环境议题更为复杂、更有争议、更具冲突，从而凸显了主流媒体对环境议题的舆论引导与共识建构的必要性，同时也对主流媒体提出了与时俱进的要求：在新媒体环境下，主流媒体应成为绘制社会地图的机构、塑造政府形象的载体、交流公众意见的论坛、开启民间智慧的舆论向导、进行社会监督的有力武器[①]；新闻报道要看重人的价值，坚持“以人为本”[②]，要对焦点事件、公众疑惑、民间情绪进行客观、平衡、及时的报道与分析，尤其要对负面问题进行平衡与反拨，从而最大限度地疏导、平息互联网上的情绪化意见，为建设理性对话的社会提供支持[③]；主流媒体还要善于发现和敢于触及社会公众讨论的话题，主动进行及时、有效的引导，起到解疑释惑、增进理解、平衡心理、改进工作、凝聚人心的作用，在开放的舆论空间中树立起“风向标”[④]；等等。

然而，本研究发现，虽然在新的背景下环境议题得到了重视并被大量报道，但主流媒体并未针对其形成畅通的多元化利益表达机制。这种现象在更加强调平等、沟通、协商的新媒体环境中很可能会使传统主流媒体在环境议题方面逐渐失去话语权，并危及主流媒体的公信力与影响力。因此，笔者认为，在新的时代背景下，主流媒体需要在环境报道方面尽快做出调整与改变，以重塑自己在环境传播中的角色。具体而言，传统主流媒体应：第一，平衡对各类环境议

---

① 骆正林．新媒体环境下我国传统媒体的角色定位［J］．新疆社会科学，2010（1）：90－95.

② 黄河，刘琳琳．环境议题的传播现状与优化路径：基于传统媒体和新媒体的比较分析［J］．国际新闻界，2014，36（1）：90－102.

③ 李良荣，张媛．新老媒体结合 造就舆论新格局［J］．国际新闻界，2008（7）：30－34.

④ 王晖．新媒体格局下壮大主流舆论的思路与对策［J］．新闻战线，2011（11）：16－18.

题的报道，使环境议题的呈现与社会现实和公众认知更为接近、更加契合；第二，将环境报道的信源分布多元化，重视民间信源，促使报道更多地着眼于公众的整体生活处境与环境诉求，开展“公众本位”的环境传播；第三，注重环境报道调性的平衡，在肯定环境保护事业取得进步的同时，不刻意回避仍然存在的阻碍与问题，满足社会公众的“知情权”；第四，注重环境传播关涉主体形象的立体化建构，比如除“管理者”形象之外，还要加强对政府部门的“服务者”形象的塑造，优化对环保组织、普通公众等关涉主体的环境议题“参与者”形象的塑造；第五，在叙述方式上更加注重细节与情感，与环境利益相关者共同开展基于“命运共同体”关系的多元对话与深度协商。

第四章 环境倡导与绿色广告：社会组织的环境话语建构

作为构成我国现代环境治理体系的一股力量，以环境保护组织和企业为代表的社会组织——此处的“社会组织”是狭义的社会组织，即人们为了有效地达到特定目标而建立的一种共同体，它有着清晰的界线、内部实行明确的分工并确立了旨在协调成员活动的正式关系结构[①]——在建构环境议题、扩大公众环境保护实践空间、协助国家实现可持续发展目标等方面均发挥着重要作用。[②]

环境保护非政府组织（environmental non-governmental organization，以下简称“环保组织”），以环境保护为主旨，既不以营利为目的，也不具有行政权力，能够为社会提供环境公益性服务。[③] 环保组织通过倡导实践，能够促成“政府-组织-公众”联动的行动网络，而保护生态环境、促进经济与生态的协同发展，既是企业自身生存与发展的需求，又是企业不可推卸的社会责任。我国经济早期的快速发展基本建立在资源与环境的大幅输出上[④]，由此引发的环境问题（如资源短缺、环境污染）在制约社会可持续发展的同时，也逐步引起了政府和公众的关注。对此，各类企业也积极响应政府的环境政策和公众的关切，通过公益传播、绿色广告等方式建构自己的环境话语，以引导公众关注环境问题，改变其对环境的态度并促使他们更多地开展环保行动。

本章通过分析环境倡导和绿色广告这两类具有代表性的环境话语建构形式，提炼社会组织环境话语的特征，探讨如何在现有基础上进一步优化社会组织的

---

① 郑杭生．社会学［M］．北京：学术期刊出版社，1989：119.

② 钟兴菊，罗世兴．接力式建构：环境问题的社会建构过程与逻辑：基于环境社会组织生态位视角分析［J］．中国地质大学学报（社会科学版），2021，21（1）：70－86.

③ 张萍，丁倩倩．环保组织在我国环境事件中的介入模式及角色定位：近10年来的典型案例分析［J］．思想战线，2014，40（4）：92－95.

④ 翟东升．中国为什么有前途：对外经济关系的战略潜能［M］．2版．北京：机械工业出版社，2015：92.

环境话语建构方式，充分发挥其在环境治理体系建设过程中的积极作用。

第一节 环境倡导的三大问题及接力式建构实践

环境倡导（environmental advocacy）是指由个人或环保组织主导，为维护公众环境利益、改善生态环境而表达意见和诉求，旨在影响政府或企业等主体决策、形塑公众环保意识的活动。①

考克斯（Cox）根据环境倡导所带来的影响的不同，将环境倡导分为三个主要模式：第一，直接影响环境政策的制定者或适用对象，包括政治宣传、诉讼、政治选举等政治和法律途径；第二，动员公众参与环保行动，比如开展公共教育、发起抗议行动、吸引媒体关注和组织社区活动等；第三，间接促使企业减少环境污染、采取环保举措，例如鼓励消费者采取绿色消费行为，或是改变消费者和利益相关者的态度和行为，使得企业调整与环境问题相关的决策或行动（见表 4－1）。

表 4－1 环境倡导的主要模式及其目标

环境倡导模式	目标
政治和法律途径	
1. 政治宣传	影响立法或政策制定
2. 诉讼	寻求机构与商业组织对环境标准的服从
3. 政治选举	动员选民投票
直接吸引作为受众的公众	
4. 公共教育	影响社会态度和行为
5. 直接行动	通过抗议行动影响特定行为
6. 媒介事件	开展宣传或通过媒介报道扩大宣传效果
7. 社区活动	动员公众或居民采取行动
消费者与市场	
8. 绿色消费主义	利用消费者的购买力影响企业行为
9. 企业责任	通过消费者的联合抵制和股东行动影响企业行为

资料来源：考克斯．假如自然不沉默：环境传播与公共领域：第 3 版［M］．纪莉，译．北京：北京大学出版社，2016：233.

① CANTRILL J G. Communication and our environment：categorizing research in environmental advocacy［J］. Journal of applied communication research，1993，21（1）：66－95.

从实践领域来看，作为社会公众的环境利益代表，环保组织积极开展环境倡导活动，尤其在环保公益活动和改善环境污染方面[①]作用显著。

在环保公益活动方面，环保组织既会综合运用多种媒体开展形式丰富的环保知识、环境意识宣传教育活动；也会围绕改善生态环境、保护生物多样性等主题，定期组织公众参与植树、观鸟、清扫垃圾等专项活动，使公众走近自然、了解自然，培养他们关注生态环境的意识；还会以社区为单位，鼓励公众参与绿色社区建设、垃圾分类等活动，帮助公众养成从“身边小事”做起的环保习惯。

在改善环境污染方面，环保组织常针对环境风险或现存问题开展实地调研，向政府机构提出政策倡议，影响前端环境治理；为遭受环境污染的受害者发声并开展救助，通过向媒体、公众和政府叙述受害群体的经历，引起全社会对环境污染危害及环境正义问题的关注；发起环境保护产品的推广活动，与具有环境保护经验的行业协会和商会等联合推动如无氟电器、再生纸制品等环境保护产品的研制、生产、流通、消费等。

一、目的、受众与战略：环境倡导活动要解决的三大问题

对环境倡导活动而言，只有通过有效的信息传播、充分的沟通和交流，使环境议题的意义被公众理解和认同[②]，才能促使公众将自身与“环境问题”“参与环境保护”等相关联，或是产生社会责任感，进而协调自身利益与环境需求，自觉参与环境保护行动。[③] 对此，环保组织需要明晰三个主要问题：（1）目的，希望通过环境倡导改变哪些问题；（2）受众，哪些人群能够对此倡导进行关注和回应；（3）战略，用什么方式与受众沟通以说服他们参与倡导活动。[④]

（一）明确行动目的

从时间维度上看，行动目的有长短之分。前者是组织的长期愿景，意在改

---

① 王名，佟磊．NGO在环保领域内的发展及作用［J］．环境保护，2003（5）：35-38．

② 嵇欣．当前社会组织参与环境治理的深层挑战与应对思路［J］．山东社会科学，2018（9）：121-127．

③ 张萍，赵蕾．迈向环境共治：环保社会动员的转型与创新［J］．中央民族大学学报（哲学社会科学版），2020，47（5）：88-94．

④ 考克斯．假如自然不沉默：环境传播与公共领域：第3版［M］．纪莉，译．北京：北京大学出版社，2016：236．

变社会主体对环境问题的认知和态度；后者则是短期的、具体的、可较快实现的决策或行动，如促成政策制定或开展某一活动等。短期目的经由累积也可促成长期目的的实现。考克斯认为，明确行动目的的核心在于向公众说明当前存在某类特定的环境风险，它威胁着生态环境的良性运转和社会公众的环境利益，从而促使公众萌发保护环境的想法，并且向政府机构、企业等表达自身担忧，影响政府机构、企业的决策。[①]

就我国环保组织目前的实践行动来说，其行动目的有两类：其一，围绕可能或已经导致生态破坏、环境污染的风险议题发起抗议行动，阻止政府和企业对环境的进一步破坏，如“保护可可西里藏羚羊”“阻止怒江水电开发计划”和“反对圆明园铺设防渗膜”[②]。其二，对公众进行环境教育，传播环境知识和环保理念，提高他们对自然环境的重视程度，如前文所提及的定期植树、观鸟等活动。这类目的的实现周期较长，需要多次、定期开展。

（二）划分目标受众

当行动目的确定后，环保组织需要进一步细分、圈定目标受众。目标受众能够影响环保组织的行为、决策、活动乃至目标。按照影响的不同，我们可将目标受众分为首要受众（primary audience）和公共受众（secondary audience）。

首要受众是相对更有权力或能力，也更有责任采取行动、实现活动目的的决策者，比如政府和企业。在我国的环境治理体系中，政府居于主导地位，能够通过制定法律、法规、政策等的方式直接推进环境治理；而企业的生产、发展会直接或间接地影响自然环境，在某些情境中企业甚至是造成环境污染和生态破坏的主要因素。因此，这两大主体是环境倡导活动需要率先明确的行动对象。

公共受众则由媒体、意见领袖、公众等多个主体组成，他们的关注、配合、参与以及由此产生的舆论压力能影响政府和企业的议程。公共受众的角色和功能分述如下。

（1）作为“话语互动场域”的媒体。媒体报道可以提高环保组织及环境倡

---

① 考克斯．假如自然不沉默：环境传播与公共领域：第3版［M］．纪莉，译．北京：北京大学出版社，2016：240．

② 邱雨．中国社会组织的话语功能研究：基于公共领域的视域［J］．华东理工大学学报（社会科学版），2019，34（4）：35－45，56．

导活动的社会关注度，从而使此前关注度较低的环境议题进入公共话语空间[①]，在获得足够的社会关注后融入政策制定流程，影响相关政策制定和行动实践[②]。在传统媒体时代，环保组织的倡导活动多依托媒体报道实现曝光、获得社会能见度。随着社交媒体的快速普及，环保组织不仅仅能够借助微博、微信等平台打造自身话语空间，综合运用文字、图片或视频等传播手段即时、个性化地发布相关信息，更能以双向互动的方式与公众建立持久牢固的关系，促进更广泛的社会参与。[③]

（2）激活"双重关系网络"的意见领袖。此处的双重关系网络既包括信息流动网络，也包括人际关系网络。在信息流动网络中，意见领袖通常由在环境领域具有专业地位或是有较强号召力的公众人物扮演，他们能及时提供权威信源、专业信息和重要言论，提升环境议题的关注度，扩大环境议题的影响范围，从而引起政府、企业、媒体和公众对环境问题的重视，为环境倡导活动的开展提供可靠依据。[④] 在人际关系网络中，意见领袖通常是具有关键人际影响力的"本土人物"。在深入社区开展环境倡导活动时，如果能够获得与当地行政部门联系密切、在社区内具有较高声望的关键人物对相关议题的认可和支持，并邀请他们参与到倡导活动的传播中来，就能够帮助组织打通当地的人脉关系、减少项目落地的阻力。[⑤]

（3）关涉"倡导活动成效"的公众。根据个人对环境议题所持有的既有认知和态度，以及环境议题与个人利益的关联程度，公众内部又可分为支持公众、反对公众和可劝服公众。一般而言，支持公众会对环境倡导目的和活动方案表示明确赞同；反对公众恰恰相反，其利益可能会因倡导活动而受损；而可劝服公众则是尚未做出决定、保持"沉默"和观望的公众，他们多认为这一活动与

---

① 谭爽，任彤．"绿色话语"生产与"绿色公共领域"建构：另类媒体的环境传播实践：基于"垃圾议题"微信公众号 L 的个案研究 [J]．中国地质大学学报（社会科学版），2017，17（4）：78-91.

② 李东晓．"地位授予"：我国媒体对一家国际环保组织"媒体身份"建构的描述性分析 [J]．国际新闻界，2020，42（10）：48-68.

③ 曹海林，王园妮．"闹大"与"柔化"：民间环保组织的行动策略：以绿色潇湘为例 [J]．河海大学学报（哲学社会科学版），2018，20（3）：31-37，91.

④ 张涛甫，项一嵚．中国微博意见领袖的行动特征：基于对其行动空间多重不确定性的分析 [J]．新闻记者，2012（9）：14-18.

⑤ 王雨，彭颖，党和苹．环保组织的社区领域建构策略及其环境治理影响 [J]．世界地理研究，2021，30（2）：308-318.

己无关，或是对活动及其结果不甚了解，暂时不明确表态。[①] 从劝服难度来看，前两类公众均有其稳定的认知和态度，因此劝说效果不够显著，而可劝服公众则极有可能会在恰当的沟通下转变态度，从而改变环境倡导的效果。[②] 因此，设定有效的行动战略成为继续推进倡导活动的关键所在。

（三）发展影响决策者的战略

战略是影响政府和企业等首要受众向着活动目的的方向采取行动的关键[③]，这需要环保组织综合分析行动的目标对象所处的外部环境，并确定能够对其行动产生显著影响的因素。比如为了使某一行业放弃使用可能造成污染的生产原料，倡导战略就应该是影响该行业中的主要企业，通过改变其生产流程来迫使该行业采用环保原料。为了使倡导活动更有效地到达公众，还需要围绕战略设计主旨信息。主旨信息在整个传播战略中居于价值统摄地位[④]，是环保组织对活动目标和价值的呼吁、言说和争论[⑤]，能为公众理解倡导活动提供一个框架，以此激发公众的共鸣，动员公众采取行动[⑥]，最终作用于政府和企业。

在我国，环保组织与政府的关系被概括为“嵌入式协商共生关系”，即前者既在后者的管控下活动，又会与之有意识地进行合作。[⑦] 为了获得活动空间，环保组织首先要确保议题的“合法性”[⑧]，也就是把环境倡导建构为与国家环境治理目标一致、旨在完善或促进环保举措落实的行为[⑨]。环保组织将自身纳入国家环境发展的议题之中，不仅能为其存在和发展提供来自官方的政治合法性，还能进一步确保地方政府在响应环境倡导活动、监督企业责任时更有可能倾向

---

① 张玉强，孙淑秋．提高公众参与公共政策的效果：基于公众类型划分理论［J］．厦门特区党校学报，2009（1）：47-51.

② 考克斯．假如自然不沉默：环境传播与公共领域：第3版［M］．纪莉，译．北京：北京大学出版社，2016：241-242.

③ 同②244.

④ COX J R. Beyond frames：recovering the strategic in climate communication［J］．Environmental communication，2010，1（1）：122-133.

⑤ 邱雨．中国社会组织的话语功能研究：基于公共领域的视域［J］．华东理工大学学报（社会科学版），2019，34（4）：35-45，56.

⑥ 夏瑛．从边缘到主流：集体行动框架与文化情境［J］．社会，2014，34（1）：52-74.

⑦ 何，安德蒙．嵌入式行动主义在中国：社会运动的机遇与约束［M］．李婵娟，译．北京：社会科学文献出版社，2012：57.

⑧ 黄歆彤．资本视角下公众环保参与的培育［J］．法制与社会，2014（6）：192-193.

⑨ 汉尼根．环境社会学：第2版［M］．洪大用，等译．北京：中国人民大学出版社，2009：78.

于采取与环保组织合作的态度。[①]

对公众而言，环保组织倡导活动的成败取决于主旨信息能否被公众理解，正如西德尼·塔罗（Sidney Tarrow）所言："影响社会动员过程的不只是政治机会和动员结构这样的结构性因素，在机会、组织和行为之间还有一个必不可少的因素，即人们对与运动相关的特定事件和情形赋予的意义。"[②] 因此，倡导活动在面对公众时至少要考虑公众的自我利益（健康、生活质量、便捷）、与公众相关的他者利益（家庭、后代、社区）以及社会责任感（对整个自然界的关注）[③] 等因素，并通过恰当的话语策略吸引公众注意，唤起公众情绪，实现行动动员。以环境污染类议题为例，环保组织可基于公众的利己倾向，将"环境污染"具象化为个人健康所面临的威胁，以此激发公众对环境问题的关注及社会责任感。[④]

另外，向公众突出其行动对环境倡导活动的重要性与影响力，使公众感受到自己的"努力"给环境质量带来的改变，也能够有效激发其关注与参与倡导活动的意愿。此前，绿色和平组织就在其环境倡导活动中指出："公众的力量是绿色和平为环境带来积极改变的关键。"[⑤] 这种肯定不仅满足了现代人对参与公益事业、实现个人价值的渴望，由此而生的成就感还能强化其对环境保护的认同，使之自觉将环境保护行为内化进个人生活，真正实现倡导"运动"的日常化、生活化。[⑥]

（四）案例分析："为中国江河去毒"行动

为了进一步厘清环保组织环境倡导的话语建构特征，接下来我们以一个典型的倡导活动为例，借助上述由三个问题组成的分析框架展开分析。

---

① 黄典林．社交媒体与中国草根慈善组织的合法化传播策略：以"大爱清尘"为例［J］．国际新闻界，2017，39（6）：42－62.

② 塔罗，等．社会运动论［M］．张等文，孔兆政，译．长春：吉林人民出版社，2011：45.

③ 考克斯．假如自然不沉默：环境传播与公共领域：第3版［M］．纪莉，译．北京：北京大学出版社，2016：256.

④ 陈甜甜，于德山．抗霾NGO的动员框架建构分析：以"雾霾环保公益"的新浪微博个案为例［J］．新媒体与社会，2017（2）：58－72.

⑤ 公众是推动户外行业去毒的关键力量［EB/OL］．（2017－02－20）［2021－06－20］．https://www.greenpeace.org.cn/newsblog.

⑥ 张萍，赵蕾．迈向环境共治：环保社会动员的转型与创新［J］．中央民族大学学报（哲学社会科学版），2020，47（5）：88－94.

作为“世界工厂”，我国为众多国内外服装品牌提供了生产基地。在这个过程中，我国纺织业消耗了大量具有持久危害性的化学品，致使我国水污染形势愈发严峻。环境保护部于2012年发布的《2011中国环境状况公报》显示，我国废水中主要污染物排放指标为化学需氧量和氨氮排放总量，其中工业源排放量仅次于农业、生活两大污染源[①]。在这样的背景下，绿色和平组织推出了“为中国江河去毒”环境倡导活动（以下简称“江河去毒”）。

1. 行动目的：企业去毒与治理完善

在短期目标设定上，“江河去毒”要求涉污品牌首先实现信息公开，让消费者知晓服装中含有的有毒有害物质，以及企业生产地附近环境的污染状况。在此基础上，进一步要求这些企业做出承诺，放弃使用有毒有害的原材料。在长期目标规划上，“江河去毒”既要逐步培养全社会对化学品污染的关注，又要呼吁政府以预防性原则为基础建立系统性的化学品管理体系，完善相关法律法规，以逐步减少直至彻底消除有毒有害物质的使用和排放。

2. 目标受众：“排污”企业与“受害”公众

绿色和平组织将首要受众界定为知名服装企业，它们既是水污染的首要源头，也能够对生产链的改进做出贡献，有效带动整个行业向无毒方向发展。为了加速推进企业的行为决策，绿色和平组织主要通过呈现上述企业“在生产过程中造成的环境污染”及其对“公众健康的威胁”来开展针对社会公众（包括品牌消费者）的说服和动员工作。正如绿色和平组织污染防治项目主任李一方所言：“在倡导健康理念的同时，耐克、阿迪达斯、李宁等知名运动品牌却正与污染者同流合污，它们正将对人体和环境有害的化学物质排入中国的江河。”[②]

经过实地采集污水样本和检测分析，绿色和平组织在2011年、2012年和2014年陆续发布了以《时尚之毒——全球服装品牌的中国水污染调查》《潮流·污流：全球时尚品牌有毒有害物质残留调查》和《童流河污——全球品牌

---

① 2011中国环境状况公报［R/OL］.（2012-05-25）［2021-06-20］. http：//www.mee.gov.cn/hjzl/sthjzk/zghjzkgb/201605/P020160526563389164206.pdf.

② 绿色和平最新报告《时尚之毒——全球服装品牌的中国水污染调查》：耐克、阿迪达斯、李宁等知名服装品牌供应商向中国江河排放环境激素类物质［EB/OL］.（2011-07-13）［2021-06-20］. https：//www.greenpeace.org.cn/detox-report-release/.

童装有毒有害物质残留调查》为代表的系列报告。在这些报告中，绿色和平组织抓住公众对居住环境质量和面临的健康风险的关切，通过着重强调三个问题以引导公众关注知名品牌的环境污染问题，进而激发他们表达自身不满与诉求的意愿：

（1）企业生产排放的有毒有害物质会直接污染生态环境并威胁人类健康。报告指出，服装企业排放的工业废水中含有能够干扰人体内分泌并影响生殖系统的环境内分泌干扰物（环境激素类物质），其会对个人的免疫系统和肝脏产生影响，即使含量很少，这些物质的危害性也不容小觑。①

（2）企业现有生产工艺无法完全清除原材料中的有毒有害物质，它们会残留在产品中，并通过手口接触进入人体，儿童和孕期妇女更容易遭受伤害。

（3）企业的生产和控污管理存在较大提升空间。一方面，部分企业并未向社会公开生产中涉及的有毒有害物质的规范明细；另一方面，即使是公开了使用问题原材料的企业，其也没有明确表示自身采取了相关举措规范供应商的排污行为。

3. 战略：公众与媒体联合发声，向企业施压

鉴于本次倡导活动的目的是劝服企业“去毒”，并且让企业意识到现有的生产方式和行为已经引发了公众的极度不满，战略核心也就被设定为“引导公众发声，辅以媒体报道向企业施压”。因此，绿色和平组织积极接触环保志愿者和普通公众，组织多种活动吸引媒体报道，不断提高社会对“江河去毒”行动的关注和支持，以此敦促相关企业对“去毒”做出承诺、公开信息、付诸实践。

（1）立足科学证据，直接向企业施压。绿色和平组织在长期调研和第三方实验室权威分析的基础上，提供了包括毒害物质、污染数据在内的证据，证明一些知名企业确实存在污染中国江河的行为。在与企业负责人接触和开展讨论的过程中，绿色和平组织以此为主要依据，向企业施加压力。

（2）发起线上线下行动，形成舆论压力。绿色和平组织非常重视消费者对企业行动的影响，因此通过公众向企业施压成为“江河去毒”行动的核心战略之一。在线下行动方面，2011 年 7 月 13 日，多位志愿者会聚到北京三里屯的

---

① 要担心服装上的有毒物质吗？[EB/OL].（2012－12－21）[2021－06－20]. https://www.guokr.com/article/253889/.

阿迪达斯和耐克专卖店门前，向路人展示受到工业生产污染的江河的图片，并在店铺墙上写下“为中国江河去毒”的字样，要求其立即承诺淘汰和消除供应链中的有毒有害物质。绿色和平组织拍摄了活动过程，并将其制作为视频上传至优酷等视频网站，进一步扩大了行动的社会关注范围。在线上行动方面，绿色和平组织在《潮流·污流：全球时尚品牌有毒有害物质残留调查》报告发布后发起了全球范围内的网络签名征集活动，六天内有超过 30 万人联合署名，要求这些知名企业“去毒”。[①]

（3）媒体合力报道提高活动声量，扩散社会影响力。绿色和平组织发布的报告和公众的积极参与引起了人民网、《每日经济新闻》、中国之声、《南方周末》、财新网、中国青年网等媒体的关注。媒体一方面强调了企业排毒排污的危害，并且着重“点名”了部分尚未对污染行为做出回应的企业[②]；另一方面，对“江河去毒”持积极态度，将其建构为推进生态保护、阻止环境污染的有益举措。媒体的持续关注使倡导活动的合法性和社会支持力度有所增强，企业面临的舆论压力随之加剧。

在绿色和平组织的推动下，“江河去毒”行动取得了积极成效。从短期效果来看，多家国内外知名品牌对“去毒”倡议做出了回应[③]：自 2011 年 7 月起，彪马、耐克、李宁等企业先后承诺，会在限定期限内淘汰供应链中的有毒有害物质，实现环境友好型排放；同年 11 月，阿迪达斯、耐克、彪马、李宁、H&M 和 C&A 六大服装品牌联合发布《共同路线图》，阐述如何用具体行动在 2020 年前消除其供应链和产品中的所有有毒有害物质，并且承诺保障公众知情权，表示会调查和分析整个供应链中化学品的使用情况，公布相应的绿色生产方案。[④]

从长期效果来看，我国政府及环境主管部门也开始对化学品污染问题予以高度重视。比如在 2011 年 12 月 20 日的第七次全国环境保护大会上，国务院公

---

① 美特斯邦威 Levi's 等仍未承诺去毒 [EB/OL].（2012-11-29）[2021-06-20]. https://www.lawxp.com/News_218165.html.

② 12 个国际品牌童装含毒 阿迪达斯承诺去毒未兑现 [EB/OL].（2014-01-15）[2021-06-20]. http://finance.people.com.cn/n/2014/0115/c1004-24124819.html.

③ 绿色和平呼吁爱马仕等品牌“去毒”[EB/OL].（2015-03-20）[2021-06-20]. https://www.yicai.com/news/4588450.html.

④ 六大服装品牌发布淘汰有毒有害物质路线图 [EB/OL].（2011-11-21）[2021-06-20]. http://news.sina.com.cn/green/news/roll/2011-11-21/131323499690.shtml.

布了《国家环境保护“十二五”规划》，首次提出将建立两份“化学品清单”——“有毒有害化学品淘汰清单”和“重点环境管理化学品清单”，并将对列入清单的化学品实行管控：或逐步淘汰，或优先管制。这两份“化学品清单”的设立，表明我国开始重视对人类健康和生态环境具有长久或隐蔽危害的化学品的管理，使得有毒有害物质的使用与排放管理进入新的阶段。[①]

二、基于生态位视角的接力式建构模式

从社会资源交换的视角来看，当两个组织分别拥有对对方来说有益且对方不具备的资源或能力时，它们将会建立联盟，以获得隐性知识、互补技能、新技术和提供超越组织能力限制的产品或服务的能力，这种相互合作、相互支持的良性生态体系能够推动社会组织的健康发展和专业化水平不断提升。[②]

既有研究认为，我国环保组织的合作模式呈现出如下两种主要结构：一是“伞状结构”，即一个组织作为行动的核心节点，支撑起其他社会组织发展的结构形式。居于核心的组织不仅能够联结其他组织形成共同体，还能建立起分享信息和资源、拥有制度保障的合作关系。二是“网状结构”。在这种结构中，各组织间维系着松散、平等的合作关系，在遇到某一可以表达的环境议题后，由一个或多个环保组织主导，在征得其他环保组织授权同意后，以多家环保组织联合发出倡议、举办论坛、共同行动、召开交流会议等[③]方式向社会传递观点与态度，扩大环境倡导活动的影响范围[④]。为了进一步分析环保组织在协作（包括主动协作与无意间形成的配合）进行环境话语建构时的角色及手段，我们接下来借助汉尼根（Hannigan）有关环境议题建构的观点和“生态位”概念展开探讨。

（一）环境议题建构与生态位概念

汉尼根认为，环境议题的成功建构离不开六个必要条件[⑤]：（1）环境问题

① 2011绿色和平成就纵览［EB/OL］.（2016-06-21）［2021-06-20］. https://www.greenpeace.org.cn/about/achievement-review/achievements-2011/.

② 嵇欣．当前社会组织参与环境治理的深层挑战与应对思路［J］．山东社会科学，2018（9）：121-127.

③ 徐宇珊．中国草根组织发展的几大趋势［J］．学会，2008（1）：5-9.

④ 童志锋．动员结构与自然保育运动的发展：以怒江反坝运动为例［J］．开放时代，2009（9）：116-132.

⑤ 汉尼根．环境社会学：第2版［M］．洪大用，等译．北京：中国人民大学出版社，2009：81-82.

具有科学权威的支持和证实；（2）具备能将环境主张和科学联结起来的“科学普及者”；（3）受到媒体的关注，使环境问题具备新颖性和价值性；（4）用形象化和视觉化的形式将环境问题生动地展现出来；（5）要阐明采取积极行动（如保护生物多样性）后会产生经济效益；（6）得到制度化的保障，使环境问题的改善具有合法性和持续性。由此可以梳理出环境议题建构的四个阶段[①]：第一阶段，环境议题初步形成，即环境问题获得科学权威的支持，并且得以进入媒体、政府视野；第二阶段，环境议题公开表达，即环境问题被生动地呈现出来，并获得较高的社会关注度；第三阶段，环境议题成为行动，即成功动员社会公众，将环境主张落实为实践行动；第四阶段，环境议题成为制度，即环境议题中的主张被推动形成环境政策或改变现有政策。简言之，有效建构环境议题不仅需要使环境问题进入公众视野，还必须以此为契机，使来自社会公众的意见进入环境公共政策的修订与调整流程中。

生态位（niche）概念来源于生态学，它指的是一个物种在特定范围内与其他物种、生态环境之间存在的相互关系。这种关系既包括各个物种在生态系统内的相对位置[②]，也体现为它们在生态系统中的地位和机能作用[③]。根据环保组织建构环境议题所处的阶段、组织专业性水平及其功能定位（可调用社会资源），环保组织的生态位特指环保组织与环境治理结构通过互动形成的相对位置。[④] 按照这样的思路，可将环保组织划分为前端、中端和后端三类。前端环保组织以国际性或全国性环保组织为代表，比如绿色和平组织、世界自然基金会、自然之友等，这类环保组织成立时间早、专业水平高，累积了丰富的环境倡导实践经验和专业领域影响力，常与科研机构、高校展开合作，能够调动的媒体资源非常丰富。中端环保组织以地方性环保组织为主，比如绿色江河、北京地球村等合法注册的环保机构，其与所处地区的政府、科研机构和高校维系着良好的交流关系。随着社会结构转型和公民道德意识增强，人们对环境问题

---

① 汉尼根．环境社会学：第2版［M］．洪大用，等译．北京：中国人民大学出版社，2009：72.

② GRINNELL J. The niche-relationships of the California thrasher ［J］. The auk，1917，34（4）：427－433.

③ ELTON C S. Animal ecology ［M］. Chicago：University of Chicago Press，1927：63－68.

④ 钟兴菊，罗世兴．接力式建构：环境问题的社会建构过程与逻辑：基于环境社会组织生态位视角分析［J］．中国地质大学学报（社会科学版），2021，21（1）：70－86.

的关注程度不断增加，民间环保组织力量持续壮大，已成为我国环境保护和生态治理的中坚力量。后端环保组织以公益环保社团、志愿者协会、大学生环保社团为代表，这类组织在直接与公众对话、发起参与行动等方面积累了丰富的经验。

（二）各环保组织在接力建构环境议题中的角色及手段

本部分以塑料污染议题为例，选择世界自然基金会（World Wide Fund for Nature or World Wildlife Fund，WWF），零废弃联盟[①]（以下简称"零盟"）和捡拾中国[②]作为前端、中端和后端生态位组织的代表展开分析。

之所以选择塑料污染议题，主要是因为考虑到其能见度低的现状和亟须建构、倡导的紧迫性。第一，塑料污染持续时间较长，其隐藏的危害不容小觑，但这一议题的显著程度和社会关注度较低，推动其从污染现象转变为环境议题具有较强的现实意义。第二，塑料污染治理事关我国社会发展质量、生态环境保护、人民身体健康和全球环境治理等重要问题。自 2008 年国务院办公厅发布《关于限制生产销售使用塑料购物袋的通知》（以下简称"限塑令"）以来，我国的塑料污染问题得到了初步控制，但近年来一次性塑料制品消费量持续上升、替代品推广应用不够、企业和公众参与意识不强、治理模式尚未形成等问题的出现给塑料污染治理带来了新的挑战。[③] 2020 年 1 月，国家发展改革委员会和生态环境部联合印发《关于进一步加强塑料污染治理的意见》，使得这一议题的建构意义愈发增强。

1. 环境议题的科学化与宣称

正如前文提到的，很多时候科学权威的支持和证实是环境议题建构的起点。为了强化塑料污染议题的科学性和合法性，前端环保组织动员国内外的专业科学团队开展实地调查、形成调研与分析报告，以奠定为污染现状赋予社会意义的科学基础。WWF 在 2019 年和 2020 年先后发布两份聚焦塑料污染问题的报告，其中，2019 年的《通过问责制解决塑料污染问题》揭露了全球塑料污染的

---

① 零废弃联盟是由多个社会组织联合发起，服务于垃圾治理领域机构和志愿者的公益性交流学习网络项目，致力于促进社会各界形成合力，推动更好地实现垃圾减量与分类、环境保护的目标。

② 捡拾中国是上海浦东乐芬环保公益促进中心于 2014 年发起的关注户外失控垃圾议题的环保公益项目，以"随手捡拾，随手公益"为主题。

③ 人民日报人民时评：有力有序有效治理塑料污染［EB/OL］.（2021－01－19）［2021－06－20］. http：//opinion. people. com. cn/n1/2021/0119/c1003-32003696. html.

严峻形势，比如“近三分之一的塑料垃圾已经通过陆地、淡水或海洋污染的方式进入大自然，使得海洋生物大量死亡、人类遭受塑料对生存空间和身体健康的威胁”，并将塑料污染议题建构为“人类管理不当”的后果，意图引起全世界对这一问题的重视。2020 年，WWF 联合中国合成树脂协会塑料循环利用分会等科研机构共同编写并发布了《中国塑料包装再生现状白皮书》，报告总结了我国在应对塑料污染问题方面所取得的成就，以及在建立塑料污染治理体系中存在的管理水平、技术能力等方面的不足，将塑料污染议题置于我国社会发展和环境治理的发展框架下，助力提升塑料污染议题的社会可见性和重要程度。

具有在地化与合法性优势的中端环保组织会将前端议题进行“本土化”的科学论证和解读，借助提交报告等形式与相关机构沟通，随之获得开展后续活动的支持与信任。自 2008 年“限塑令”实施以来，我国在减少塑料消耗方面取得了一定的成就，但随着时间流逝，限塑令的效果与塑料污染现状都亟须全新的审视与评估。对此，零盟选择北京、深圳等 9 地的 1 101 家门店（如连锁便利店、零售店）作为样本，组织调研员进行访谈、拍照、取证（获取其提供的塑料袋），考察了线下零售场所、外卖和网购平台、线下线上塑料袋专营店在塑料袋使用和销售环节中存在的问题，发布了《“十年限塑令”：商家执行情况调研报告》。调研发现，能够做到使用印有符合国家规定的标识、厚度达标的塑料袋并且坚持有偿提供原则的商品零售场所仅占 9.1%；与此类似，外卖平台和网购物流中的塑料使用也非常不规范，甚至在电商平台也存在较多销售不合规塑料袋的现象。这样的努力吸引了政府的关注，并引起了政府对塑料污染治理的重视。

后端环保组织则将自身作为环境科学知识宣传的实践者，配合中端环保组织开展讲座、普及科学知识、进行议题科学性的建构，持续提升环境议题的社会关注度。捡拾中国在微博、微信及官方网站中根据我国环境治理方针和政策的调整、变化，及时为公众普及相关知识，帮助他们理解和接纳环境议题。

2. 环境议题的形象化与传播

环境议题要想获得公众注意，就必须是新颖的、重要的，是生动形象且利于理解的。在推动环境议题从“科学支持”向“广泛传播”迈进的过程中，不同生态位的环保组织会打造全媒体传播格局，使环境议题得以立体传播。

一方面，前端环保组织作为“科学话语”与“公众话语”之间的转译器，能够通过主题倡导活动，使用能唤起人们想象的口头语言或视觉符号①发起“行为艺术”，对公众形成强烈的视觉冲击②；另一方面，前端环保组织作为信源组织者和“策展人”，可通过吸引国内外权威媒体关注并报道相关环境事件，来引发公众对环境污染问题的关注和共鸣，进而形成群体环保意识和行动共识③。为了放大塑料微粒正在不易察觉、无处不在地威胁自然界和人类健康这一事实，WWF 在 2019 年的“净塑自然”（No Plastic in Nature）活动期间，通过官方微博账号发起了有奖征集瓶盖活动，并将收集到的 15 000 个瓶盖拼贴制作成一幅表现鲸鱼在塑料海洋中挣扎的艺术作品：《少数人能看到它，多数人却无视它》（见图 4－1）。其中苦苦挣扎的生物和它们体内的微塑料颗粒，需要人们努力地辨认才能看清楚，这也正是 WWF 希望向公众传达的主旨：“微塑料已经入侵海洋生物体内”，人类自身正在面临显著的威胁和暂不可见的风险。

图 4－1　WWF 使用塑料瓶盖创作的作品

中端环保组织在这一阶段则充分发挥社交媒体的作用，借助社群协作平台进行实时交互的大众化网络传播，驱动公众的环境注意转化为“遍地开花”的环保行动，以形成一定的“舆论压力”，引起地方政府的重视。零盟在腾讯公益平台发起的“百万减塑”行动，就在倡导更多的公众邀请同伴一起通过捐款、

---

① 汉尼根．环境社会学：第 2 版［M］．洪大用，等译．北京：中国人民大学出版社，2009：73－74.

② 钟兴菊，罗世兴．接力式建构：环境问题的社会建构过程与逻辑：基于环境社会组织生态位视角分析［J］．中国地质大学学报（社会科学版），2021，21（1）：70－86.

③ 颜景毅．“参与”的传播：社交媒体功能的杜威式解读［J］．现代传播（中国传媒大学学报），2017，39（12）：44－47.

打卡等方式参与进来，表达自己“减少塑料袋和一次性塑料制品使用”的决心。在此过程中，中端环保组织探索出了能够推动我国“限塑令”严格执行和新法案修订升级的模式和场景。

后端环保组织以配合中端环保组织的行动为主，承接上一阶段的议题建构工作，持续对公众进行环境教育。捡拾中国主要借助微博和微信公众号，结合我国环境政策的变化分享组织的环保动态和相关知识，培养人们对环境问题尤其是塑料问题的关注。

3. 环境议题向实际行动转化

如果说环境问题的建构仅仅侧重于广为散播事实以至观念的话，那么作为一种结果它无疑会催生集体行动——多数人的联合参与，包括语言的和身体的行动。[1] 为了促进环境议题向实际行动转化，前端环保组织常会从宏观层面出发，将环境议题与人类整体利益相关联，例如基于“人类命运共同体”的理念，呼吁人们采取行动，促进环境长远利益与当前利益的平衡。在这一阶段，WWF为了扩大倡导的影响范围，联合中国连锁经营协会和其他商业组织，在全社会号召企业通过优化生产流程、创新生产机制、转变自身发展模式来达成“减塑”的目标，并提议个人在“选择、替代、循环、分类、回收”等环节积极培养绿色生活的意识和习惯，通过实际行动使生态环境得到进一步改善。

中端环保组织利用在地化的倡导优势，结合我国“人与自然和谐相处”的社会文化背景，赋予自然“人格化”特征，将自然建构为“不能伤害的伙伴”，进而激发公众对环境问题的责任意识，引导他们积极参与活动。零盟在壹基金联合公益的支持下发起了“自然受不了一点塑”系列倡导活动，先后在北京、上海、广州、深圳、天津、郑州、芜湖、贵阳等12座城市的近30个社区内开展了社区垃圾分类科普、亲子旧物新造、社区观影、户外捡拾、塑料议题政策研讨会等28场线下活动，动员了更多人关注塑料使用问题，减少使用一次性塑料制品，增加社区垃圾分类体系中塑料的回收利用，并妥善安置户外被随意丢弃的失控塑料。[2]

---

① 贾广惠．论传媒环境议题建构下的中国公共参与运动［J］．现代传播（中国传媒大学学报），2011（8）：14－18，39．

② 壹基金携手腾讯视频 Live Music 呼吁践行“零废弃”理念［EB/OL］．（2017－09－04）［2021－06－20］．http：//www.gongyishibao.com/html/gongyizixun/12378.html.

后端环保组织积极配合中端环保组织的倡导活动，在环境污染问题较为突出的地区发起行动，引导公众参与，通过线上线下的传播增加活动声量。捡拾中国就与当地的教育机构等组织开展合作，鼓励青年学生、志愿者参与到清洁自然环境的活动中来，让他们在实践中真切感知环境污染的真实情况，以及自己的行动能使环境状况有所改善。不过，因为组织自身的社会知名度和影响力不足，所以这些活动往往难以引发公众的广泛关注。

4. 环境议题推动政策改变

环保组织常以“政策倡议”为战略，通过抓住某一具有较高社会关注度的环境事件并将其作为突破口，动员公众参与政策倡议，使政府把相关的社会热点问题纳入政府议程[①]，从而撬动环境政策改变[②]。在这一过程中，前端环保组织综合运用自身的行业影响力和媒体动员能力，与政府部门建立合作机制，推动环境问题进入政策议程的快车道。[③] 2020 年，WWF 启动“净塑城市”倡议方案，分别与三亚市、扬州市签约，探索城市净塑模式与废弃物管理优化方法；而这两个城市也分别调整相应政策，以垃圾分类为抓手，推动建立塑料垃圾的全生命周期体系[④]，打造“政府-企业-市民”共同参与的塑料污染治理模式。

中端环保组织会遵循政府机构的相关要求，根据已有的调研报告和公众行动结果对政策提出建议，有序、合法地倡导环境问题进入政策议程。零盟基于上文中提到的《“十年限塑令”：商家执行情况调研报告》，从国家环境治理的视角出发向政府建言。譬如《关于全国人大〈中华人民共和国固体废物污染环境防治法（修订草案）〉的逐条意见和理由》中提出要明确管理对象的权责，如商户等作为一次性用品和包装的提供者，应当承担一次性用品和包装污染环境的防治责任。

而居于后端的环保组织在此环节则借由实践活动的开展，潜移默化地影

---

① 邹东升，包倩宇．环保 NGO 的政策倡议行为模式分析：以“我为祖国测空气”活动为例［J］．东北大学学报（社会科学版），2015，17（1）：69－76.

② 吴湘玲，王志华．我国环保 NGO 政策议程参与机制分析：基于多源流分析框架的视角［J］．中南大学学报（社会科学版），2011，17（5）：29－34.

③ 钟兴菊，罗世兴．接力式建构：环境问题的社会建构过程与逻辑：基于环境社会组织生态位视角分析［J］．中国地质大学学报（社会科学版），2021，21（1）：70－86.

④ 三亚成为中国首个加入 WWF 全球“净塑城市”倡议的城市［EB/OL］．（2020－03－27）［2021－06－20］．https：//xw.qq.com/amphtml/20200327A0KV8Z00.

响公众对环境议题的感知，为环境政策改变奠定公众意见基础。捡拾中国通过定期组织公众捡拾垃圾、记录垃圾信息来协助政策的推出，引导公众持续关注以塑料污染为代表的一系列环境问题，促使政府和相关机构对此加以关切和回应。

综上所述，环保组织经由“环境议题的科学化与宣称—环境议题的形象化与传播—环境议题向实际行动转化—环境议题推动政策改变”四个阶段接力式建构环境议题（见表4-2），实现宏观、科学化的环境议题转化为在地化的公众环保行动实践，从而形成“自上而下的环保意识落地”与“自下而上的环保行动开展”相结合的联动建构环境议题的逻辑。①

表4-2　生态位视角下环保组织接力式建构环境议题的过程分析

建构过程维度		环保组织生态位各层次的行动措施		
建构阶段	建构条件	前端：WWF	中端：零盟	后端：捡拾中国
阶段1：环境议题的科学化与宣称	科学支持	科学调查，连续发布塑料污染科学报告	在地专业化实践，发布“限塑令”执行状况调研报告	开展知识科普，帮助公众理解议题
	科学普及			
阶段2：环境议题的形象化与传播	媒体关注	将瓶盖拼贴成“鲸鱼”的行为艺术，整合国内外媒体资源进行传播	借助社交媒体、微公益平台，发起“百万减塑”线上活动	利用微信、微博、官方网站普及塑料相关知识
	形象表达			
阶段3：环境议题向实际行动转化	行动转化	联合其他行业倡议减少塑料污染	在多地开展“自然受不了一点塑”的环保实践活动	在当地组织青年学生、志愿者进行废弃物清洁
阶段4：环境议题推动政策改变	制度保障	与地方城市达成合作，推动“净塑城市”建设	结合所发布报告提交政策修订意见	定期开展活动、记录垃圾信息以协助政策推出，引导公众关注环境问题
建构行动策略	—	调研报告＋行为艺术＋倡导行为＋政府合作	调研报告＋线上动员＋在地实践＋提交修改意见	线上普及知识＋线下在地实践
建构结果	—	议题形成与宣称，形成舆论影响	议题“在地化”实践创新	议题“通俗化”公众实践

① 钟兴菊，罗世兴．接力式建构：环境问题的社会建构过程与逻辑：基于环境社会组织生态位视角分析［J］．中国地质大学学报（社会科学版），2021，21（1）：70-86．

尽管效果明显，但我们也需要认识到此种接力式建构模式的一些问题。例如，后端环保组织在议题建构过程中由于缺乏社会关注度、舆论影响力以及对自身倡导活动的整合与梳理，因此不易与前端、中端环保组织在环境议题的接力式建构中形成合力。又如，各环保组织尚未形成针对同一议题的有效建构机制。此前有研究者在分析反对垃圾焚烧、推动垃圾分类的环保合作模式时发现，各个组织能基于国家所关注的垃圾议题，分别将合作伙伴整合为围绕不同核心议题的工作小组，从而在细分领域形成更具针对性的政策呼吁。[①] 而在上述分析中，各个组织缺乏将塑料污染议题细化为不同领域进行建构的步骤，这亦是实现有效“接力式”建构时需要考虑的问题。

第二节　绿色广告的差异化诉求与说服效果检验

保护生态环境、促进经济与生态的协同发展，既是企业自身生存与发展的需求，又是企业不可推卸的社会责任。本节重点阐述绿色广告这一代表性企业环境话语的特征与建构思路，基于归因理论，运用实证研究，尝试通过分析不同绿色广告的传播效果，从消费者认知的角度讨论企业绿色话语的建构方式，为提升企业环境传播效果提出有价值的参考思路。

一、绿色广告的层次和诉求方式

绿色营销（green marketing）是企业环境话语的重要组成部分。它是企业为谋求社会利益、企业利益和环境利益的平衡，既充分满足当下企业和消费者的需求，又保护后代的生存资源所采取的营销活动。其中，效果最显著、形式最常见的绿色营销话语是绿色广告（green advertising）。“绿色广告”通常是指“以凸显产品（服务）的环境友好属性为主题的广告”[②]。福勒（Fowler）和克

---

① 谭爽．草根 NGO 如何成为政策企业家?：垃圾治理场域中的历时观察［J］．公共管理学报，2019，16（2）：79－90，172.

② IYER E，BANERJEE S B. Anatomy of green advertising ［J］．Advances in consumer research，1993，20：494－501.

洛斯（Close）依据关涉范围的不同层次将绿色广告的内容特征梳理为表 4-3。[①]

表 4-3　不同层次的绿色广告及其内容特征

<table>
<tr><th>绿色广告层次</th><th colspan="3">内容特征</th></tr>
<tr><td>宏观（全球环境问题）</td><td colspan="3">保护自然环境、减缓全球变暖、阻止环境污染</td></tr>
<tr><td rowspan="2">中观（与自然的关系）</td><td rowspan="2">对产品、服务和品牌形象的宣传，根据产品的环保属性的显著程度划分为公开（overt）和隐蔽（covert）两个维度</td><td>公开</td><td>明确呈现出产品或生产工艺的环保属性，以及这些属性对环境保护的助益</td></tr>
<tr><td>隐蔽</td><td>通常将产品与“自然”这一符号相关联，旨在塑造绿色环保的企业形象</td></tr>
<tr><td>微观（个人消费习惯）</td><td colspan="3">倡导个人积极践行环境保护和可持续消费的原则，通常会呼吁消费者避免浪费金钱和自然资源</td></tr>
</table>

在绿色广告话语的建构过程中，也存在部分企业借助绿色广告“漂绿”（greenwashing）没有环保属性的产品和服务，使消费者对该产品和服务产生错误认知。[②] 以市场发展视角来看，带有误导信息的绿色广告会加剧企业与消费者的信息不对称，这不仅会混淆消费者对产品和企业的绿色价值的判断，长此以往，原本以环保产品为竞争优势的企业也将受到影响，失去既有竞争优势。从道德伦理视角观之，绿色广告诉求的不规范运用会使得消费者对品牌产生负面认知，当他们认为绿色广告诉求中的信息“不可靠”“不值得信任”时，消费意愿会随之降低，具有环保属性的产品可能会被放弃。[③] 因此，绿色广告的内容应该真实可信，并且符合环保法律法规的要求。[④]

企业若想吸引消费者注意，让他们对产品和品牌产生好感，创建并维护良

---

① FOWLER Ⅲ A R，CLOSE A G. It ain't easy being green：macro，meso，and micro green advertising agendas [J]. Journal of advertising，2012，41（4）：119-132.

② 郭小平，李晓．环境传播视域下绿色广告与“漂绿”修辞及其意识形态批评 [J]. 湖南师范大学社会科学学报，2018，47（1）：149-156.

③ NEWELL S J，GOLDSMITH R E，BANZHAF E J. The effect of misleading environmental claims on consumer perceptions of advertisements [J]. Journal of marketing theory and practice，1998，6（2）：48-60.

④ 王慧灵．当代中国广告“漂绿”行为的分析和监管 [J]. 江苏师范大学学报（哲学社会科学版），2014，40（4）：155-160.

好的客户关系，就必须选择恰当的广告诉求。[①] 广告诉求包括诉求内容和诉求方式两个维度，分别解决的是“说什么”和“怎么说”的问题。

在诉求内容方面，卡尔森（Carlson）等学者提出了四类经典的绿色诉求，它们可能会同时存在于一则绿色广告中：第一，产品导向诉求，即强调产品所具有的环境友好属性（如“产品可生物降解”）；第二，生产过程导向诉求，即强调企业的生产工艺不会危害生态环境（如“产品的原材料可以回收再利用”）；第三，形象导向诉求，即将企业与一项获得公众广泛支持的环境议题相关联（如“我们致力于保护森林”）；第四，环境事实导向诉求，即阐述具体的环境问题以引起消费者的关注，如空气污染对人类生存的危害、动植物濒临灭绝等。[②]

在诉求方式方面，绿色诉求可分为实质诉求和联想诉求[③]：前者详尽地呈现了产品和服务的环保属性，以及企业为环保做出的努力；后者的表述则相对抽象、概括。[④] 既有研究证明，带有“实质性”内容的绿色广告更容易获得消费者的好感和信赖。有学者在对比实质诉求和联想诉求后发现，在广告中清晰地展示产品用途能够帮助消费者做出正确的判断，进而使其形成对广告和品牌的积极认知。[⑤]

诉求框架是企业呈现诉求内容的话语组织形式。有研究表明，运用不同的话语对相同的意义进行塑造，会导致广告态度的差异。[⑥] 对绿色广告诉求而言，最常见的框架是得失框架，它能够预测绿色诉求的广告情境中，人们在感知到损失或收益时对风险的态度——在感知到损失时倾向于规避风险，在感知到收

---

① KOTLER P, ARMSTRONG G. Principles of marketing [M]. 14th ed. New Jersey: Pearson Education, 2011: 148.

② CARLSON L, GROVE S J, KANGUN N. A content analysis of environmental advertising claims: a matrix method approach [J]. Journal of advertising, 1993, 22 (3): 27-39.

③ DAVIS J J. The effects of message framing on response to environmental communications [J]. Journalism & mass communication quarterly, 1995, 72 (2): 285-299.

④ LEONIDOU L C, LEONIDOU C N, PALIHAWADANA D, et. al. Evaluating the green advertising practices of international firms: a trend analysis [J]. International marketing review, 2011, 28 (1): 6-33.

⑤ YANG D F, LU Y, ZHU W T, et. al. Going green: how different advertising appeals impact green consumption behavior? [J]. Journal of business research, 2015, 68 (12): 2663-2675.

⑥ 王丹萍，庄贵军，周茵．信息框架对广告态度的影响：论据强度的中介作用［J］．管理科学，2014，27（1）：75-85.

益时倾向于寻求风险。[①] 戴维斯（Davis）检验了绿色广告中获得与失去环境收益的信息诉求效果，发现损失框架更有说服力，会引起积极的行为倾向。[②] 我国研究者将得失框架置于两类“感知收益”情景后发现：当广告强调绿色消费行为有利于他人时，得益框架对消费者响应的影响更强；而当广告说明绿色消费行为对自己有利时，损失框架对消费者响应的影响更强。[③]

传统的营销策略多旨在通过各种方法鼓励和刺激消费以保持企业利润的增长。鲍德里亚（Baudrillard）也认为，对个人而言，消费具有“享受和满足”的特征，换言之，增加消费意味着生活质量和幸福指数的提升。[④] 但事实并非如此。从整体上看，随着消费总量的不断增加，人类赖以生存的环境逐渐恶化，生活质量也受到相应的威胁[⑤]；从可持续发展的视角来看，消费总量过大会形成一定范围内和程度上的经济及通货膨胀压力，产生能源短缺等问题，这对企业的满足消费者及其他利益相关者需求、长期盈利等能力提出了挑战[⑥]。此外，即便绿色广告日益普及，也有学者对其效果提出质疑。如格里梅（Grimmer）和伍利（Woolley）在研究中指出，消费者在“个人利益”还是“环境利益”诉求下表现出的购买意愿没有显著差异[⑦]；另有研究者认为，只有从根本上减少消费，才可能减缓由消费导致的环境污染[⑧]，这便是“绿色逆营销”的思路。

在解释“绿色逆营销”前，我们需要对“逆营销”（demarketing）的概念进行简要阐述。作为企业市场销售策略的一部分，逆营销的目的在于调节过剩

---

① KAHNEMAN D ，TVERSKY A. Choices，values，and frames [J]. American psychologist，1984，39 (4)：341-350.

② DAVIS J J. The effects of message framing on response to environmental communications [J]. Journalism & mass communication quarterly，1995，72 (2)：285-299.

③ 盛光华，岳蓓蓓，龚思羽．绿色广告诉求与信息框架匹配效应对消费者响应的影响 [J]. 管理学报，2019，16 (3)：439-446.

④ 鲍德里亚．消费社会 [M]. 4 版．刘成富，全志钢，译．南京：南京大学出版社，2014：64.

⑤ 秦鹏．消费问题：环境问题的另一种解读 [J]. 中国人口·资源与环境，2008 (4)：128-133.

⑥ SODHI K. Has marketing come full circle?：demarketing for sustainability [J]. Business strategy series，2011，12 (4)：177-185.

⑦ GRIMMER M，WOOLLEY M. Green marketing messages and consumers' purchase intentions：promoting personal versus environmental benefits [J]. Journal of marketing communications，2014，20 (4)：231-250.

⑧ 同⑥.

的需求、精简目标市场的范围以及凸显产品的价值。① 菲斯克（Fisk）从个人行为层面证实了逆营销理念的可行性，即消费者“有义务”使资源利用达到最大化，避免不必要的浪费。② 另有研究者在总结先前的逆营销、可持续消费等观念的基础上，提出了“绿色逆营销”（green demarketing）概念，这一概念指的是企业通过广告等方式呼吁消费者减少对自己（或同类企业）的产品或服务的消费，以此实现保护环境的目标。③ 事实上，绿色逆营销也是企业履行社会责任的方式之一。目前关于逆营销广告及其效果的研究不多，已有的研究主要是反吸烟④、反吸毒⑤等社会公益广告层面的信息效果研究，以及将逆营销作为管理策略用于影响消费者的质量评估⑥、改善服务行业管理⑦等方面。

皮蒂（Peattie）等研究者从反对过度消费的视角切入，指出逆营销策略应该有鲜明的、反对过度消费的主张，为公众提供更多了解“减少消耗”的好处的渠道，降低公众参与其中所需付出的时间和精力成本。⑧ 而以索尔（Soule）和赖克（Reich）为代表的研究者则基于归因理论对比了传统绿色营销广告诉求和绿色逆营销广告诉求的效果，并指出多数消费者目前会因为传统绿色诉求（即前文提到的在广告诉求中强调其提供的产品或服务具有环保属性）而表现出对企业关注环境问题的支持态度；同时，在广告呈现主体是企业而非产品，且有“过度消费是破坏生态的主要因素”提示语的情况下，被试会对逆营销的诉

---

① KOTLER P，LEVY S J. Demarketing，yes，demarketing [J]. Harvard business review，1971，79：74－80.

② FISK G. Criteria for a theory of responsible consumption [J]. Journal of marketing，1973，37（2）：24－31.

③ ARMSTRONG SOULE C A，REICH B J. Less is more：is a green demarketing strategy sustainable? [J]. Journal of marketing management，2015，31（13－14）：1403－1427.

④ SHIU E，HASSAN L M，WALSH G. Demarketing tobacco through governmental policies-the 4Ps revisited [J]. Journal of business research，2009，62（2）：269－278.

⑤ KELLY K J，SWAIM R C，WAYMAN J C. The impact of a localized antidrug media campaign on targeted variables associated with adolescent drug use [J]. Journal of public policy & marketing，1996，15（2）：238－251.

⑥ MIKLÓS-THAL J，ZHANG J J.（De）marketing to manage consumer quality inferences [J]. Journal of marketing research，2013，50（1）：55－69.

⑦ BEETON S，BENFIELD R. Demand control：the case for demarketing as a visitor and environmental management tool [J]. Journal of sustainable tourism，2002，10（6）：497－513.

⑧ PEATTIE K，PEATTIE S. Social marketing：a pathway to consumption reduction [J]. Journal of business research，2009，62（2）：260－268.

求表现出信任。他们认为，当企业的广告诉求满足某些条件时，逆营销广告能够在改善企业与消费者的关系、创造长期盈利的可持续发展条件等方面发挥作用。① 这些研究结论的有效性和适用性，以及绿色逆营销在实践中的具体操作路径，皆需通过针对中国消费者展开的实证研究来验证和设计。

此外，需要指出的是，人们在接触自然图片（譬如山水风景、动植物等）时的感觉与他们在真实自然环境中的体验是基本相似的。② 在市场营销中使用自然图片也能达到同样的效果。消费者在接触带有自然图片的广告时，会产生身处自然环境中的感受——它既包括轻松愉悦的心理体验③，也包括自身被“激活”的以往在自然环境中的愉快经历，这会影响消费者对广告的态度④。据此，本节即将展开的研究会将自然环境体验作为广告图片背景的影响结果纳入研究模型，以说明视觉层面的感知对个人态度形成的影响。

二、基于归因视角的绿色广告诉求说服效果探析

接下来笔者以归因理论为研究视角，尝试通过分析不同绿色广告诉求的传播效果，从消费者认知的角度讨论企业环境话语的建构。

归因是个人根据所掌握的信息对他人的行为表现进行分析并推论其原因的过程。⑤ 为有效地适应并控制周围的环境，人们会对已经出现的特定情况进行因果分析。目前，归因理论主要有以下几类代表性观点：海德（Heider）发现，个体的归因既包括“内部因素”（个人能力、动机、情绪、努力程度），也包括“外部因素”（所处环境、他人的影响和事情的难易程度）⑥；琼斯

---

① REICH B J，ARMSTRONG SOULE C A. Green demarketing in advertisements：comparing “buy green” and “buy less” appeals in product and institutional advertising contexts [J]. Journal of advertising，2016，45（4）：441-458.

② COETERIER J F. A photo validity test [J]. Journal of environmental psychology，1983，3（4）：315-323.

③ FRUMKIN H. Healthy places：exploring the evidence [J]. American journal of public health，2003，93（9）：1451-1456.

④ BAUMGARTNER H，SUJAN M，BETTMAN J. Autobiographical memories，affect，and consumer information processing [J]. Journal of consumer psychology，1992，1（1）：53-82.

⑤ 周晓虹．现代社会心理学：多维视野中的社会行为研究 [M]. 上海：上海人民出版社，1997：196.

⑥ HEIDER F. The psychology of interpersonal relations [M]. New York：John Wiley & Sons，Inc.，1958：297.

(Jones)和戴维斯(Davis)提出了"对应推断理论"，即个体会判断行为是否属于"有意为之"，并推论这个行为所反映的行动者的内在特质[①]；凯利(Kelley)的"三维归因模式"则认为，"行为者自身""行为所指对象"和"环境"是个体归因的依据，他还概括了归因的三个原则，即"一致性""独特性"和"持续性"[②]。

研究者们通常将绿色广告视为企业履行其环境层面的社会责任的一种方式。企业的环境社会责任可以被理解为企业采取一系列行动，以确保"在不损害后代发展所需环境资源的前提下，满足当前的发展需求"[③]。基于这样的认识，绿色广告的动机归因可以参考企业社会责任的动机归因。一般来讲，消费者对企业社会责任的动机归因结果可以分为"利己"和"利他"两类："利己动机"是指企业投放绿色广告只是为了获取更多经济利益，"利他动机"(环保动机)是指企业投放绿色广告是为了环境利益、消费者利益和社会利益。有研究表明，持有"利他"归因的受众对企业环保行为的态度会更积极；反之，受众会对企业持有负面评价。[④]

(一)关键变量选择

此次研究主要关涉以下三个变量。

一是广告可靠度。"可靠度"是个人对事物准确可靠、值得信赖的程度的评判。[⑤] 佩蒂(Petty)和卡乔波(Cacioppo)在研究信息的说服效果时指出，信息的可靠度是影响其说服效果的最重要的因素之一。[⑥] 广告可靠度就是消费者对广告中信息的真实可信程度的判断。绿色广告中介绍产品和企业环保属性、

---

① JONES E E，DAVIS K. From acts to dispositions：the attribution process in person perception [J]. Advances in experimental social psychology，1965，2：219-266.

② KELLEY H H. Attribution theory in social psychology [J]. Nebraska symposium on motivation，1967，15：192-238.

③ KOTLER P，ARMSTRONG G. Principles of marketing [M]. 14th ed. New Jersey：Pearson Education，2011：392.

④ PARGUEL B，BENOÎT-MOREAU F，LARCENEUX F. How sustainability ratings might deter "greenwashing"：a closer look at ethical corporate communication [J]. Journal of business ethics，2011，102 (1)：15-28.

⑤ SELF C C. Credibility [C]// SALWEN M B，STACKS D W. An Integrated approach to communication theory and research. 2nd ed. New York：Routledge，2009：435-456.

⑥ PETTY R E，CACIOPPO J T. The elaboration likelihood model of persuasion [J]. Advances in experimental social psychology，1986，19：123-205.

责任等方面情况的内容的可靠度，对受众的感知、态度乃至行动都会产生关键的影响。

二是感知绿色价值。这里提到的价值是指产品或服务能够满足消费者需求的能力，当消费者认为自己的需求得到了满足时，相应的产品就具有价值。[①]这表明产品价值是依赖消费者感知而存在的。研究者们提出并认可了“感知价值”的概念，认为它是消费者基于已有认知对产品“是否有用”的整体评价。感知价值的核心是利益的“得失”[②]，消费者会据此对产品（服务）的整体效用进行判断或评价。对企业来说，消费者感知价值是消费者满意度的“晴雨表”，当感知价值增加时，消费者的满意度、再购买意愿和忠诚度，以及企业的获利能力都会随之提升。[③] 在绿色广告研究中，感知价值包括两个层面：一是“环保层面”，即消费者为“改善环境质量”而选择产品；二是“社会层面”，即消费者希望向他人展示自己“关注环保”的意识，并获得赞赏。[④] “感知绿色价值”可被理解为消费者在选择产品时所关注的生态环境价值。[⑤] 近年来的研究也表明，消费者在选择环保产品时会关注它的绿色价值，这会对他们的品牌态度、行为倾向和满意度产生重要影响。[⑥] 因此，感知绿色价值可作为衡量企业环境传播效果的标准。

三是广告态度和品牌态度。态度是一种多层次的心理状态，包括个体的信念、感受、价值观，以及采取某种行动的倾向。[⑦] 本研究中的广告态度指的是

---

① LEVITT T. Marketing success through differentiation of anything [J]. Harvard business review，1980，58 (1)：83-91.

② 白长虹．西方的顾客价值研究及其实践启示 [J]. 南开管理评论，2001 (2)：51-55.

③ FORNEL L C. A national customer satisfaction barometer：the Swedish experience [J]. Journal of marketing，1992，56 (1)：6-21.

④ HARTMANN P，APAOLAZA-IBÁÑEZ V. Green value added [J]. Marketing intelligence & planning，2006，24 (7)：673-680.

⑤ 孙瑾，张红霞．服务业中绿色广告主张对消费者决策的影响：基于归因理论的视角 [J]. 当代财经，2015 (3)：67-78.

⑥ HUR W M，KIM Y，PARK K. Assessing the effects of perceived value and satisfaction on customer loyalty：a “green” perspective [J]. Corporate social responsibility and environmental management，2013，20 (3)：146-156.

⑦ PETTY R E，CACIOPPO J T. The elaboration likelihood model of persuasion [J]. Advances in experimental social psychology，1986，19：123-205.

在特定场合下，消费者对某一广告所表现出的喜爱或厌恶等情感反应。[①] 与之类似，品牌态度指消费者对某个品牌的整体看法和评价。[②]

（二）研究假设与模型构建

1. 绿色广告诉求的效果

企业的绿色广告是否有效，在很大程度上取决于消费者如何看待企业传播信息的动机。[③] 与绿色逆营销诉求相比，传统绿色诉求的核心在于强调产品"环境友好"的属性。一项针对中国消费者的研究显示，传统绿色诉求在绿色营销中的运用较为普遍，消费者对传统绿色诉求的熟悉程度较高，因此会表现出更强烈的信任感和好感。[④] 与之相对，陌生的信息会复杂化消费者的信息处理程序，当企业的表现不符合消费者的常识时，其动机可能会被质疑，以致引起负面的认知。[⑤] 笔者据此提出如下假设：

> 假设 1：与绿色逆营销诉求相比，传统绿色诉求会产生更积极的环保动机归因。

对消费者而言，传统绿色诉求明示了他们能够"得到"的环保效用，而绿色逆营销诉求强调的是"减少消费"。相较之下，前者所提供的环境效益"保证"更为可靠，消费者从中感知到的"效益"也更为真切。受此影响，传统绿色诉求对广告态度和品牌态度也会产生同样的影响。基于此，本研究进一步提出假设：

> 假设 2：与绿色逆营销诉求相比，传统绿色诉求会让消费者感受到更高程度的广告可靠度。

---

① MACKENZIE S B, LUTZ R J. An empirical examination of the structural antecedents of attitude toward the ad in an advertising pretesting context [J]. Journal of marketing, 1989, 53 (2): 48-65.

② SHIMP T A. Attitude toward the ad as a mediator of consumer brand choice [J]. Journal of advertising, 1981, 10 (2): 9-15, 48.

③ GROZA M D, PRONSCHINSKE M R, WALKER M. Perceived organizational motives and consumer responses to proactive and reactive CSR [J]. Journal of business ethics, 2011, 102 (4): 639-652.

④ CHAN R. An emerging green market in china: myth or reality [J]. Business horizons, 2000, 43 (2): 55-60.

⑤ REICH B J, ARMSTRONG SOULE C A. Green demarketing in advertisements: comparing "buy green" and "buy less" appeals in product and institutional advertising contexts [J]. Journal of advertising, 2016, 45 (4): 441-458.

假设 3：与绿色逆营销诉求相比，传统绿色诉求会给消费者带来更高的感知绿色价值。

假设 4a：与绿色逆营销诉求相比，传统绿色诉求会让消费者产生更积极的广告态度。

假设 4b：与绿色逆营销诉求相比，传统绿色诉求会让消费者产生更积极的品牌态度。

在广告图片的影响层面，尽管如前文所提到的那样，哈特曼（Hartmann）等学者发现自然图片能够对消费者的认知产生积极的影响，但也有学者指出，自然图片的效果是不稳定的，会随着广告产品类型的变化而改变。[①] 对此，本研究提出一个问题：

研究问题：自然图片是否会对绿色广告诉求的效果产生影响？

2. 环保动机归因对消费者态度产生影响的作用机制

埃伦（Ellen）、韦布（Webb）和莫尔（Mohr）认为，消费者的归因会对其态度和行为产生显著的影响，当消费者认为企业具有环保动机时，会更愿意信任广告内容，其所感知到的产品环保价值也会提升。[②] 这表明环保动机归因还可能通过广告可靠度对感知绿色价值产生影响。本研究据此提出假设：

假设 5a：环保动机归因会正向影响广告可靠度。

假设 5b：环保动机归因会正向影响感知绿色价值。

假设 6：广告可靠度是环保动机归因和感知绿色价值间的中介变量。

另外，波莱（Pollay）等学者发现中国消费者对包含充足信息，即可靠度较高的广告会有积极的反应。[③] 这意味着高水平的广告可靠度会表现出“产品对环境实实在在的好处”，广告产生的效用更加明显。这方面的假设又包含以下几个：

---

① XUE F. It looks green：effects of green visuals in advertising on Chinese consumers' brand perception [J]. Journal of international consumer marketing，2014，26 (1)：75 - 86.

② ELLEN P S，WEBB D J，MOHR L A. Building corporate associations：consumer attributions for corporate socially responsible programs [J]. Journal of the academy of marketing science，2006，34 (2)：147 - 157.

③ POLLAY R W，TSE D K，WANG Z Y. Advertising，propaganda，and value change in economic development：the new cultural revolution in China and attitudes toward advertising [J]. Journal of business research，1990，20 (2)：83 - 95.

假设 7a：广告可靠度会正向影响感知绿色价值。

假设 7b：广告可靠度会正向影响广告态度。

假设 7c：广告可靠度会正向影响品牌态度。

一项针对 2015—2017 年中国经济发达城市的调查显示，中国消费者在消费中对产品环保属性的关注度有了显著提升。相关研究也表明，绿色产品正在得到更广泛的关注和认可，产品的感知绿色价值越高，消费者越可能产生积极的广告态度和品牌态度。① 而广告可靠度还可能通过感知绿色价值和广告态度对品牌态度产生影响。故而，本研究又以此为依据提出下面三个假设：

假设 8a：感知绿色价值会正向影响广告态度。

假设 8b：感知绿色价值会正向影响品牌态度。

假设 9：感知绿色价值、广告态度是广告可靠度影响品牌态度的中介变量。

最后，广告态度对品牌态度的影响已经被多次验证，即广告态度会对品牌态度产生正向影响②，消费者的广告态度可作为其品牌态度的预兆和前提。与此相对应的假设是：

假设 10：广告态度会正向影响品牌态度。

根据上述一系列假设，本研究建立的模型如图 4-2 所示。

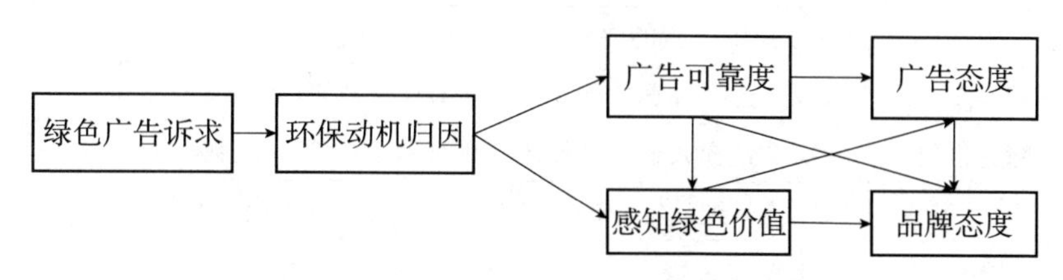

图 4-2 两类诉求广告的说服效果的研究模型

（三）研究方法

1. 变量的测量

在对企业环保动机的测量上，本研究参考了弗拉乔斯（Vlachos）和特萨

---

① 孙瑾，张红霞．服务业中绿色广告主张对消费者决策的影响：基于归因理论的视角［J］．当代财经，2015（3）：67-78.

② BROWN S，STAYMAN D. Antecedents and consequences of attitude toward the ad：a meta-analysis，［J］．Journal of consumer research，1992，19（1）：34-51.

马科斯（Tsamakos）等学者使用的量表，用六个题项（经预调研后精减为三个）对企业的“利己动机”和“利他动机”（环保动机）进行测量①；在广告可靠度的测量上，采用塔克（Tucker）等学者的研究成果，确定了三个题项②；在感知绿色价值的测量上，借鉴杨晓燕和周懿瑾的研究，设计了三个题项③；在广告态度和品牌态度的研究中，使用米切尔（Mitchell）和奥尔森（Olson）的量表分别制定了三个题项④。上述所有题项均使用李克特七点量表进行测量，1 表示“非常不同意”，7 表示“非常同意”（具体题项内容见表 4-4，各题项的信效度均符合后续分析要求）。被试在观看广告材料后根据自己的真实情况填写问卷。问卷最后进行了针对实验材料效果的操控性检验，并收集了被试的人口统计学数据，包括性别、年龄、职业、收入和受教育程度。

表 4-4　问卷题项

变量	题项代码及内容
环保动机归因	GEI 1 企业愿意积极参与到环境保护的行动中
	GEI 2 企业认为改善生态环境是自己的道德义务
	GEI 3 企业希望用科技改善自然环境，回馈社会
广告可靠度	CR 1 这则广告的内容值得信任
	CR 2 这则广告的内容是可靠的
	CR 3 这则广告的内容是真实的
感知绿色价值	PGV 1 选择领逸的新能源汽车有助于改善生态环境
	PGV 2 选择领逸的新能源汽车有助于减少环境污染
	PGV 3 领逸新能源的举动对社会的可持续发展有好处

① VLACHOS P，TSAMAKOS A，VRECHOPOULOS A，et al. Corporate social responsibility：attributions，loyalty，and the mediating role of trust [J]. Journal of the academy of marketing science，2009，37 (2)：170-180.

② TUCKER E M，RIFON N J，LEE E M，et al. Consumer receptivity to green ads：a test of green claim types and the role of individual consumer characteristics for green ad response [J]. Journal of advertising，2012，41 (4)：9-23.

③ 杨晓燕，周懿瑾．绿色价值：顾客感知价值的新维度 [J]. 中国工业经济，2006 (7)：110-116.

④ MITCHELL A，OLSEN J. Are product attribute beliefs the only mediator of advertising effects on brand attitude? [J]. Journal of marketing research，1981，18 (3)：318-332.

续表

变量	题项代码及内容
广告态度	AAD 1 总体来说，我认为这是一则不错的广告
	AAD 2 我喜欢这则广告
	AAD 3 这则广告的内容富有吸引力
品牌态度	AB 1 我认同该企业在环保事业方面采取的措施
	AB 2 我认为它是一个不错的品牌
	AB 3 我喜欢这个品牌

2. 实验材料描述

为确保实验材料真实可靠，本研究选择在传统绿色诉求和绿色逆营销诉求方面均有实践的新能源汽车作为广告产品，分别将不带自然元素的普通图片和带有自然风景的图片作为广告宣传图的背景，并按照广告诉求和图片类型设计了 2×2 的组间实验。实验材料共包括四个广告情景（见图 4-3）。由于已有的汽车品牌可能会对广告态度和品牌态度产生影响，所以本研究虚构出了一个新能源汽车品牌“领逸”（Lenveed）。情景设计包含对企业的简单描述，具体有企业成立时间、主营业务、主要产品，以及一段关于私家车与空气污染之间关系的文字。其中，传统绿色诉求的核心内容为“选择新能源汽车，使用清洁能源”，绿色逆营销诉求的核心内容为“选择新能源汽车，每周少开一天车，减少能源消耗”。两项诉求除文案存在差异外，实验材料中的其他内容均保持一致。

3. 数据收集与样本概况

本研究通过专业调查公司招募被试，预调研阶段的被试数为 100。预调研结果显示，在“环保动机归因”维度上，超过 70%的被试存在疑惑。为确保被试能够准确理解题目的意思，在正式问卷中，我们将环保动机归因量表精减为仅包含测量“利他动机”的三个题项。其余题项不做调整。

正式调研阶段的被试有 400 名，我们将其随机分配到上述四组实验情景中的任意一组。考虑到被试对新能源汽车的了解程度和需求情况，以及其对环境问题的关注和认知，我们将被试的年龄控制在 18 至 55 岁之间。在剔除填答时间为 3 分钟以下和选项完全一致的问卷后，共获得 360 份有效问卷（其中第一组 87 份，第二组 90 份，第三组 92 份，第四组 91 份）。具体至样本的人口统计学特征，男性和女性分别占比 43.6%和 56.4%，职业包括学生及企事业单位工

第一组　传统绿色诉求×普通图片

第二组　绿色逆营销诉求×普通图片

第三组　传统绿色诉求×自然图片

第四组　绿色逆营销诉求×自然图片

图 4-3　实验材料图片

作者等，月收入水平涵盖 3 000 元以下至 30 000 元以上，学历囊括了大学专科以下至硕士研究生以上。样本对整个消费者群体具有较好的代表性。

（四）研究结果分析

为确保问卷呈现的广告诉求的核心内容能为被试所理解，本研究在问卷末尾请被试对广告所提供的信息内容进行判断。方差分析结果显示，传统绿色诉求情景中的被试均认为“广告希望消费者购买新能源汽车，使用清洁能源以保护环境”（$M=0.135$，$SD=0.074$）；在绿色逆营销诉求情景中，被试也能判断出广告的核心信息是“减少能耗以保护环境”（$M=0.129$，$SD=0.074$）。

根据研究设定的步骤，本研究先将传统绿色诉求和广告图片类型对消费者认知的影响进行方差分析。结果显示，传统绿色诉求会对消费者的环保动机归因、广告可靠度、广告态度产生显著影响，而广告图片类型也影响着绿色广告诉求的效果。

在传统绿色诉求情景中，消费者更倾向于认为企业是出于对环保事业的关注而推出绿色广告的（$M=0.460$，$SD=0.189$）；相应地，他们也会认为广告值得信任（$M=0.110$，$SD=0.062$），并对广告表现出更积极的态度（$M=0.092$，$SD=0.064$）。因此，假设1、假设2、假设4a成立。而数据分析结果并没有显示出两类绿色诉求在感知绿色价值和品牌态度上有显著的差异（$p>0.05$），故而假设3和假设4b不成立。图片类型也会对绿色广告诉求的效果产生影响，自然图片情景中的被试对广告和企业都持有更积极的态度，他们更倾向于信任广告内容，其所感知到的产品的环保价值更高，品牌态度也随之发生改善。

为了从整体上检验归因行为对广告可靠度、感知绿色价值、广告态度、品牌态度等变量的影响，本部分使用AMOS 24.0软件进行结构方程模型分析，结果如图4－4所示。基于验证性因素分析结果和收敛效度、区别效度等分析，以及各项拟合指标，该模型拟合度较好（$RMSEA=0.065$，$CFI=0.985$），可以以此来判断各自变量对因变量的影响。

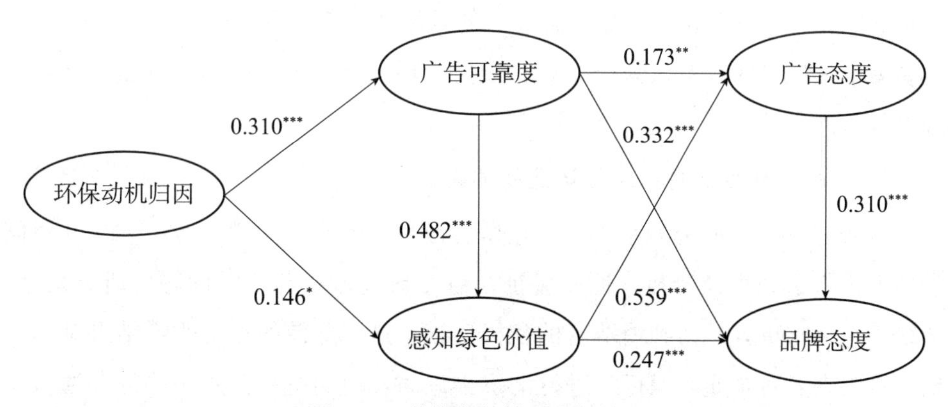

图4－4　结构方程模型分析结果

注：图中数值为非标准化β值；* 表示$p<0.05$，**表示$p<0.01$，***表示$p<0.001$。

在上述基础上，本研究进一步验证此前提出的假设，发现所有构面两两之间均呈现出显著的影响，假设关系均得到验证（$p<0.05$）。具体解释如下：

首先是环保动机归因对消费者认知的影响。其一，环保动机归因会对广告可靠度产生显著的正向影响；其二，积极的环保动机归因也会提升消费者的感知绿色价值。假设5a、假设5b得到验证。

然后是广告可靠度和感知绿色价值对消费者的广告态度和品牌态度的影响，假设 7a、假设 7b、假设 7c 以及假设 8a、假设 8b 均得到验证。广告可靠度对感知绿色价值、广告态度和品牌态度均具有显著的正向影响。与此类似，由于消费者确切感受到了产品所提供的环保效益，因此他们会对广告和品牌做出正面评价，对品牌的好感度也会随之提升。由此，广告态度对品牌态度的正向影响即假设 10 也得到了验证。

本部分共涉及两组中介效果分析，分别是广告可靠度作为环保动机归因影响感知绿色价值的中介变量，以及感知绿色价值、广告态度作为广告可靠度影响品牌态度的中介变量。本研究使用自举法（bootstrap 抽样 2 000 次，置信水平为 95%），对假设 6 和假设 9 中因果关系的直接和间接效果进行了分析。

在假设 6 中，间接效果、直接效果和总效果对应的 Z 值均大于 1.96，各置信区间不包含 0，故上述三条路径具有显著效果，该假设成立，且广告可靠度在环保动机归因对感知绿色价值的影响中起到部分中介作用。

在假设 9 中，三种间接效果对应的 Z 值均大于 1.96，表明广告可靠度通过感知绿色价值、广告态度对品牌态度的影响是显著的。在所有间接效果中，“广告可靠度→感知绿色价值→品牌态度”的效果占总效果的 46.5%，这意味着当消费者信任广告内容并认为产品具有较高的环保效益时，他们会对品牌产生更好的评价。

（五）关于企业绿色广告话语建构的建议

本研究以归因理论为基础，运用统计软件 SPSS 23.0 和 AMOS 24.0 对问卷数据进行了处理及分析，逐一验证了各个研究假设与研究问题。研究发现，传统绿色诉求更容易得到消费者的积极反馈，这与此前的相关研究结果基本一致。当消费者对企业环保行为进行动机推论时，他们所掌握的相关信息通常不充分[①]，这样绿色广告就成为他们归因的主要信息来源。传统绿色诉求通常强调产品或生产技术的环保属性，其信息更具感染力，会让消费者得出企业“具有环保意识”的结论[②]，进而更容易形成积极的认知和态度。有关感知价值的研究也解释过这一结果，相比“消费者需要为环保做出一定牺牲”的信息，当

---

① 刘宝宏．信息不对称条件下的消费者行为［J］．商业经济与管理，2001（7）：18－21．

② 谢加封．绿色广告研究评述与展望［J］．广告大观（理论版），2017（3）：16－25．

广告诉求表明“消费者购买此产品会得到何种收益”时，消费者会给出更正面的评价。[①]

针对绿色逆营销诉求的已有研究表明，当广告呈现的对象是企业而非产品时，绿色逆营销诉求的效果会优于传统绿色诉求。不过本研究发现，在以产品为呈现对象的绿色逆营销诉求中使用自然图片，也会取得同样的效果。这一发现不仅验证了自然图片在绿色广告中的作用，也补充和拓展了绿色逆营销的效果研究。

结合上述发现，本研究聚焦绿色广告诉求设计，为企业的话语建构提出如下优化建议：

第一，正如有研究提出的，绿色广告如果用充足的信息和细节展示企业在环保行动方面所做出的具体贡献，就能在一定程度上帮助消费者判断企业是否会真正推行环保措施。[②] 企业在设计绿色广告诉求时，应该增加与产品环保属性相关的实质内容，并用具体细节加以说明。从效果上看，这一方式不仅可以强化公众对产品环保效用的认知，还能得到公众对企业环保行为的信任，从而更为有效地改善企业环境传播在态度和行为层面对公众的影响。

第二，如果企业希望向公众表达以节能减排的方式保护环境的信息，那么在环境传播中使用绿色逆营销诉求是可行的策略。但这类信息必须真实可信，不包含任何可能对消费者造成误导和欺瞒的内容，同时应当确切、详尽地向公众介绍企业如何采取环保措施。出于避免消费者产生消极态度的考虑，企业可以在绿色广告中适当运用一些自然图片，通过增加消费者的积极情感体验来实现预期的传播效果。

第三，企业作为社会经济发展的重要主体，“在发展经济和保护生态间维持平衡”已经成为绝大多数国家和地区的政府、公众对它的期望。如今，绿色环保正在成为企业的核心竞争力，它能够直接影响到公众对企业的印象，以及企业环境传播的效果。环境传播是一个持续的过程，企业不仅要增加和优化环境

---

① SEGEV S，FERNANDES J，WANG W R. The effects of gain versus loss message framing and point of reference on consumer responses to green advertising [J]. Journal of current issues & research in advertising，2015，36 (1)：35 - 51.

② CARLSON L，GROVE S，KANGUN N. A content analysis of environmental advertising claims：a matrix method approach [J]. Journal of advertising，1993，22 (3)：27 - 39.

话语中的实质内容，还应注重与社会公众的日常沟通。已有研究表明，企业如果对利益相关者进行恰当的社会责任信息披露，就能够获得内部和外部的发展动力，如来自员工的承诺、社会公众的认同，以及相应的经济收益①；但如果企业披露的信息与公众的需求存在较大差异，这些信息反而会对企业造成不利影响②。因此，企业在与社会公众的日常沟通（包括借助绿色广告展开的沟通）中，应该了解他们对企业环境传播、环保行为的期待，并对此前的环境传播效果进行分析评估，结合利益相关者的需求和自身的实际情况，选择恰当的沟通渠道（如利用微博和微信等社交媒体）和沟通方式（如注重事实层面或价值层面信息的传递③），将自己在环保领域的行动和态度有针对性地传达给社会公众，引导他们逐步建立对环保产品的好感和信任，树立环保消费观念，为社会可持续发展、生态文明建设提供助力。

---

① 刘建秋，宋献中．社会责任活动、社会责任沟通与企业价值［J］．财经论丛，2011（2）：84－91.

② 卢东，POWPAKA S，李雁晨．基于意义建构理论的企业社会责任沟通策略研究综述［J］．外国经济与管理，2009，31（6）：18－24.

③ 胡百精．危机传播管理对话范式（上）：模型建构［J］．当代传播，2018（1）：26－31.

第五章　讨论、对话与对抗：公众的环境话语建构

基于新媒体营造的言说空间，公众针对环境公共议题有了便捷的发声渠道、丰富的信息来源、自由的交流场域、高效的动员平台。与其他社会主体相比，公众的环境话语建构在议题选择、话题转换、逻辑设计、叙事方法、动机和目标等方面都呈现出非常明显的差异。对这些差异进行深入分析，有利于厘清多元主体在环境传播中相遇时存在的阻滞、错位、对立等问题的症结。据此对各主体的传播意识、原则和策略等进行有针对性的调整和优化，方能真正实现环境传播的信息互通、意义共享、对话协商与协作共赢。

本章分两节来探讨公众的环境话语建构特点。第一节基于会话理论，聚焦环境议题的公众讨论较为活跃、持续、深入的知识问答社区知乎，运用内容分析和文本分析总结了公众针对常规环境议题的会话特征，剖析了四类会话结构的内在秩序并进一步展望了引领公众展开对话的种种可能性。第二节将重点放在环境风险议题上。公众近年来频繁地对传统的、政府主导的环境风险议题的社会实践模式进行质疑与丑化，公开围观、反对、拒绝官方推行的风险决策。若想改变此种状况，我们要由表及里，探究公众环境话语负向建构的原点、方式及终极目标。

第一节　公众会话实践的特征、内在秩序与对话可能

如今，环境议题已然成为公众议程的重要组成部分。随着公民意识的愈发增强和言说条件的持续优化，公众针对环境议题的交流、讨论与参与也更为频繁而深入。对亟须有效引导舆论、凝聚社会共识、展开社会动员、优化社会治理的政府和主流媒体而言，探究公众围绕环境议题进行言说的模式、特征、规律，并据此对公众的关切加以响应、顺应和引导，早已是题中应有之义。

早在20世纪60年代，会话分析学派便开始关注公众在日常生活中的言谈应对，这一学派认为，虽然这些话语交互自由且发散，但规律与秩序却无处不在，有序展开的话语交互能够使日常会话转为公共对话。他们的研究旨在发现人们话语交互的序列组织结构，揭示人们执行和理解社会行为的方法。其中，话轮转换（turn-taking）和相邻对（adjacency pair）是话语交互的主要构成单位。话轮（turn）指的是"某一讲话人在典型的、有序的、有多人参加的会话中单独讲话的时间段"[①]，在新媒体平台中特指表达同一话题的句群，话题的变更即为话轮转换；相邻对则是由两个话轮组成的序列（sequence）结构[②]，由两个主体之间的话轮的互动构成。本节即从会话分析视角切入，通过对公众讨论活跃、互动持续且频繁、话题深入的综合性知识问答社区——知乎进行考察，分析公众围绕环境议题展开的会话实践，总结公众会话自然生发的内在秩序并发现隐含的对话可能。

具体到环境议题，"环境保护"是知乎内关注人数最多、问题数量最多、问题类型最为丰富的话题。笔者选取该话题中的前100条精华回答（排除4篇长文章，最终样本量为96条）及每条回答中的精选评论（总计476条）作为研究对象（截至2020年12月24日上午10时），以提问、回答、评论为基本分析单位，以话轮为分析原点，沿话轮转换这一主线对样本进行编码、统计与汇总，归纳公众互动的内容与细节。

一、公众会话实践的基本特征

在知乎中，公众以提问为核心，通过问答及相应的评论形成互动[③]，差异化的问题、提问方式和指向会引出迥异的回答，生发出不同的评论，进而发展出多元的会话结构。

（一）明确的提问

知乎作为知识问答社区，其用户更加关注自身的信息获取需求与社交需求，

---

① 于国栋．会话分析［M］．上海：上海外语教育出版社，2008：59.

② 刘运同．会话分析概要［M］．上海：学林出版社，2007：55.

③ 蔡志斌．知乎社区成员互动关系研究：以"小米手机"话题为例［J］．图书情报工作，2016，60（17）：88-93.

期望获得细致、全面、有逻辑的回答，提问者在提问时多会采用“明确提出某一环境问题/事件”的方式（见表5-1）。

表5-1　提问方式、示例及频数

提问方式	示例	频数	百分比（%）
明确提出某一环境问题/事件	如何评价长江实行十年禁渔令?	74	77.1
宏观笼统的提问	人类活动对环境的影响到底有多大?	13	13.5
针对国别的提问	印度人为什么不清理恒河?	9	9.4

在知乎“环境保护”话题下，公众主要关注常规环境议题，这些议题又大致分为三类：第一类是较为宏观的议题，如环境保护、生态破坏、全球变暖，用户可以结合自身经验与知识储备就这些话题进行发散式的回答与讨论；第二类是关于某种元素的环境议题的集合，如与森林保护、雾霾、动物、资源、垃圾分类等相关的话题，文本多与日常生活经验相关；第三类议题聚焦具体的个案，如毛乌素沙漠治理、日本排放核污水等具体环境事件，以及环保人物格蕾塔·通贝里（Greta Thunberg）。对于以上环境议题，公众最关心其他用户对某一环境问题/事件的评价，如“如何看待湖北咸宁填埋6 000公斤竹鼠蛇类”等，这样的提问指向既给了回答者更大的空间，也为就某一话题形成讨论提供了可能。

从主体上看，这些环境议题主要涉及国内外的政府、企业、专家、意见领袖、媒体、普通公众及社会组织七类。其中，公众最关注国内政府在环境领域出台的政策、实施的举措等，譬如“如何评价长江实行十年禁渔令”和“垃圾分类把上海人搞崩溃了吗”。

（二）理性又多元的回答

作为知乎的关键内容，回答是对提问的回应，由此可铺展更多话题，引发其他用户的积极讨论。虽然没有固定的模式，但回答能够反映出公众思考环境问题的角度和展开讨论的逻辑与方式。

从回答倾向来看，回答者的态度以负面为主，这包括否定与质疑，主要集中于环境保护、环保人物、资源及垃圾相关话题。例如，问题“上海‘史上最严’垃圾分类已实行四个月，怎么样了”的回答中，得赞数最高的回答者直接表示“垃圾分类一塌糊涂”。不过，此类消极评论并没有遍及所有文本，在生态破坏、森林保护、全球变暖、动物等相关话题中，由于涵盖角度广泛、涉及主体多样，回答者的态度呈现出多元且分散的特征，没有形成明显的倾向。在与荒漠化治理和雾霾相关的话题中，回答者的态度均以中立为主，由此可以看出部分与日常生活相关的议题已经能够在公众心目中形成较为客观而全面的认知。

若是涉及某一主体，回答者也多会根据具体情境进行评判。以国内政府为例，对于国内政府的诸多政策与举措，回答者大多基于事实本身展开讨论，而不是盲目地批评与指责。在讨论长江禁渔令、森林面积增加、“碳中和”等助力生态环保、改善民生的宏观政策时，回答者均对政府持肯定态度，并表示了一定的理解与支持。不过针对“湖北咸宁填埋 6 000 公斤竹鼠蛇类”“上海垃圾分类落实不力”等不当举措或状况，回答者又会产生一些质疑。这说明公众对地方政府的评价与政策的落实情况息息相关。

当然也有例外，格蕾塔·通贝里的言行与国外一些社会组织的观点使得回答者对他们有着一致的态度——批评与否定，这是因为回答者认为他们的行为都受到了西方政客和资本的利用，是在以保护环境与减缓气候变化为噱头，暗中限制中国发展。

从表达方式来看，在对环境问题进行回答时，样本整体以问题（现象）界定为主，超过半数的回答以直接陈述事实的形式界定和说明某一环境问题（现象），以此来明确回应提问者的问题。

例 1：提问：如何看待《自然》（*Nature*）报道声称中国西北荒漠绿化可能导致水资源枯竭？

回答：

这是一个在学术界老生常谈的问题，属于生态水文学问题。在水循环中，不仅植物的蒸腾作用会造成水分散失，植树的灌溉也是非常耗水的。

但是，在公共政策和公共舆论里面，森林涵养水源这一认识仍然根深蒂固。我们的义务教育阶段的教科书存在错误。森林不可以增加水量，但可以调节洪峰，净化水质。

…………

这次 Nature 的这个报道，配图是（中国）更西部的地区。关于这个问题的争议还会持续下去……与发表论文相比，在《自然》上发表新闻、评论相对容易一些。国外学者对中国的理解也不那么深刻。所以，中国学者如果不介绍全面中国情况，会加重国外学者对华的刻板印象。（用户李昂）

而一部分“评价”类的提问也使回答者不吝啬于对一些环境问题及相关主体做出道德判断，并直抒胸臆，表达自己的情感。尤其在对格蕾塔·通贝里与国外社会组织的讨论中，回答者多借助表情包、各类段子来讽刺他们。

例 2：提问：如何看待格蕾塔·通贝里？

回答：

此人可谓是“何不食肉糜”的当代典范。

可以看看普京是如何评价这个女孩儿的，鉴于对方是女孩儿，普京说话已经非常委婉了，但是绝对一针见血地揭穿了她的虚伪。

…………

那个“环保”女孩再有两年就是成年人了，照着她现在的这股劲头，成年以后，依然会是个虚伪的“环保卫士”。另外，不要小瞧媒体以及联合国的影响力，如果她只是在自家亲戚面前高谈阔论也就无所谓了，但是在这么重要的场合满嘴跑火车，被骂是活该的。（用户古强）

（三）满是情绪的评论

评论是知乎用户参与某一问题讨论的最主要的方式。总体来看，用户对环境问题加以评论的积极性较高，除对回答表示简单赞同或反对之外，还会进行直接的情绪抒发。对于贴近日常生活的话题，如全球变暖、资源、雾霾、生态破坏、环境保护等，用户的评论热情更高。这些评论大多是基于自身经验的表达，其中有对相关行为的不满，例如当在回答中看到美国人浪费资源的日常行为时，用户“古拉格酒店”直言“他们已经不知道什么叫作节约了”；也有对政府举措的抱怨，例如对于“为什么垃圾分类不受市民欢迎？”这个提问，用户“玛雅的星空”表示“本来应该是职能部门承担的需要花钱才能解决的问题，现在全部推给老百姓自己做还一分钱不给，真是妙啊”。

不仅是上述针对回答的评论，绝大多数评论区还会出现回答者与评论者以及不同评论者之间的讨论，这些讨论或是互动问答，或是观点交锋，形式不一而足。对于有一定专业性的问题，评论区的讨论也较为专业。若是问题或主体具有高争议性，评论区的讨论常会较为激烈。

相比逻辑、形式与内容更加清晰、完整和丰富的回答，用户在发表评论时更注重自身情绪的宣泄（见表5-2）。例如，对于回答者讲述的与环保相关的自身经历，用户会直接表示“很感动”；当看到回答中出现工作人员虐待动物时，用户会气愤地写下“他们统称‘人渣’，非人非兽，是这个星球上最恶毒的一种怪物”。

表5-2　评论类型、示例及频数

评论类型	示例	频数	百分比（%）
情感表达	赞了，知乎需要你这样的人才。	233	48.9
道德判断	它们统称‘人渣’，非人非兽，是这个星球上最恶毒的一种怪物。	127	26.7
问题（现象）界定	确实干净不少……但是烧牛尸体、岸边垃圾堆放的现象依然存在。	55	11.6
对策建议	对于拒绝劳动脱贫的无赖，应该立法进行劳教，强制劳动。	9	1.9
因果解释	还有一个原因。特朗普执政后，陆陆续续取消了那些游说集团的拨款……	5	1.1

注：评论类型除表中呈现的五种之外，另有“事件影响”（频数为1，百分比为0.2%）和“其他”（频数为46，百分比为9.6%），因出现次数较少及重要性不足而未被列入表中。

除了直抒胸臆，用户也经常运用讽刺的笔法。例如在对“湖北咸宁填埋6 000公斤竹鼠蛇类”这一事件进行讨论时，用户“四块三毛六”以看似否定实则讽刺咸宁政府的语气评论道：“不不不，满朋友圈的日料店主没告诉你吗？三文鱼用鳃呼吸！没有肺！不会感染肺炎！”用户“再回收”在回答“如何评价瑞典环保小将格蕾塔·通贝里”时引用了英国男孩达雷尔（Darrell）在1987年给马来西亚总理写信的例子，评论中的用户“赵宇”则以达雷尔的口吻进行回复：“‘对啊，动物当然比贫民的死活重要呀’，英国小孩看到回信，如此说道。”

二、话题转换的影响因素和主要特点

话题转换是知乎用户会话的显著特征，本研究将涉及主体和话题类型中任意一项出现变化的交互都视为话题转换。在知乎社区中，提问引出初始话题，回答者基于自身认知提取相关信息加入会话，通过总结初始话题、添加新信息等方式引出更多新话题，进而激发其他用户发表评论。话题转换既使用户的话语交互得以延续，也为讨论与对话提供了空间。基于样本分析笔者发现，明确且开放的提问、较宏观且与日常生活高度相关的话题、涉及国内主体的环境问题更容易引出新话题。

（一）明确且开放的提问

德国哲学家伽达默尔（Gadamer）曾指出“提问是获取一切知识的路径”[①]。不过并非任何形式的提问都能获得一致的回答，提问方式的恰当与否在很大程度上影响着回答的内容与形式。

在研究中，“如何评价”“为什么”“事件/问题的影响”等开放性的提问指向为回答者创造了足够其自由发散思维的回答空间（见表5-3）；而明确的问题、事件、主体又为回答者划定了具体视域，回答者可以围绕话题核心不断增添信息与附加元素，新的话题便在讨论与交流的过程中自然出现。

表5-3　不同提问指向的话题转换率及示例

提问指向	话题转换率（%）	示例
如何评价	77.3	如何评价雾霾相关的环保调查？
为什么	72.2	为什么潜水时不能触摸海洋生物？
事件/问题的影响	71.4	人类活动对环境的影响到底有多大？
如何做	62.5	旧手机怎么处理？
是什么	57.1	有哪些环保骗局？

例如，在提问“如何评价雾霾相关的环保调查？”中，“雾霾”与“环保调查”确定了回答的边界——大气污染治理与环境保护，“如何评价”又给予回答者充分的空间，评价的维度、方式与看法完全在于用户自己。这一问题下的最高赞回答由一名匿名用户给出，他没有用大量篇幅对调查做出评价，而是直接基于环境保护这一回答边界，向提问者和其他用户介绍了自己的工作经验，将话题由调查自然地转向自身的环保实践。在回答的最后，他表达了对我国环保现状及环保工作的看法。这名匿名用户的回答看似没有聚焦话题核心，但整个问答并没有割裂感，反而因表达真诚而获得了其他用户的肯定。

---

① GADAMER H. Truth and method [M]. New York：Seabury Press，1975：357.

（二）较宏观且与日常生活高度相关的话题

通常，较为宏观的，与用户日常生活高度相关甚至影响到日常生活质量的话题天然具有引导新话题的能力（见表5-4）。

表5-4 不同环境议题的话题转换率及示例

环境议题类型	话题转换率（%）	示例
全球变暖	100.0	这两年怎么没人说全球变暖了？
荒漠化治理	100.0	如何看待毛乌素沙漠有可能变成草原或森林？
垃圾相关话题	88.9	垃圾分类把上海人搞崩溃了吗？
环境保护	84.6	环境问题迫在眉睫，互联网能做些什么？
森林保护	80.0	如何看待中国近25年森林面积增加量世界第一？
雾霾相关话题	80.0	雾霾真的解决不了吗？
生态破坏	71.4	如何评价华能陕北光伏项目施工推平毛乌素沙漠千亩林草地一事？
动物相关话题	53.8	什么是真正的动物保护？
环保人物	50.0	如何看待格蕾塔·通贝里？
资源相关话题	33.3	美国人在日常生活中能有多浪费资源？
水污染	25.0	印度人为什么不清理恒河？

注：与荒漠化治理相关的话题样本数量较少，本研究暂不将其纳入分析范畴。

一方面，这些问题或显或隐、或直接或间接地嵌入且影响着公众的生活。譬如森林能涵养水源、调节气候、优化生存环境，而“限塑令”、垃圾分类等政策改变了人们的日常生活方式，对此很多人有切身经历和感想可谈，言说资源非常丰富。在对问题“支付宝的蚂蚁森林真的对生态产生了帮助吗，还是只是做表面功夫”进行回答时，某匿名用户便从自己的植树经历开始讲述，既评价了支付宝蚂蚁森林的贡献，也讨论了其他公众的行为和观点。

另一方面，这些问题立足环境领域又超出环境的范畴，常常与政治、经济、国际交流等领域有千丝万缕的联系，因此有很强的延展性。例如“中国近25年森林面积增加量世界第一”这一傲人成绩的背后是强有力的政府政策以及基层林业工作人员的恪尽职守，用户“ydbrao”作为一名老林业人，在回答中细述了林业工作的职能职责、国家在植树造林事业中的一系列政策举措以及自己的工作经历与感受，不仅加深了其他用户对林业的了解，也为展开更进一步的讨论营造了良好的氛围。

与上述类型的提问相比，那些切入口小、回答视域较窄的问题就不常出现话题转换，例如资源相关话题“美国公众严重浪费资源”，水污染领域相关话题“日本拟将核污水排入太平洋”及“印度恒河治理”。

（三）涉及国内主体的环境问题

整体来看，涉及国内政府、企业、意见领袖的环境问题的回答中更容易出现新的话题（见表5-5）。这是因为公众对国内的各类主体更为熟悉，除了提问者提出的话题，他们还能将从生活中获取的与此相关的其他信息融入对问题的回答。比如有提问者对国家“总是花费巨资把基础设施修到贫困山区，而不是让村民从大山深处搬出来，同时保护山区的原始森林”感到疑惑，用户“大猛”在进行回答时，由问题中的“政府在贫困山区修建基础设施”这一行为将话题升华至国家脱贫攻坚的举措，并结合自身基层扶贫的经验具体解释了政府采取此种举措的原因。作为一名在“扶贫口待过的基层公务员”，“大猛”熟知政府为脱贫攻坚所做的一系列努力，因此能自然地转换话题并生动顺畅地表达自己的理解。

表5-5 涉及国内主体议题的话题转换率及示例

涉及主体	话题转换率（%）	示例
国内意见领袖	100.0	如何评价2010年记者对丁仲礼的采访？
国内企业	87.5	如何评价农夫山泉疑似在武夷山国家公园红线内施工？
国内政府	81.0	如何看待湖北咸宁填埋6 000公斤竹鼠蛇类？
国内媒体	75.0	如何评价3月21日发布的《如何快速消灭全世界的森林》？
国内普通公众	60.0	怎样看待驴友采摘雪莲惹众怒的新闻？

（四）话题转换的基本特征

知乎用户自觉或不自觉的话题转换使这些问答与评论在内容、结构等方面呈现出一些区别于其他平台的特征。

其一，回答中的话题转换以核心环境话题为原点，向其他关联领域发散。知乎中的精华回答之所以得到了大量用户的赞同，多是因为其或全面精准地回应了提问者的问题，或以别出心裁的答案令他人眼前一亮。这就决定了这些精华回答不仅不会偏离原本的核心话题，还会以提问中涉及的环境问题/事件为切入点去观照其他更为宏观或多样的环境问题。同时，环境问题是复杂的全球性问题，各类环境污染、生态破坏问题的解决离不开政府宏观调控、产业及能源结构调整和国际合作等的多方作用。这些来自不同领域的问题“如影随形”，在对某一话题进行讨论时势必涉及对其他话题的阐释。因而在这些回答中，环境话题之外的经济、政治、文化、民生等各类话题常交织共现（见表 5－6）。

表 5－6　回答中的话题转换情况

提问中的环境议题类型	回答中的环境议题类型
环境保护	环境保护　产业发展　国家经济发展　就业情况　生活习惯
生态破坏	生态破坏　环境保护　经济贸易行为　产业结构
森林保护	森林保护　环境保护　环保工作实践　民生发展　扶贫工作
全球变暖	全球变暖　环境保护　产业结构　国际竞争　国家利益
荒漠化治理	荒漠化治理　森林保护
水污染	水污染　切尔诺贝利事件
环保人物	环保人物　森林保护　国家文明
雾霾相关话题	雾霾相关话题　环保人物　大气污染治理　城市环境状况　国家经济发展　产业结构
动物相关话题	动物相关话题　森林保护　经济贸易行为　政府公信力
垃圾相关话题	垃圾相关话题　生态破坏　全球变暖　产业结构　经济贸易行为
资源相关话题	资源相关话题　生活习惯

例如，环境议题与经济发展有着千丝万缕的联系，产业与能源结构的不合理使生态环境日益恶化，严峻的环境问题又成为制约经济发展的瓶颈，因此经济类议题是在讨论环境议题时不可回避的话题。如对于大部分人不了解的“为什么中国要从国外进口垃圾”，用户“蔡善祥”在回答中表示这其实是出于国际合作与国内发展的需要，看上去是在议论环境问题，实质上却是在谈经济问题。

在“环境保护”议题中，有不少是基于国别而提出的问题，如“日本的城市居民只有少部分人开车吗”；也有将近半数提问涉及国外乃至全球范围的环境议题及其主体，如“如何看待‘野生救援 WildAid’在中国投放号召少吃肉的公益广告”等。这些问题直接与国外普通人的生活、国际竞争、国家利益相关，用户在讨论时也不可避免地会将话题由环境延伸至政治与资本的利益博弈，而从对这些问题的回答中也可以看到普通公众建立在国家雄厚综合实力基础上的文化自信与爱国主义情怀。针对野生救援投放号召少吃肉的公益广告这一事件，用户“李妙文-赵可心”从畜牧业产值、全球肉类消费、底层公众生活状况等多个角度驳斥了这一公益广告的核心诉求——呼吁中国人少吃肉，并认为这一广告的投放是因为中国畜牧业抢占了美国的市场，所以西方国家“贼喊捉贼”。

将视野转回国内。在经济平稳运行、经济结构持续优化的背景下，我国各级政府实施精准扶贫，而各种扶贫策略与举措也多与经济产业、环境改善相关，因此扶贫话题也经常伴随环境话题被人们一并讨论。例如对于“如何看待湖北咸宁填埋6 000公斤竹鼠蛇类”这一问题，用户“弹吉他的胖达”十分质疑该行为的合理性，认为这严重影响了当地扶贫项目的效果与继续推广，打击了贫困农户的生产积极性。

其二，话题转换结构多样，以扩散式会话为主。知乎中的“提问—回答—评论”是一个持续的动态互动过程。若是对评论区再做区分，还可将其分为回应回答的评论与评论者之间的讨论。除了提问，在回答、评论与讨论的任一环节均可能出现话题转换。以在某一环节中有无话题转换为依据，公众围绕环境问题展开的会话共有扩散式、中断式、接续式与单一式四种结构（见图 5 - 1）。

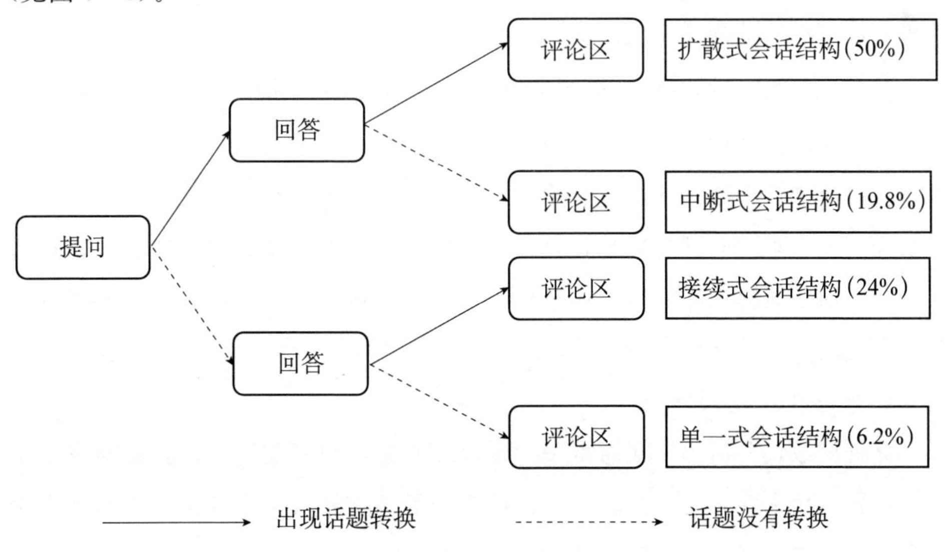

图 5 - 1　会话结构类型

其三，评论内容以提问中的环境议题为主线进行话题转换，回应回答的评论里鲜有新话题，讨论中出现的新话题则较多。大部分精华回答都已经涵盖了相关的话题，内容丰富，许多回应回答的评论并不希望进行更深入的讨论，只是简单表达自己的感受，这并不容易引出新话题。而一旦形成讨论，话题的走向便有了很高的随机性与更多的可能性，也更容易在交流中产生新的观点。

其四，话语交互中的态度类型以积极为主。大部分评论者认可这些精华回答中的表述，这是因为精华回答要么全面、丰富、有逻辑，让用户产生一定的获得感，要么逗趣、幽默、极具吸引力。而在用户围绕各类型话题进行讨论时，由于受到新话题指向尚不明确、评论篇幅有限、受众个人认知差异等多种因素的影响，因而其态度更加多元。

三、内生于自由互动中的会话秩序

前文曾提及，“提问—回答—评论”这一会话过程是用户围绕某一话题及其延伸话题开展的交流活动，话题是用户陈述信息及表达情感的出发点。如果说话题转换是会话过程的重要“关节”，从提问到评论的展开方式、具体内容、特殊走向是会话过程的“血肉”的话，那么隐藏于其中的会话结构和秩序便是使整个会话过程更加立体的“骨骼”和“经络”。接下来，笔者将聚焦上文总结的四种会话结构详细阐述。

（一）扩散式会话结构：话题类型多样，互动多元交错

扩散式会话结构是指在回答与评论中均出现了话题转换的会话结构。对这种结构的讨论较为复杂，话题的转换是“递进-回环”式的：每个阶段的新话题都会受到上一阶段话题的影响，且以上一阶段的话题为基础继续发散，这使得大部分新话题与提问中的核心议题保持一致或高度关联。不过，回应回答的评论中有无话题转换又会让会话机理产生差异（见图5-2）。

1. 评论中出现话题转换

此种扩散式会话的提问通常关涉国际性问题，回答逻辑严密且注重深层剖析，话题类型常常向反方向转换，评论意见纷繁交错、层出不穷，参与此类会话的用户多借环境保护之名谈国际博弈之实。

第一，提问关涉国际，主体涵盖全球。这类结构的提问都或多或少将视野

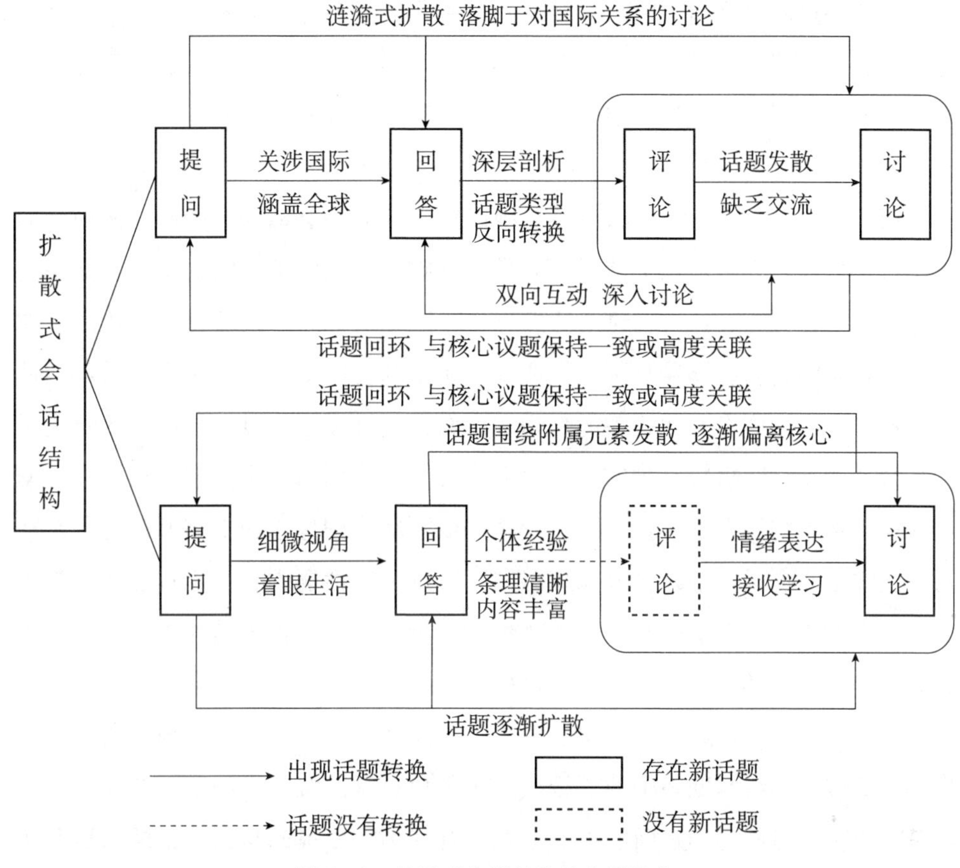

图5-2　扩散式会话结构的会话秩序

拓宽至全球范围，它们或是涉及国际主体（“瑞典环保女孩”），或是直接指向某一国家（“日本的城市居民只有少部分人开车”），或是提出全球性的问题（“这两年怎么没人说全球变暖”），抑或在提问中直接将中外相关联（“为什么中国要从国外进口垃圾”）。这样的指向从一开始便决定了对这些问题的讨论必定复杂且多元。

第二，回答注重深层剖析，话题类型反向转换。此类结构的回答多以富有逻辑、内容全面、分层展开的“剥洋葱式”回答逐渐触及问题的本质，但也有少量回答短小精悍、单刀直入、直击核心。为了触达问题的本质，回答者往往会努力跳出提问所限定的视域范围，基于自身经验与知识储备围绕问题做出个性化的详尽解答。这在客观上使回答中的话题类型呈现出反向转换的特点：(1)在范围方面，若提问关涉国际主体，回答中便会出现国内出现过的与之相似的情形；如果提问只是指向国内，那么回答中也会有基于国际视野的分析。（2）在维度方面，假如提问只是针对较为具体的个案，回答就会将话题上升至较为宏观的国家文明、产业发展层面；如若问题已经十分宏观，回答则会着眼于对某一主体具体行为的分析。

第三，回答与评论区中的话题类型以提问中的核心话题为圆心，涟漪式向外扩散；主要内容以环境类话题为起始，落脚于对国际关系的讨论。在知乎的话语交互中，回答、评论、讨论的内容均会因受到上一阶段话题与语境的影响而发生相应的转向。涵盖范围广、涉及主体多的提问本就牵涉多方领域，因此在回答中会出现许多与此相关的新话题，而自发性更强、自主性更高的评论又会结合这些新话题再次对内容进行发散式交流，从而衍生出更多新话题。提问就像投入水中的一颗石子，层层递进式的话题转换则像水面上荡开的涟漪，在时空上离中心愈远，话题内容偏离愈多。不过尽管话题内容会出现偏离，但由于涟漪本就生发自石子落水，因此哪怕话题最终指向政治阵营、国际竞争、国家利益等方面，其本源仍然是环境问题。

第四，评论区话题更加发散，观点以单向输出为主，缺乏实质交流。基于提问中的核心话题与回答中的二级话题，用户总是围绕其中的某一个元素展开评论与讨论：有些是纠正回答里的信息，有些则是由提问与回答中的话题联想到自身经历并据此进行分享。这使得评论区充斥着观点和意见的表达与交锋，一些看似观点相左的无秩序讨论会逐渐转向自说自话的无意义争吵。

第五，回答与评论内容双向互动，跨越时空共同完成对话题的深入讨论。知乎平台给予每一位回答者修改回答内容的权利，这就为回答与评论的双向互动提供了可能。评论中经常会出现补充或纠正回答的内容，一部分回答者愿意虚心接受意见并修正或完善回答，或者在评论中做出回应。

2. 评论中没有出现话题转换

相比前一种会话，评论中没有出现话题转换的会话更加关注与日常生活相关的“小”问题，更有“烟火气”。提问者以更加细微的视角切入，与其他用户讨论着平凡大众在生活中遇到的各类普通问题。

针对这些由微视角切入讲述日常生活中的环境问题的提问，回答主要有两类：一类是基于用户自身经验作答，相应地展示一些证实说法的图片的回答；

另一类是表述专业、证据充足、内容丰富的回答。对于“有图有真相”的个体经验，用户并不会做出太多评判，不少有相似经历的人表示他们感受到了共鸣，进而表达或感动或赞赏、或同情或气愤的情绪。对于论述严密的专业性回答，用户多秉持接收、学习的态度，并以此为基础发表自己的看法，不会展开更多实质性讨论。也正是由于回答与讨论之间缺少话题转换，因此讨论更容易聚焦回答中的附属元素，从而诱发一些用户攻击回答者或持不同意见的评论者的现象，导致争论离最初的核心话题渐行渐远。

（二）中断式会话结构：话题远离生活，评论走向单一

中断式会话结构是指话题转换现象终止于回答与评论的交互（见图 5－3），这些回答都获得了用户的高度赞同，却没有引发实质性讨论。该结构中的许多提问与公众的日常生活有一定的距离，例如“如何看待末日种子库被淹”和“如何评价华能陕北光伏项目施工推平毛乌素沙漠千亩林草地一事”，用户需要对此有一定的了解才能展开回答与讨论，这自然限制了新话题的出现。

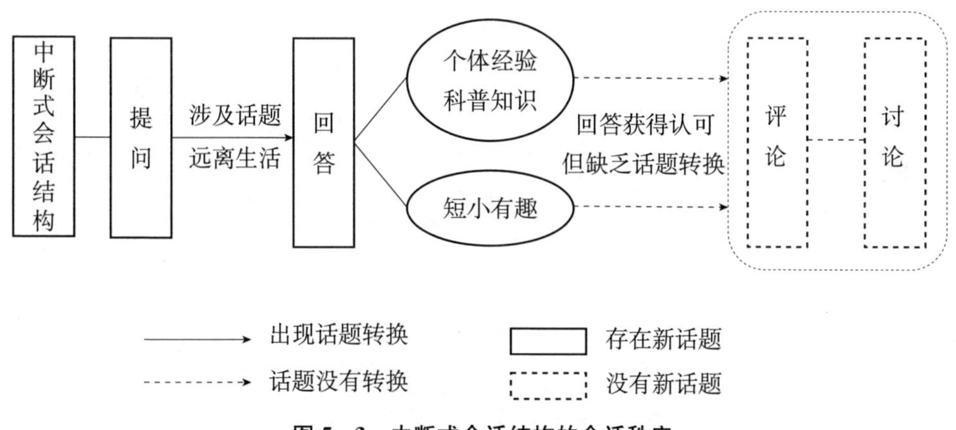

图 5－3　中断式会话结构的会话秩序

此类会话结构中评论的走向也直接受到回答内容的影响和制约。在对上述问题的回答中，用户的个体经验与科普知识占据主导地位，少量短小有趣的回答也受到认可。一些用户在回答提问时喜欢详细叙述自己的个人经历或对提问关涉领域进行一定的科普，与扩散式会话结构中的回答相比，这些回答显得更为随意。从效果来看，这种十分私人的个体经验以及鲜为人知的知识容易吸引其他用户的关注。例如在回答上文中提到的毛乌素沙漠相关问题时，“匿名用户”引用了自己的环保监察工作实践，“ydbrao”则介绍了自己的林业从业经历，二者均得到了“感谢答主”“辛苦”等称赞式的回应。又如在回答“历史上有哪些风靡一时或被大量使用后被证明有严重危害的事物”时，用户“吓人”和“kmlover”分别介绍了有关“脑叶白质切除术”和“打鸡血”的历史事实，引发了用户热议。在回答“如何评价农夫山泉疑似在武夷山国家公园红线内施工”时，用户“李峻”以“这企业，真良心，真没拿普通水糊弄我们”这一简单有趣的回复获得了大量点赞。

（三）接续式会话结构：回答点到为止，评论积极互动

接续式会话结构是指虽然回答中没有出现话题转换现象，但是评论中却有了新话题的会话结构。呈现接续式结构的会话并不少见，而这样的模式的形成，与回答的形式和内容密切相关：内容简短，直击关键；善用举例，长于借用（见图 5-4）。

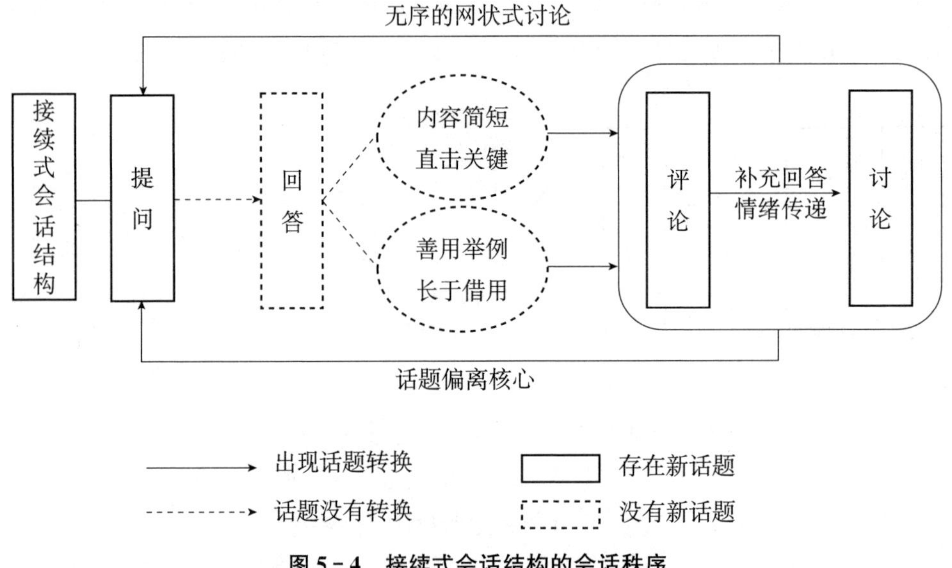

图 5-4 接续式会话结构的会话秩序

不同于那些长篇大论、层层递进的全面回答，接续式会话结构中的回答更倾向于针对提问中涉及话题的核心进行回答，点到为止。缺乏引入新话题的主观意愿在客观上限制了此类结构中的回答的篇幅，并进一步抑制了新话题的出现。在内容方面，此类结构中的回答十分善于通过引述他人的观点、案例以及各种网络流行段子来侧面回应问题，表达观点（见图 5-5）。

受回答的影响，接续式会话结构中的评论常常独具一格。即使回答者没有

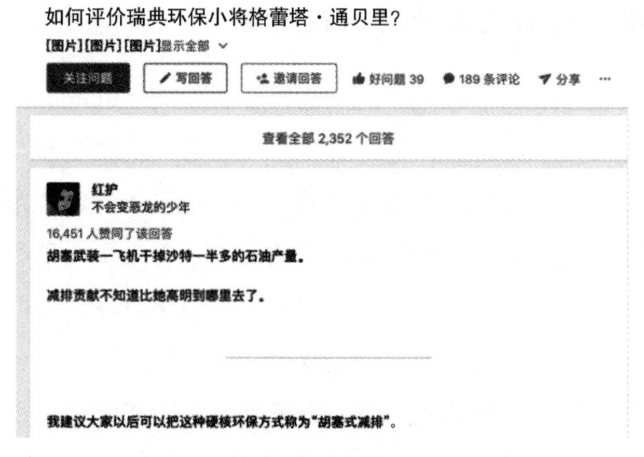

图 5-5 接续式会话结构回答内容示例

围绕与核心话题相关的其他话题进行回复，回答中的例子、隐喻等也会吸引其他用户展开无序的网状式讨论，并将隐含的观点宣之于口，形成补充式的评论。若回答已经带有一定的情绪，那么简短的文字有利于将这些情绪直接传递给评论者，从而引发评论中情绪的蔓延。

（四）单一式会话结构：提问聚焦个案，回答简短委婉

单一式会话结构指在回答与评论中从未出现过新的话题。在知乎“环境保护”话题的前 100 条精选回答中，呈现单一式会话结构的提问只有六条，其结构也最为简单、容易理解。在这六个会话中，或是提问聚焦具体个案，且不会引发异议和新话题；或是回答者喜欢使用带有讽刺、吐槽意味的小段子来进行侧面回应，其他用户不会对此做出太多评价，并且鲜有共鸣（见图 5-6）。

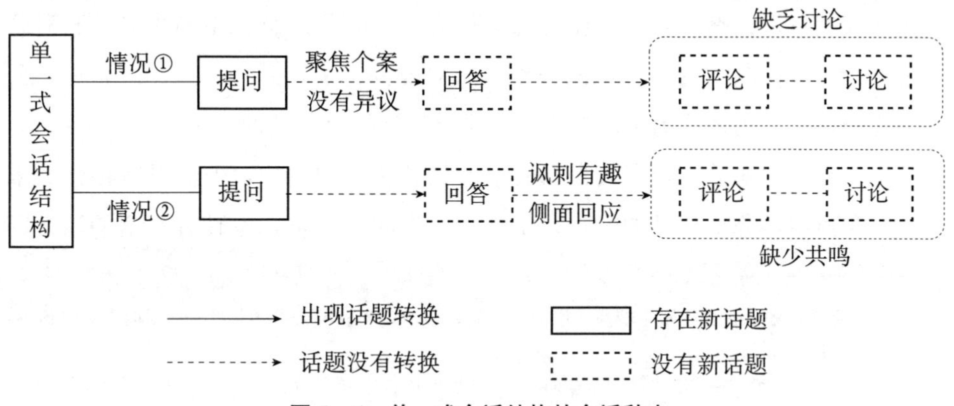

图 5-6 单一式会话结构的会话秩序

四、隐藏于话语交互中的对话可能

为应对现代性危机，后现代主义学者吉登斯（Giddens）、哈贝马斯（Habermas）等人提出应建立协商民主与公共对话，以改变参与者偏好，寻求多元共识。互联网的持续发展不仅为公共对话创造了条件，也带来了挑战。一方面，在“去中心化”的传播格局下，个体的表达更自由，平等的讨论、协商也多了起来；另一方面，人人都可发声常表现为众声喧哗，而群体的固有特性与智能算法的推波助澜，又常使得讨论变为争吵，观点走向极化、情绪遮蔽理性。为防范意见竞争失序之风险，有研究者基于中国现实情境设计出“公共传播-公共协商-协商民主”的社会试验，以探究平衡自由与秩序的方法，构建“个体-自由表达-意见竞争”和“共同体-秩序-多元共识”共生的公共传播生态，并提出需要达到以下三个条件公共传播才可能转向公共协商：自由而负责任的公民，可对话、有规范、无强制的公共空间，陈述理由。在理想状态下，具有公共意识、媒介素养与理性反思能力的公众会在自由但有秩序的公共空间中展开公开讨论与观点博弈，多数意见成为“多数同意”，少数意见亦得到伸张，对话与多元共识由此形成。[①] 我们可以借助这一思路，探讨知乎平台上人们围绕环境议题发起讨论、形成对话、达成共识的可能（见图5-7），并提出相应的优化策略。

在公民之维，随着“消极受众”不断转变为主动生产信息的“积极受众”，个体意见的表达与交互在达成社会共识的过程中愈发重要。虽然这些公共表达多而杂，很难在绝对数量上达成一致，但全面多元的民意却能在一定程度上为公共对话的产生提供条件。[②] 另外，由于新媒体的增权、赋能，公民的以主体意识、权利意识、参与意识、监督意识等为内核的公民意识不断提升，其对公共事务和公共议题愈发关心，依法介入的程度也越来越深。在这一过程中，公民的媒介素养和沟通能力不断提高，这也是对话得以展开的基本要素。

本研究中的知乎会聚了大量具有专业精英特征的用户，他们具有很强的求知欲，愿意主动分享自己的知识，重视自己提问的质量，也具有一定的回答问

---

① 胡百精．公共协商与偏好转换：作为国家和社会治理实验的公共传播［J］．新闻与传播研究，2020，27（4）：21-38，126.

② 张志安，晏齐宏．网络舆论的概念认知、分析层次与引导策略［J］．新闻与传播研究，2016，23（5）：20-29，126.

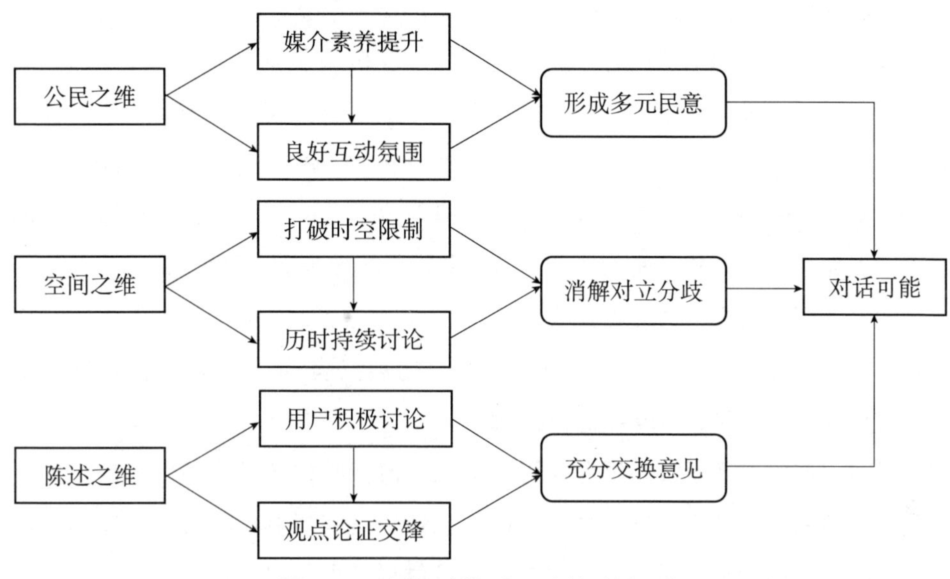

图 5-7　隐藏于话语交互中的对话可能

题的能力。[①] 自由是开启交往的前提，而理性是延续对话的基石。在对具体问题进行讨论时，虽然知乎用户有着多样的态度与观点，但他们在互动的前期与中期基本都保持着较高的理性与积极互动的倾向。这既营造出了良好的对话氛围，也在某种程度上减少了无意义互动的可能。据此，社会管理者一方面应通过宣传教育等多种手段提升公众的媒介素养，增强他们的理性思考能力和有效参与能力；另一方面应鼓励业务水平高、工作经验足、沟通能力强的基层工作人员参与环境公共议题的协商，引领公众积极参与讨论，引导其聚焦关键议题。

在空间之维，哈耶克（Hayek）曾指出多元个体自发的互动与合作会生发秩序[②]，而交际者正是通过对这种交际秩序的认识来理解他人的社会行为并做出回应的。基于这种理解，公众在日常对话中生发出的展现自己、互相交流的需要便有可能成为转向公共对话的动力。这预示着以互联网为载体的公众个体之间自发的交流有被引导为对话的希望。[③]

① 陈娟，高杉，邓胜利．社会化问答用户特征识别与行为动机分析：以“知乎”为例［J］．情报科学，2017，35（5）：69-74，80.

② HAYEK F A. Studies in philosophy，politics and economics［M］. London：Routledge & Kegan Paul，1961：71.

③ 胡百精，安若辰．公共协商中的平等与胜任［J］．现代传播（中国传媒大学学报），2020，40（10）：31-37，63.

互联网打破了传统互动的时空限制，基于知乎等互动平台，用户可生产并分享大规模高质量的知识内容。优质内容的推荐机制非但不会使以往的回答被“埋没”，反而会吸引更多用户的注意并在每一次话语交互过程中形成历时性的持续讨论。回答者与评论者彼此启发、相互影响、不断交流，逐步加深对于对方的理解，即使最终无法达成根本一致，但至少对立和分歧得到了一定程度的消解。例如在围绕“长江实行十年禁渔令”进行讨论时，用户“大卫”对这一政策并不认同，认为“这种方式太一刀切了”，在看了回答者“青檀”基于自身经验做出的解释之后，“大卫”对“青檀”的观点表示“原来如此”，从而对“禁渔令”政策有了进一步的思考与理解。

然而，有时过度发散的思考和无意义的交流会阻碍公共对话的形成。为实现公众互动的有序健康发展，平台方应优化算法推荐机制，将公众关注的环境议题主题化并推荐给更多用户，使其成为可供讨论的历时性议题，为公众构建充分自由且具备容错机制的讨论空间。当然，平台方也有必要不断完善内容审核规则，以杜绝不良信息、控制极端情绪蔓延。

在陈述之维，日本学者宫崎清孝认为，一个问题可能不止有一个回答，如果问题只有一个标准答案，那这并不像对话，而是独白。① 在意见竞争中，公众承认不同的立场、倾听迥异的观点、交换多样的看法，使得更多的主张和见解得以被知晓和讨论，新的思考在互动中不断迸发，持续的公共讨论为多元意见的聚合向符合公共利益之公共对话的转换提供了可能。②

在本研究中，当用户对“环境保护”话题展开讨论时，很多人会在尊重他人观点的前提下陈述看法、论证个人立场，这些话语虽然充斥着自我经验与情感的表达，却是个体真实观点与论证的交锋，最终成就了集体性智慧。在这些话语的交互中潜蕴着由日常会话转为公共对话的若干可能性。就本研究的样本来看，一以贯之的话题并不代表对话的必然产生与共识的一定形成，用户交流的延续多数只是对其他用户观点的简单支持或是表达对话题无法继续的无奈。相反，话题出现转换虽可能分散公众对原核心话题的注意，但却有效激发了用

---

① 宫崎清孝，韩蒙．提问作为开展对话的关键：巴赫金遇上伽达默尔［J］．俄罗斯文艺，2018(4)：21-26.

② 谈火生，等．审议民主［M］．南京：江苏人民出版社，2007：111.

户继续讨论的积极性。从效果观之，即使是最末端的枝丫也依然与根系相连，用户并不会因过度围绕边缘元素进行讨论而使自己的思考偏离话题核心。结合前述结论，社会管理者应察觉并辨识出较宏观且公众真正关心的环境议题，与平台方合作进行“议程设置”，以明确又开放的方式提出契合公共利益、关切公众诉求并富有影响的问题，倡导并引领公众对这些问题及相关话题展开充分、有效的讨论，为对话的推进提供条件。

第二节　公众负向建构的原点、话语路径与行为逻辑

除了本章第一节阐述的主要针对常规环境议题的会话实践，当遇到与公众自身的健康、安全与环境权益密切相关的环境风险议题时，公众常会进行与风险管理者不一致甚至相反的建构，表现出鲜明的对抗倾向。

近十年来我国多地频现的PX抗争、垃圾焚烧厂选址争议、拒绝核设施等事件，不仅让环境风险作为一类重要议题进入社会公共议程，也使讨论、建构此类议题的主体之一——公众的显著性和重要性日益凸显。借助新媒体所提供的传播平台和工具，公众越来越主动地针对环境风险议题表达多元意见，甚至频繁地对传统的、政府主导的环境风险议题的社会实践模式进行质疑与丑化，公开围观、反对、拒绝官方推行的风险决策。此类由与官方主张相悖的负向建构导致的困境，可能会使环境决策本身产生更大的社会风险，政府通过行政系统协调和实施环境政策的行动阻力重重，环境风险沟通的效果难如人意，以及公众对环境管理和环境部门的不信任持续加深。困境亟待破解，其关键在于尽可能使官方和公众在对环境风险议题的认知与理解上达成一致，而一致的达成需要首先厘清公众围绕环境风险议题表达的核心关切，及其在环境风险议题负向建构过程中运用的话语路径和行为逻辑。

一、负向建构的原点：令人恐惧的不确定性

环境风险可被看作由人类活动引起的，或由人类活动与自然界共同作用所产生的，可能会对自然环境造成不确定性危害的状态或事件。环境风险所指示的危害既有可能发生，也有可能不发生；危害所造成的影响既可能大也可能小，

既可能在控制之内也可能在控制之外——这就是一种高度不确定的状态。从社会心理的角度看，不确定性与危险性密不可分。这是因为前者令人丧失了对其而言十分重要的控制感和安全感，故而在面对具有不确定性的事物时，人会本能地感到恐惧和危险。对此，美国作家洛夫克拉夫特（Lovecraft）干脆做出这样的论断："人类最古老而又最强烈的情感是恐惧，而最古老又最强烈的恐惧是未知。"①

公众对环境风险进行负向建构的原点或出发点就是不确定性：不确定性使人产生恐惧，人们因恐惧而排斥风险。假如政府和企业等风险沟通者不注重公众的心理和感知，那么其以自我为中心的风险传播和风险决策非但不能缓解公众的恐惧，反而会激起公众的敌意，导致他们在话语及行动上的拒绝、对抗。这里需要指出的是，环境风险的不确定性不仅指涉环境风险本身，也与现有的科学技术难以对环境风险进行准确的认知、评估与描述有关，例如因果关系、发展过程和危害后果的不确定性（本书第七章第一节有更详细的介绍）。

除上述环境风险本身的不确定性和科学技术的不能确知外，就环境风险议题出现的不同意见——也是一种不确定——的传播也是加剧公众恐惧心理的重要因素，这体现在以下两个方面：

其一，因环境风险在因果关系、发展过程及危害后果等方面的不确定性，不同技术专家可能会对同一环境风险给出多种不同的解释与判断。譬如 2007 年厦门 PX 事件中，多位科学家就 PX 项目的环境危害给出了互相矛盾的意见：一种意见认为 PX 是剧毒、可致癌的化学品，PX 项目会给生态环境和公众健康带来极为负面的影响，"危险极大""至少要建立在离城市 100 公里以外才算安全"；另一种意见则是 PX 低毒，现并无科学证据可证明 PX 致癌，PX 项目并不具有高风险。在"北京六里屯垃圾焚烧厂"事件中，"主烧派"专家与"反烧派"专家在焚烧技术是否成熟以及 300 米防护距离合不合理等问题上也出现过巨大的分歧。不同专家在环境风险上的差异性判断，会使风险议题充满争议，加剧公众理解环境风险的难度，进一步激发公众质疑、抵触与恐惧的心理。

其二，除了专家群体，其他社会主体如风险承受者、风险承受者的代言人、风险制造者、风险研究者、风险仲裁者以及大众媒体等风险报告者，也会参与

① 洛夫克拉夫特．文学中的超自然恐怖［M］．陈飞亚，译．西安：西北大学出版社，2014：115.

到环境风险议题的意见竞争当中。这些多元主体对风险的认知既依赖于技术专家，同时也受到自身经济利益、政治立场以及生活经历、情感好恶等因素的影响。比如，作为风险制造者的企业，可能会因经济利益而选择弱化其行为对环境的影响；大众媒体会基于多元的立场，对风险进行不同偏向的报道；公众也会根据以往的生活经历、个人风险与利益的对比、周围人对风险的态度等因素对风险的大小形成一套自己的解释。

特别是在新媒体为公共讨论提供的更加开放、便捷的平台上，持有差异化风险主张的各类主体会集中展开对社会注意力资源和话语权的争夺。在此过程中，我们总能看到真相与谬误混杂，公利与私利对立，理性被愤怒消解，误解和偏见横行。在这种背景下，个体很难客观、理性地认识环境风险，更易被群体的意见与情绪裹挟，继而从本能和情感出发选择拒绝与规避环境风险。

二、为拒绝而战：感性地认知与策略性地拒绝

正如一颗石子被丢入水中会形成涟漪一样，公众针对环境风险的负向建构也会经由不确定性这一原点渐次延展开来。从议题本身看，公众对环境风险的负向建构主要在三个层面展开：对风险灾难性后果的表达、对风险管理水平的质疑，以及对风险决策缺乏程序正义的批判。对于风险的严重程度，公众的认知比较感性，其对某一风险的先入之见短时间内很难改变；对于风险管理水平和风险决策程序，公众则表现得非常有策略，他们会通过运用公正修辞、权利义务修辞、生态和环境正义修辞等修辞策略与手段，为自己的反对性主张增添合法性。从时间的维度看，在环境风险议题建构初期，对风险灾难性后果的表达往往最早出现，发挥着吸引社会注意力、提高议题的社会能见度、促进议题扩大化的作用；随着议题建构的深化，关于其他两个领域的讨论的比重逐步加大，这时有关风险灾难性后果的意见会更多地成为公众表达其对风险管理、风险决策的负向意见的话语资源。

（一）对风险灾难性后果的感性认知和有意夸大

简言之，公众对环境风险灾难性后果的建构就是不断强调甚至夸大环境风险的严重后果。我们虽然可以将这一行为归因为大多数公众并不具备可以评估与理解环境风险后果的专业知识或直接经验，但也不能忽视公众即便拥有足够

的风险知识也可能会有意为之。

毋庸置疑，在筛选环境风险信息的过程中，公众常会根据信息的引用质量、来源、是否具有旁证等要素理性地进行取舍；但相较于理性、科学地认知环境风险，越来越多的研究表明，公众对风险后果的判定更多地基于感性因素[①]，比如个人风险与利益的对比、以往的生活经历、周围人对该风险的态度等。这里需要特别强调的是，在个体层面之外，作为整体的公众在认知环境风险的过程中也存在着某种感性特征，并集中表现出一种先入为主的倾向。

具体来看，当公众面对某个尚不熟悉的环境风险时，哪种对风险后果的定义能够率先取得“宗主权”[②] 的地位，其往往就可以对公众的风险认知产生关键性的影响。而这也是为什么在厦门 PX 事件中，最早由“两会”提案专家提出的 PX 项目高风险、高污染的论断能在此后系列 PX 事件中反复被公众引用，且不论后来政府、企业、科学界如何澄清，都很难动摇这些先入为主的论断。更为严重的是，虽然公众对 PX 等特定环境风险的消极认知存在不同程度的不准确、不客观、不理性，但这样的认知却会随着时间的流逝而慢慢沉淀、固化为一种广泛的刻板印象，从而深刻影响公众对后续风险信息、风险意见的关注、理解和认同。同样，无论是核风险议题、垃圾焚烧风险议题还是变电站风险议题，一旦公众形成先入之见，对风险的灾难性后果产生恐惧，那么无论风险沟通者怎么告知、解释、劝服，都可能遭遇公众强烈的抨击、非议与反对。

当然，上述现象并不是说公众的行为都受感性力量的驱使。有时为了在风险议题建构初期吸引社会注意力、提高议题的社会能见度、促进议题扩大化，抑或为了在议题建构逐步深化的过程中进一步增强舆论影响力，一些人会刻意引用不实的信息或夸大风险的灾难性后果。尽管这样的举措可以印证公众运用信息和媒介的能力与以前相比是提升而非降低，但 2012 年的什邡钼铜事件、宁波反 PX 事件等却提醒我们，借助网络谣言等非正常手段来达成自身目标的行为可能会激化社会矛盾，不利于正常传播秩序的维持。[③]

---

① 黄河，刘琳琳．风险沟通如何做到以受众为中心：兼论风险沟通的演进和受众角色的变化［J］．国际新闻界，2015，37（6）：74－88.

② CLARKE L. Explaining choices among technological risks［J］. Social problems，1988，35（1）：22－35.

③ 郭小平．中国网络环境传播与环保运动［J］．绿叶，2013（10）：13－20.

（二）对风险管理采用“不信任”和“不负责”的框架

虽然人们普遍认为，降低或消除环境风险发生的可能性需要依靠有效的控制技术和适当的管理措施；然而很多案例表明，单方面地向公众输出有关技术和管理措施的信息，不足以引导公众信任风险管理并降低他们对风险的恐惧和抵触。

2013年，广东江门鹤山市政府和中核集团为赢得公众对核燃料项目的支持，通过多种渠道不断向公众强调该项目在风险管控方面做出的努力，例如：园区采用了先进的环保设计，可确保废液、废水零排放，不会造成任何工业污染；企业采用现代企业管理模式，厂房实施封闭式管理；万一发生泄漏，影响范围也不会超过300米；等等。但公众对此的反应却是不相信政府和企业能够管理和控制好核燃料，这一方面是因为确保核安全是举世公认的难题，政府和企业在此方面的信心不太有说服力；另一方面，更重要的原因则是公众脑海中形成了对国内企业和政府的刻板印象——企业尊法守法意识差，难免偷排核废料，地方政府部门监管和执法能力较弱，甚至可能会因为权力和利益等因素而纵容、包庇企业的偷排等不法行为。与此相似的情形也屡见于与PX相关的环境风险议题事件中，本书第七章第一节对此进行了详细分析。

通过上面的例子可以看到，公众对环境风险管理缺乏信心，很多时候并非由于风险大到难以管控，而是出于对政府和企业作为风险管理者的不信任。换言之，与政府和企业从“技术”角度建构环境风险管理的有效性和合理性不同，公众会从“人”的角度消解其对环境风险管理的预期。在具体的话语策略方面，公众多采用“不信任政府”和“企业不负责任”的话语框架，强调当地政府监督管理的缺陷与过失，以及相关企业在环境保护中存在的问题和历史事故，以此与政府和企业输出的“技术进步”话语相对抗。

（三）对风险决策运用程序正义和政经批判话语加以否定

风险决策虽说是一个复杂的过程，但对那些拒绝接受环境风险的公众来说，这一过程常被简化成以下两个问题：“是谁决定让我们接受风险”和“为何要我们选择接受风险”。在聚焦前一个问题进行的话语建构中，公众频繁使用程序正义话语，否认政府“家长式”地代替他们做出的风险决策的合法性，其经常引用的话语资源包括：强调项目审批程序和环评程序中信息公开及公众参与环节的缺失，批判风险项目决策过程公开性差、透明度低、未履行公众参与要求、缺乏对民意的尊重等。而针对后一个问题，公众负向建构的主要路径则是通过运用政经批判话语，明说或暗示风险项目背后存在GDP至上、官商勾结、贪污腐败等问题。然而不管是哪种话语路径，公众均指向了一个共同的诉求，即向风险决策说“不”。

对于公众在风险决策方面的言语和反抗行为，研究者普遍将之视为公民意识日益崛起的公众对程序正义的呼唤及对参与权的主张。虽然笔者也赞同这样的观点，但假如深入分析公众在环境风险事件中对风险决策的批判、拒绝，乃至通过各种手段进行的抵制，就可以发现公众所表现出的参与行为尚处于一个较低的层次。在社会治理领域，有研究者总结出公众对社会治理的参与有六个层次，由低至高分别是学习、反馈、建议、合作、受权与自治[①]，参与层次越高，其介入政策制定过程的程度就越深，进而对政策决策的影响也就越大。以此为参照，尽管当前公众的抵制行动在部分情况下的确可以影响甚至彻底改变风险决策，但参与行为本身却仍局限在学习和反馈两个较低的层次，即收集、获取、习得相应的风险知识和相关的政策法律信息，以及就政府的需求和决定做出回应。至于对风险决策提出合理建议，就风险议题与相关主体开展建设性合作，通过接受行政授权独立管理及监督风险等，则十分罕见。

公众以低参与行为实现高参与目标，与政府、企业等风险管理者在风险议题上给予公众的参与空间有限密切相关，这使其不得不通过增加低参与行为的烈度，如讽刺谩骂、人身攻击、捕风捉影、夸大事实等，来提升其主张的社会能见度，由此也增加了环境风险议题本身的社会风险。积极的公众参与强调理性，即以理性的对话、论证和说服为核心。[②] 然而在环境风险议题方面，有限的参与空间增强了公众简单化、情绪化和极端化的倾向，群体决策过于冒险（如发起大规模环境群体事件）或过于保守（如对与自己意见相左的声音进行激烈抨击）的群体极化现象不仅频频出现，且有愈演愈烈的趋势。更令人担忧的是，以目前的情形来看，不论是公众一方还是风险管理者一方，均未表露出积极提升自身或对方的参与层次的意图和行为。这使得制度化、体系化的公众参与长期缺席，不仅一步步加大了公众参与过程和结果的不确定性，让风险管理

---

① 武小川．公众参与社会治理的法治化研究［M］．北京：中国社会科学出版社，2016：102-103.

② 王锡锌．公众参与：参与式民主的理论想象及制度实践［J］．政治与法律，2008（6）：8-14.

者对公众是“麻烦制造者”的认知越来越强，一提到面对公众就头疼犯怵；而且无法将公众培育为一个理性、关心公共事务、懂得参与、有问题解决能力的合作群体，只会使公众参与环节沦为公众逼迫风险管理者承认公众有权利说“不”的过程。

三、道德的争议：公众对风险管理者形象的负向建构

除了环境风险议题本身，公众的负向建构还会围绕以政府、企业等为代表的风险管理者展开。有研究证明，风险管理者是否值得信任是影响公众风险感知的重要因素①，如果风险管理者是被信任的，那么一定程度上可避免或减轻公众对风险的愤怒。通过对近几年环境风险事件的研究可以发现，公众对风险管理者（特别是政府）形象的建构主要聚焦于两点——“对错”和“善恶”。其中，“对错”关涉其风险决策的合理性和合法性，由于前文已详细讨论过这一问题，故本部分不再赘述，而是将重点放在“善恶”方面。

“善恶”本身是一种道德评价②，确定善恶的过程，往往就是进行道德判断的过程。这不仅包括评判某一行为或者某类行为在道德上是正当的还是不正当的、是应该做的还是不应该做的，也包括判断行为人在动机、意向、品格等方面是善的、有道德的、圣洁的、负责任的还是恶的、不道德的、卑鄙的和不负责任的。与求“真”——评判行为是否合乎应普遍遵守的共同规范或是否符合科学活动标准——的“对错”判定不同，对“善恶”的判定属于伦理范畴，涉及对正义、公平等道德价值的理解、标定与分析。

“善恶”基本上以行为人的德性和德行为基础。不过，对行为人“善恶”的判断还会受到评判人主观态度和认知的影响。不同评判人由于利益、偏见等因素，会对某行为人的道德水平做出差异化的判定，即便是同一评判人，这样的判断也可能会随着时间、境遇的变化而发生改变。那么，排除个人利益及主观偏见等干扰因素的影响后，该如何衡量善恶？或者说公众判断一个人或一个组织是否道德的标准是什么？以上问题的答案对分析公众如何构建风险管理者的

① COVELLO V, SANDMAN P. Risk communication: evolution and revolution [M]// WOLBARST A. Solutions for an environmental in peril. Baltimore: Johns Hopkins University Press, 2001: 164－178.

② 倪愫襄. 善恶论 [M]. 武汉：武汉大学出版社，2001：194－195.

“善恶”形象至关重要。对此，美国道德心理学家乔纳森·海特（Jonathan Haidt）提出的“道德基础”模型是个有益的参照。该模型的优势在于，相较于那些抽象的衡量标准，它归纳出了道德判断形成的六个来源——也可认为是人们对他者的道德程度进行认知的六个基础，包括“关爱/伤害”“公平/欺骗”“忠诚/背叛”“权威/颠覆”“圣洁/堕落”“自由/压迫”。[①] 每一个基础均有正、负两个相关的词语，如若评判者把被评判者的行为或动机与其中正面、积极的道德价值对应起来，便会促进其对被评判者正面的道德认知——善，反之则会认为被评判者缺乏道德或不道德——恶。

在这六个道德基础中，“关爱/伤害”衡量主体能否做到不伤害他人，并对他人的苦痛和需求拥有敏感的反应；“公平/欺骗”注重平等、公平地展开合作，而不是通过欺骗与利用来实现自己的目标；“忠诚/背叛”检视作为集体中一员的个体能否对集体保持忠诚；“权威/颠覆”考察身处某一等级秩序中的主体，有没有以否定或颠覆该秩序的方式行事，或存不存在违背提供稳定性的传统、制度和价值的行为；“圣洁/堕落”要求人们尊重神圣美好之物，保护它们免受亵渎；而“自由/压迫”则审视个体是否存在侵犯性的、控制性的行为，意图支配与压制他人。

基于“道德基础”模型，笔者梳理了公众在数起PX事件、核风险事件中发表在网络上的相关言论，归纳、提炼出核心话语，从而就其在环境风险议题中对风险管理者道德形象的负向建构方式做出描述（见表5-7）。

表5-7 环境风险议题中公众对风险管理者道德形象的负向建构

	关爱/伤害	公平/欺骗	忠诚/背叛	权威/颠覆	圣洁/堕落	自由/压迫
道德形象	公众利益的伤害者	藐视公众者	集体的背叛者	规则的颠覆者	污染的制造者	凌驾于公众之上的管制者
话语结构	牺牲公众的福祉并对公众的痛苦、不幸置若罔闻，动机是对经济利益的追求	对公众缺乏足够、平等的尊重，企图欺骗或利用他们实现自私的目的	一边宣称为当地居民着想，一边不尊重他们的呼声，不维护他们的权利	为达成目标，不断做出破坏与违背传统、制度、规则的行为	一方面制造物理污染，导致大自然与生存环境的破坏；另一方面，美好的人性也在此过程中退化、泯灭	通过各种宣传活动企图支配公众对环境风险的意见与态度，并限制公众观点与诉求的表达

① 海特．正义之心：为什么人们总是坚持“我对你错”［M］．舒明月，胡晓旭，译．杭州：浙江人民出版社，2014：132.

续表

	关爱/伤害	公平/欺骗	忠诚/背叛	权威/颠覆	圣洁/堕落	自由/压迫
典型表述	无情、冷酷、冷漠、自私自利	把公众当傻子，集体说瞎话、鬼话，空谈，遮遮掩掩	官商勾结、求救、谁为我们负责、让我们自己保卫家园	偷排问题普遍、纵容包庇污染者、阻碍公众参与、蒙混过关、走走过场	污染难以逆转、剧毒的生活环境、官商勾结、同流合污、向“钱”看	操纵媒体、独断专行、压制舆论、滥用权力
与公众的关系	风险管理者是施害者，公众是受害者	公众是被欺骗者、被利用者	公众被当地政府抛弃、背叛	风险管理者颠覆了规则与秩序，却要求公众服从	人与自然、人与人之间的紧张关系不断加剧	风险管理者与公众之间是一种控制与反控制的关系

这里需要进一步明确和讨论的是：

其一，表 5－7 所反映的内容只是公众对风险管理者形象建构的一个侧面或局部。在有关环境风险的议题中，公众亦有正面及中立的一面，但因之不属于本节讨论的主题，故而并未提及。

其二，对公众个体来说，其对风险管理者道德形象的负面评价可能只聚焦于上述某一个或某几个维度，而表 5－7 所考察的则是作为整体的公众意见对风险管理者道德形象的评价与建构。

其三，应当客观地看待公众对风险管理者负面道德形象的建构。其中最需要明确的是，批判风险管理者以及指出其在道德层面上的“缺陷”并非公众参与环境风险议题讨论与建构的最终目标，甚至也不是重要的目标。在环境风险事件中，对风险管理者的质疑更多地被作为一种话语资源，用于佐证与其有关的风险评估结果的不可靠、风险管理的不可信以及风险决策的不可接受。换言之，公众负向建构风险管理者的道德形象具有一定程度的功利性，其目的是进一步提升己方主张的合法性，向风险管理者施加更大的舆论压力，并尽可能对风险的定义（如风险的属性、严重性、可控性）和最终的风险决策产生更大的影响。

其四，正如对环境风险的定义要考虑到公众的愤怒情绪一样，公众对风险管理者负面道德形象的认知与建构也会受到其个人情绪、情感好恶、刻板印象等主观因素的影响。因此，在建构的过程中，他们所做出的判断、引证的论据、采用的词汇会存在片面、绝对、想当然甚至是完全错误的问题。但对风险管理者来说，千万不能就此认为公众的观点愚蠢至极、不可理喻，如果不能有效地疏导公众的情绪，从日常的管理行为和沟通行为出发逐步改善公众对自己的印象与认知，那么将会对组织的公信力造成难以估量的损害。

四、终极目标：公众借由负向建构进行社会控制

基于上面的讨论我们可以发现，公众会通过对环境议题本身以及风险管理者形象进行负向建构，以期制造社会压力，迫使政府和企业等风险管理者做出回应及改变。尽管在不同的风险议题中，公众的具体诉求及其对风险决策的影响程度不尽相同，但从本质上看，他们的负向建构行为的目标是一致的，即通过制造“舆论”对风险议题施加社会控制。

从理论上看，“社会控制”包括社会规范以及协调社会成员行为的多种方法，如教育、习惯、礼仪、宗教等。其中，法律（law）、信仰（custom）、舆论（public opinion）是三种基本形式。[①] 在这三种社会控制机制中，法律通常包含大量成文的规则，并对违反规则的社会行为设有明确的惩罚措施，其控制的实现依靠的是从既有条文出发对客观事实进行裁夺，一般不会产生争议。信仰则利用人们对不可证实的超自然制裁的确信，要求人们自觉地约束自我，从而实现对社会成员思想、意识和行为的自内而外的控制。但是这两种控制机制都不能反映社会成员的能动性。与之相比，舆论作为一种社会控制手段由公众掌握，其所反映的是社会成员的多数意见或主导意见，具有“民意”所赋予的“天然正当”的合法性。

在有关环境的议题上，公众参与风险议题的意愿与舆论在风险议题上进行社会控制的效果，均表现得比常规议题和突发事件议题更加强烈和明显。这一方面是因为环境风险议题本身与公众自身的健康、安全与环境权益密切相关，是一个与公众接近性高同时也易于公众理解与参与的低门槛议题[②]；另一方面

---

① 罗斯．社会控制［M］．秦志勇，毛永政，等译．北京：华夏出版社，1989：68－227.

② LANG G E，LANG K. The battle for public opinion：the president，the press，and the polls during Watergate［M］. New York：Columbia University Press，1983：58.

则是因为公众参与环境风险议题的话语表达与现实抗争所体现的“公民的勇气（civil courage）”①，即为了自身的权利不惮于行动的勇气，在一次又一次的环境风险事件中被当作一种“社会景观”生产了出来，使公众进一步形成和加强了对自身公民身份与权利的认同，以及参与环境抗争的责任感和使命感。

在这里，我们可以将社会学家爱德华·罗斯（Edward Ross）所划分的舆论作为社会控制机制的三类手段作为一种分析框架，探讨公众意见如何制造舆论，从而在环境风险议题中实现社会控制的终极目标。在罗斯看来，舆论具有三种力量，即展现对某一行为的社会评价，表达对某一行为的社会情绪，以及针对这一行为采取社会行动。这三种力量又可以被称为三种“舆论制裁”——意见制裁、交往制裁和暴力制裁。② 针对环境风险议题，公众亦会从这三个层面来表达对预期中的风险决策的拒绝，运用逐渐增加的舆论压力向风险管理者一方施加影响。

（一）表达对立性意见以争夺话语权

在环境风险议题中，公众通过在新媒体平台上围绕风险定义、风险管理和风险决策这三个风险议题的主要方面发表言论，相互交换意见和观点，对风险可能带来的危害、风险能否得到有效管理以及风险决策是否合理合法进行建构。虽然的确存在对风险管理者和决策者表达支持性意见或一致性意见的公众，但对大多数发声的公众来说，他们的风险意见表达均是在“质疑”“反对”和“批评”的基本框架或意见范围之内进行的。

由我国近年来频发的PX、核燃料、垃圾焚烧等环境事件观之，公众表达的对立性意见会随着时间的推移不断凝聚且呈现出越来越高的社会能见度。而当某一类环境风险议题被越来越多的社会公众关注之后，受风险影响程度较小的旁观者乃至先前对该风险议题完全无动于衷的外围公众也可能陆续参与到批评性意见的建构过程中来，并形成与已然存在的反对性意见产生共鸣的“景观”。

（二）通过宣泄负面情绪进行交往压迫

公众在环境风险议题上的话语表达，除了主张的陈述，通常还伴随着情绪

---

① 沈原．社会的生产［J］．社会，2007，27（2）：170－191．

② 罗斯．社会控制［M］．秦志勇，毛永政，等译．北京：华夏出版社，1989：68．

的表露。以公众建构环境风险议题时频繁使用的“受难叙事”[①] 为例，在这一叙事方式中，主角是作为风险承受者的公众，基本情节则是当地公众遭受到不公平的对待，他们的身体健康和生活环境正在或将会被风险项目伤害。通过描述这种“被害”的处境，“受难叙事”往往能有效激发其他公众的“同情”，甚或“同仇敌忾”式的声援。而从与PX、核燃料等相关的环境风险议题中可以看到，社会成员所进行的公开的斥责、公然的蔑视、规模化的戏谑与讽刺等负面社会情绪的直接宣泄充斥于公共话语空间。

在愤怒情绪的表达和宣泄中，风险项目的主张者（通常是政府和企业）被建构成公众利益的“侵犯者”。而公众针对政府或企业表达“愤怒”的过程，也是公众的信任和信心日渐下滑的过程。正如罗斯所说，舆论的交往制裁力量完美地体现于公众“都在极端厌恶中出走”[②]。这种出走的后果即“侵犯者”被公众孤立，被“惹火”的公众也不会倾听“侵犯者”的发言和表态，社会对话与社会协作的机制面临断裂危机。

（三）发起行动对抗谋求实质变革

与停留在言语层面的意见制裁和交往制裁不同，暴力制裁指的是社会的愤懑没有得到疏解，进而化作狂怒的风暴，愤怒的公众通过罢工、游行、示威等“破坏”行为来影响社会。当然，并非所有的环境风险议题都会发生舆论的暴力制裁，暴力制裁的生成需要一些特殊的前提，例如要存在一个预期中的越轨行为（如某个风险项目即将强行上马），这样公众就希望通过预先的“暴力”警告，阻止所谓的“侵犯者”实现这一行为；而另一个十分关键的前提，则是意见制裁和交往制裁已宣告无效。

在环境风险议题中，公众借助上述三种方式进行社会控制应该说拥有“正义”的一面，但其“正义”并不一定是正确、理性、合法的。我们必须警惕舆论作为社会控制机制所存在的两大缺陷：

其一，环境风险议题常会涉及技术问题，但公众要么只是基于感性因素感知风险[③]，不太会遵守证实规则和运用审慎的调查方法来确定如何对风险的技

---

① 李艳红．一个“差异人群”的群体素描与社会身份建构：当代城市报纸对“农民工”新闻报道的叙事分析［J］．新闻与传播研究，2006（2）：2－14，94．

② 罗斯．社会控制［M］．秦志勇，毛永政，等译．北京：华夏出版社，1989：70．

③ SLOVIC P，FINUCANE M L，PETERS E，et al. The affect heuristic［J］．European journal of operational research，2007，177（3）：1333－1352．

术不确定性做出“反应”；要么难以有效辨别各类风险信息的真伪，容易被负面信息影响，产生和表现出对风险的过度恐惧和恐慌。[①] 这往往会导致公众在环境风险议题上产生许多“错误”的判断，即与科学共同体的主流判断存在冲突。

其二，在环境风险议题上，舆论的行动一般是迅速且即时的，其产生的社会影响力通常也十分巨大，但这同样意味着公众在实施“制裁”的时候不会深思熟虑，“制裁”的程度与风险的大小也没有确定的比例。而公众对本能和情感的依赖，以及由于缺乏克服群体压力或从众心理的能力[②]而选择从众式地参与风险抗争，又导致社会尽管经历过多次风险议题的讨论与协商，却依然未能形成相对理性的处理方式。

在此种情况下，如若不能有效地将公众参与环境风险议题的意愿与行为纳入一个制度化、体系化的框架之中，便有可能引发频繁的、无差别的舆论批判，致使社会信任资本加速流失。

五、应对重点：对公众媒介素养的再认识

公众围绕环境风险议题进行的负向建构，虽能在一定程度上反映不同规模的社会成员的独立意见，但其中的问题也显而易见。为解决上述问题，缓解风险意见的对抗以及最终促进共识的达成，风险管理者采取的手段是不断地通过科普宣传、辟谣释疑等方式增强公众对环境风险的科学理解，鼓励他们甄别和抵制那些不真实、不客观、不全面、不科学的环境风险信息，提防有意夸大风险后果、扭曲环境决策、丑化政府形象的言论与行为，从而尽可能地降低公众被“非理性”声音欺骗和蒙蔽的程度。从媒介素养的角度来看，政府的诸多努力皆是在进行一种“防御型”[③] 的媒介素养教育，即提高公众正确“理解”各媒介平台上的风险信息、自觉“抵御”信息负面影响的能力。

然而，从现实效果来看，“防御型”的媒介素养教育实际上收效甚微。究其原因，相较于正确地理解信息，公众更倾向于利用媒介展开行动——表达自身的风险感知（哪怕是错误的或与风险不相关的）、要求与风险管理者进行对话、

① 刘君荣，信莉丽．社会化媒体环境下受众应对信息风险的路径：基于媒介素养教育的研究视角[J]．现代传播（中国传媒大学学报），2015，73（3）：58－62.

② 郭小平．风险传播视域的媒介素养教育[J]．国际新闻界，2008（8）：50－54.

③ 袁军．媒介素养教育的世界视野与中国模式[J]．国际新闻界，2010，32（5）：23－29.

争取和捍卫自己的参与权及决策权。换句话说，公众对媒介的使用已超出信息消费这一初级范畴，而更多地涉及社会参与领域，他们希望以此维护个人权益、改进公共生活的现状。这种积极、有效地运用媒体，使公众成为有行动力、有问题解决能力的社会成员的能力就是建设型或赋权式的媒介素养。[①]

基于建设或赋权的思路，“参与素养”而非“信息消费素养”才是媒介素养的核心[②]，前者要求公众正确、正向地使用自己的权利，通过有益的信息生产行为对公共议题发表意见，并通过与其他社会主体展开建设性对话，实现参与和完善社会公共生活的总体目标。在环境风险沟通领域，虽然公众针对环境风险议题的负向建构存在不少问题，但政府和企业等风险管理者不能简单地把此类负向建构与蒙昧无知、无理取闹、别有用心等画上等号。若想真正洞悉和重视公众的核心关切、权力指向及参与需求，并通过有针对性的媒介素养教育和制度设计化解对抗、赢得共识、形成合作，就应当看到公众被赋权的事实及其越来越强的“参与素养”，以及基于赋权所选择的面向议题本身和风险管理者形象的清晰的建构路径、多元且有效的话语策略、指向社会控制的行动目标。

---

① 闫方洁．从“释放”到“赋权”：自媒体语境下媒介素养教育理念的嬗变［J］．现代传播（中国传媒大学学报），2015，37（7）：147－150．

② 宦成林．21世纪学习技能：新媒体素养初探［J］．中国远程教育，2009（10）：41－44．

第六章　常规环境议题的多元话语交互

常规环境议题表现为持续的、变动的环境议题，这些议题基本上可以反映我国环境发展的核心议题。与环境风险议题相比，常规环境议题对环境事实本身及其性质的界定不存在普遍争议；与突发环境事件议题相比，常规环境议题不以某一重大突发环境事件为触发点。按照《国家环境保护“十二五”规划》对环境问题的划分标准，我们将常规环境议题分为水污染防治、大气污染防治、土壤污染防治、核与辐射污染防治、重金属污染防治、固体废物污染处理处置、化学品环境污染防控、环境政策法规、自然生态保护与监管、环境宣传教育、节能减排、全球环境发展与国际合作以及公众参与13个方面。

目前关于环境议题的话语交互研究多集中于以PX项目、垃圾焚烧厂建设等为代表的环境风险议题和以天津港爆炸、泉州碳九泄漏等为代表的突发环境事件议题，在多元主体话语体系的形塑与反制[①]、风险认知的差距及弥合途径[②]、意见竞争的发生与发展[③]、身份诉求的建构与呈现[④]、角色的分化与信息流动的特征[⑤]等方面都已经有了较为充分和深入的讨论，但是，聚焦常规环境议题的多元话语研究却较为少见。由于“不具有时间上的紧迫性和性质上的紧急性”[⑥]，常规环境议题通常延续时间长，主体交互的过程繁复、话语庞杂，研究

---

① 颜昌武，何巧丽．科学话语的建构与风险话语的反制：茂名“PX”项目政策过程中的地方政府与公众［J］．经济社会体制比较，2019（1）：61－69.

② 黄河，王芳菲，邵立．心智模型视角下风险认知差距的探寻与弥合：基于邻避项目风险沟通的实证研究［J］．新闻与传播研究，2020，27（9）：43－63，126－127.

③ 戴佳，季诚浩．从民主实用到行政理性：垃圾焚烧争议中的微博行动者与话语变迁［J］．中国地质大学学报（社会科学版），2020，20（3）：133－146.

④ 卓光俊，薛葵．环境事件中多元利益主体的话语实践分析：基于云南民族生态地区的实地调研［J］．国际新闻界，2017，39（7）：107－118.

⑤ 江作苏，孙志鹏．环境传播议题中“三元主体”的互动模式蠡探：以“连云港核循环项目”和“湖北仙桃垃圾焚烧项目”为例［J］．中国地质大学学报（社会科学版），2017，17（1）：110－119.

⑥ 黄河，刘琳琳．论传统主流媒体对环境议题的建构：以《人民日报》2003年至2012年的环境报道为例［J］．新闻与传播研究，2014，21（10）：53－65，127.

难度较大，且该议题的对抗性弱，主体间的分歧与矛盾鲜以激烈的方式显现，因而常常为研究者所忽略。随着环境治理的推进与公民意识的崛起，重视常规环境议题中的意见分化、理解议题的生发演变机制是推动不同主体有序交互、形成多元共识、打造共建共治共享社会治理格局的必经之路。对此，本章选取近年来受到社会广泛关注的雾霾归因议题和垃圾分类议题为研究对象，综合运用文本分析、内容分析、扎根分析等研究方法，基于时间线和横截面两个视角考察多元主体参与话语交互、展开意见竞争的方式与效果，探求共识达成的影响因素及合理机制。

第一节　话语交互的历时性特征与需要调整的关键环节

在这一节，我们聚焦社会能见度数年来居高不下的雾霾归因议题，采用内容分析和文本分析的方法，纵向探讨各类主体围绕常规环境议题进行的话语交互。除了社会能见度这一因素，本节之所以选择雾霾归因议题为研究对象，是因为考虑到以下几点：其一，雾霾成因来源多样，随着各主体观察的愈发深入和相关研究成果的陆续发布，这一议题不断被补充和重构，具有动态的变化过程，利于分析较长时期内的话语交互特征。其二，各类主体围绕不同雾霾归因展开的交互方式也有明显差异，效果更是大相径庭，因此探讨该议题可以较为全面地反映话语交互的路径并进行横向比较。其三，对原因的辨析既是为了加深人们对雾霾本质的认识，消除不确定性带来的恐慌，也是为了对责任主体进行判定，从而论证雾霾治理措施的合理性和有效性。故而这一议题超出了简单的“就霾说霾”的讨论范畴，具有较强的延展性，能够将环境问题扩展至更为宏大、更加立体的言说空间并加以全景式勾勒。

在方法上，语料库的构建是本研究的起点，涵盖政府、媒体和公众三类主体发布的相关文章。其中，政府的代表为最高环境行政主管部门中华人民共和国生态环境部；在媒体方面，为尽可能全面地反映客观情况，笔者选取覆盖中国三大类主要报纸的党报《人民日报》、专业行业报《中国环境报》和都市报《新京报》[1]；公众则以知乎这一新兴网络问答社区的用户为主。在抽样环节，

① 童兵．新闻传播学大辞典 [M]．北京：中国大百科全书出版社，2014：60-61.

笔者将生态环境部官方网站和官方微博账号、中国知识资源总库-中国重要报纸全文数据库、慧科新闻搜索研究数据库以及知乎平台作为数据获取来源，以“雾霾”“灰霾”“PM2.5”“大气污染”为关键词获取各主体自 2013 年 1 月 1 日到 2020 年 12 月 31 日共 8 个自然年的文本材料，筛选、清洗过后共获得政府文本 188 条，媒体文本 496 条，公众文本 699 条。

一、话语交互的历时性特征

按照议程建构理论的观点，主体间的交互不仅会影响客体显著性（第一层）的变化，也会影响属性显著性（第二层）的排序。① 因此，若想描绘雾霾归因议题在多元主体推动下的演变过程，就需要在对议程显著性进行历时性分析的基础上把握各主体话语格局的流变。在本研究中，“显著性”被量化为文本数量，“客体”为雾霾归因议题，“属性”为具体的归因观点，“主体”对各原因的排序构成“话语格局”。

对于具体的类目设置，笔者参考以往研究者的划分，从前述语料库中各抽取 10％的内容进行预编码，调整过后得到 10 个归因项（见表 6－1）。

表 6－1　雾霾归因项及解释

归因项	解释
政府失职	政府在相关政策法规制定和执行方面的失职渎职行为
自然条件	包括大气条件、地理地形等客观存在的因素
燃煤取暖	因冬季取暖而产生的煤炭燃烧行为
汽车消费	机动车使用带来的尾气排放
区域传输	城际、区域间的污染传送
工业生产	泛指整个工业行业的生产和排污行为
企业行为	具体指向某个企业的生产和排污行为
结构问题	以能源结构、产业布局、城市规划为代表的结构化问题
生活日常	日常行为，例如焚烧垃圾、燃放烟花爆竹等产生的污染
扬尘问题	包括道路扬尘、工地扬尘等

① ROGERS E M，DEARING J W. Agenda-setting research：where has it been，where is it going?[J]. Annals of the international communication association，1988，11（1）：555－594.

（一）议题关注度：更替与演变

将政府、媒体和公众关于雾霾归因讨论的文本按照年度进行统计，可以发现各主体对雾霾归因议题的关注度经历了两次提升，议题显著性均值在2014年和2017年达到了峰值（见图6-1）。这一趋势与雾霾治理的关键节点相契合：其一，大气污染来源解析研究工作于2014年开展，环保部要求全国各直辖市、省会城市和计划单列市客观分析空气中污染物的来源，并提交阶段性研究成果，引起了广泛关注；其二，2013年9月10日印发的全国大气污染防治工作行动指南《大气污染防治行动计划》制定了详细的工作目标，至2017年收官考核，这使得大气污染问题成为2017年社会各主体的聚焦点，政府、媒体和公众议程在2017年出现了关注度的同步上升。

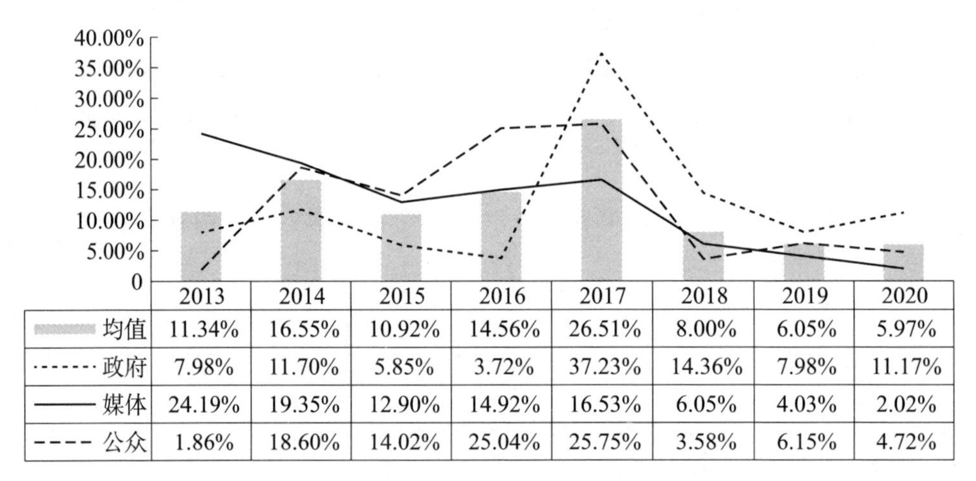

	2013	2014	2015	2016	2017	2018	2019	2020
均值	11.34%	16.55%	10.92%	14.56%	26.51%	8.00%	6.05%	5.97%
政府	7.98%	11.70%	5.85%	3.72%	37.23%	14.36%	7.98%	11.17%
媒体	24.19%	19.35%	12.90%	14.92%	16.53%	6.05%	4.03%	2.02%
公众	1.86%	18.60%	14.02%	25.04%	25.75%	3.58%	6.15%	4.72%

图6-1 2013—2020年政府、媒体和公众议程中关于雾霾归因议题的显著性演变

注：这里的百分比为主体当年归因文本数量/主体议程总文本数量×100%。

进一步对比各主体议程显著性的演变又能看到，三类主体对雾霾归因的关注度在2014年、2017年和2018年都发生了较为明显的变化：第一次为公众议程对媒体议程的超越，第二次为政府议程关注度的大幅度上升，第三次是所有主体的议程显著性在经历了小高峰之后全面滑落。

关于议题显著性的变化，有研究者认为这既与主体间的相互设置有关，也与客观现实的影响有关。[①] 为了探索影响主体关注度的因素，笔者详细统计了

① JOHNSON T J，WANTA W，BOUDREAU T，et al. Influence dealers：a path analysis model of agenda building during Richard Nixon’s war on drugs [J]. Journalism and mass communication quarterly，1996，73（1）：181-194.

政府、媒体和公众议程的月度数据及京津冀地区的历史 PM2.5 数据[①]，一方面计算同一时间段内的三类主体议程与 PM2.5 数据之间、主体议程之间的相关程度，另一方面将不同主体各月的文本数量分别前后错开一个月（即主体 A 第 t 月的文本数量对应主体 B 第 $t+1$ 月的文本数量）做相关性分析，考察主体议程之间、主体与客观天气之间的关系（见图 6-2）。

就客观空气质量的影响而言，公众议程和媒体议程与 PM2.5 数据之间皆呈显著的正相关关系，而政府议程与 PM2.5 数据则弱相关。也就是说，公众和媒体对雾霾归因关注度的变化与 PM2.5 指数的浮动相契合——空气质量越差，他

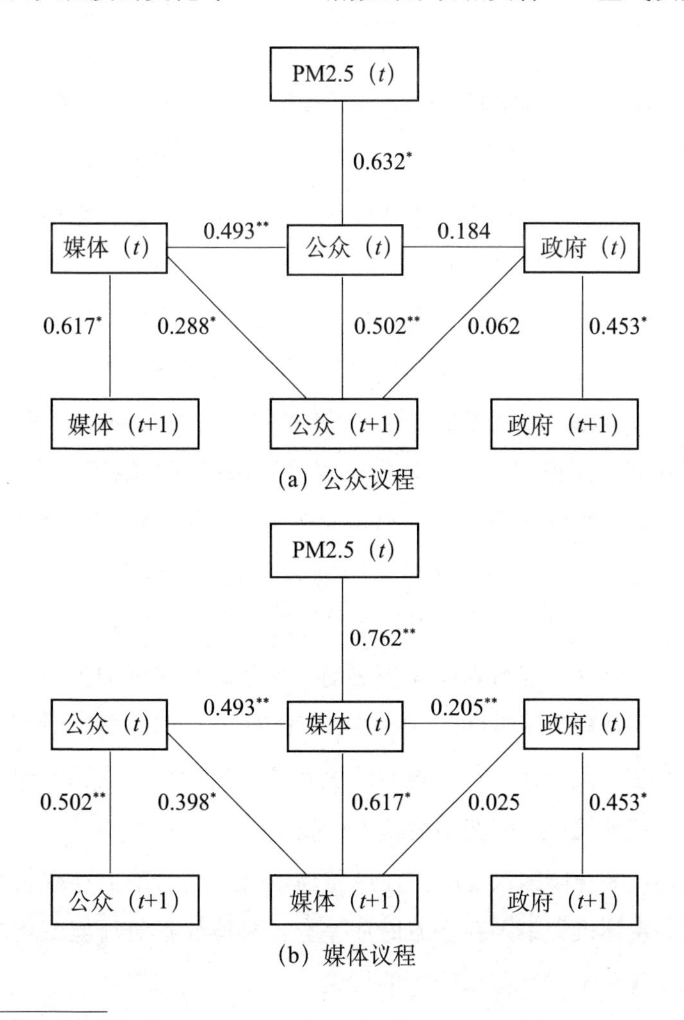

(a) 公众议程

(b) 媒体议程

① 空气质量月度数据为京津冀地区 PM2.5 指数的平均值，数据来源于公益性软件平台中国空气质量在线监测分析，网址为 https：//www.aqistudy.cn/historydata/about.php.

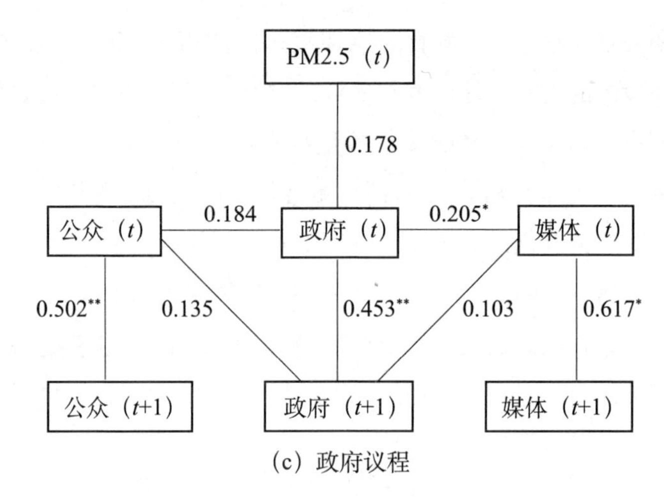

（c）政府议程

图 6-2　主体议程之间及主体议程与 PM2.5 数据之间的关系

注：图中数字为相关系数，*代表显著性系数 $p<0.05$，**代表显著性系数 $p<0.01$。

们越关注雾霾归因。相较而言，媒体议程与空气质量的相关性最高，这主要缘于大众传播所承担的“环境监测”功能，其要求媒体保持对环境的敏锐感知。

政府、媒体和公众三者的关系可从不同主体议程的相似性和影响力两个角度进行考察，前者对应同一时期的相关分析，后者则参考错开一个时期的相关分析。由数据可看出，公众议程与媒体议程的相关性强于与政府议程的相关性，且更容易受到媒体议程的影响；政府议程同样保持着与媒体议程的显著相关，但受到公众议程和媒体议程的影响都较为微弱；媒体议程与公众议程、政府议程都有显著的相关性，不过更多地会被前者影响。总体看来，在相似性方面，媒体“调和”了政府议程与公众议程之间的割裂状态，成为二者关注度的衔接；就影响力而言，公众议程与媒体议程之间有显著的双向影响关系；至于对政府议程的作用，公众略强于媒体。这就能够解释图 6-1 显示的受到媒体最为直接且显著影响的公众议程，其对雾霾归因议题的关注度会在议题发起的次年快速攀升，而政府议程关注度的变动则较为迟缓。

综上所述，雾霾归因议题的关注度整体上与大气污染治理政策和热点相关联，具体到各主体议程中则存在着时序差异：媒体议程对环境变化的回应最积极——率先发起关于“雾霾元凶”的讨论，产出大量的报道文本；受到日益恶化的空气质量及媒体议程的影响，公众议程的显著性开始上升并逐渐超过媒体议程，公众成为最为关注雾霾归因议题的主体；伴随着公众和媒体居高不下的讨论度、雾霾问题的频繁来袭以及治理关键节点的来临，政府议程以极高的显著性加入讨论，推动议题显著性达到最高值；最终，空气质量好转，各主体对雾霾归因的关注度缓步下降，讨论逐渐平息。

（二）主体交互路径：设置与跟随

议程建构第二层关注的是主体间的交互对属性排序的影响，交互路径的刻画可借助交叉-滞后相关分析和罗泽尔-坎贝尔基线（Rozelle-Campbell baseline，以下简称“RCB”）完成。其中，交叉-滞后相关分析考察的是前后两个时间段内不同主体格局的相关性，用以确定主体交互路径的方向和强度；RCB 则用来判断各路径是否成立（判断标准见表 6－2）。

表 6－2　交叉-滞后相关分析中罗泽尔-坎贝尔基线判断标准

<table>
<tr><th>变量设置</th><th>变量关系</th><th>结果</th></tr>
<tr><td rowspan="4">假设有主体 A、B 在时间 t_1 和 t_2 的数据 A1、A2、B1、B2，计算 A 与滞后一期的 B 之间的交叉相关系数 r_{A1B2}，以及 B 与滞后一期的 A 之间的交叉相关系数 r_{B1A2}</td><td>$r_{A1B2}<RCB$
$r_{B1A2}<RCB$</td><td>A 与 B 之间相互独立，不存在相互影响</td></tr>
<tr><td>$r_{A1B2}>RCB$
$r_{B1A2}<RCB$</td><td>A 对 B 存在着单向影响</td></tr>
<tr><td>$r_{A1B2}<RCB$
$r_{B1A2}>RCB$</td><td>B 对 A 存在着单向影响</td></tr>
<tr><td>$r_{A1B2}>RCB$
$r_{B1A2}>RCB$</td><td>A 与 B 存在着双向影响</td></tr>
</table>

资料来源：BAKAN U，MELEK G. First and second level intermedia agenda-setting between international newspapers and Twitter during the coverage of the 266th Papal Election [J]. Akdeniz Üversitesi İletişim Fakültesi dergisi，2016（26）：155－177.

笔者在分析时以一年为一个时间段，分别统计政府、媒体和公众在每一时间段的归因格局，计算同一主体前后两个时间段内的自相关系数、不同主体同一时间段内的同步相关系数，得出 RCB 的数值[①]，同时计算交叉相关系数并与 RCB 进行对比，整理每个时间段的交互关系，得到图 6－3，图中加粗箭头为主要影响路径。

对比图 6－3 中七个连续时间段内各主体议程的主要交互路径，我们发现每个时间段内都存在一个议程的主要输出者和一个议程的主要接收者。前者同时

① ROZELLE R M，CAMPBELL D T. More plausible rival hypotheses in the cross-lagged panel correlation technique [J]. Psychological bulletin，1969，71（1）：74.

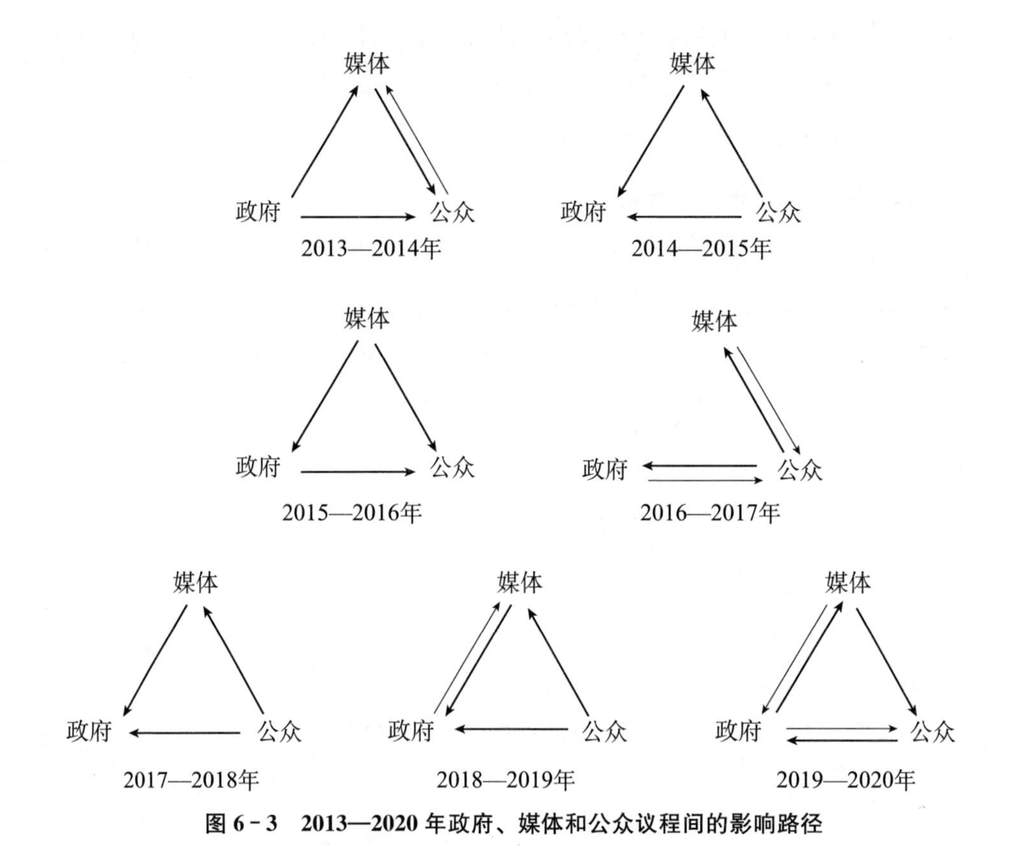

图 6-3　2013—2020 年政府、媒体和公众议程间的影响路径

影响另外两个主体的归因格局，可被视为议程设置者；后者则多受到他者的影响，是跟随者。其中，设置者和跟随者的角色主要在政府和公众之间转换，政府的主导作用体现在议题初期（2013—2014 年）和末期（2019—2020 年），其余时间多为公众主导格局变动。媒体则扮演中介的跟随者角色（除了 2015—2016 年），其格局既趋同于设置者，也影响了跟随者，是两者之间产生影响的间接路径。

若是将主体交互关系与各议程显著性的交替规律相联系，着重考察关键时间节点的影响路径，我们就能进一步探究和提炼各主体的历时性角色及作用。一者，2013—2014 年的影响路径图显示的是三个主体间的第一次交互，政府议程同时设置了媒体和公众议程。联系前文可知，在该时期内，客观世界的变化（天气污染）激发了媒体和公众回应雾霾归因这一全新且未知的议题的积极性，进而驱动二者以官方信源为基础进行讨论，尽管政府对此议题的关注度不高，但其既有的话语格局仍会成为其他主体讨论的起点。二者，议题显著性的最高值出现在 2017 年，各主体高度参与了议题讨论，并均在次年转移了注意力，几乎不再就此议题进行话语竞争，归因格局逐渐稳定。通过观察 2017—2018 年的影响路径图可知，这一稳定格局的主导者为公众，在各主体都积极参与意见竞争的时间里，其影响力最大，成功地设置了下一个阶段的媒体和政府议程。整体观之，在雾霾议题的话语竞争中，政府议程是讨论的起点，而公众则是主要的议程设置者。

（三）归因格局：显著化与边缘化

为了评估多元主体交互的效果——归因格局的演变，笔者借鉴“框架显著度”的计算方法，引入“归因显著度”来观测某一归因维度在特定时间内、不同主体中被关注的程度。[①] 归因显著度的历时性数据通过计算各年份不同主体议程中每项归因所占的比例获得，其均值见表 6－3。

表 6－3　归因显著度（%）均值的历时性演变

归因项	年份								总计
	2013 年	2014 年	2015 年	2016 年	2017 年	2018 年	2019 年	2020 年	
自然条件	29.57	17.55	26.80	35.47	15.51	32.17	39.77	58.41	31.91
工业生产	28.72	29.34	34.59	17.09	24.20	27.70	25.97	39.00	28.33
燃煤取暖	23.38	15.00	27.17	27.02	19.78	14.94	21.96	31.93	22.65
汽车消费	37.26	21.08	18.33	17.20	9.93	18.57	13.88	8.96	18.15
企业行为	7.22	28.11	16.90	7.79	45.70	18.37	11.99	1.59	17.21
政府失职	12.84	13.39	21.30	11.15	23.58	26.22	22.43	2.02	16.62
生活日常	16.24	15.98	21.48	8.89	9.94	11.48	13.19	24.99	15.27
区域传输	14.51	10.36	6.31	9.77	4.03	13.93	11.89	23.71	11.81
结构问题	12.22	8.72	5.69	5.63	6.09	6.79	15.78	22.44	10.42
扬尘问题	1.39	23.87	13.58	3.33	7.08	13.63	8.77	1.59	9.16

整体来看，“自然条件”是最为突出的归因项（平均显著度＝31.91％），“工业生产”和“燃煤取暖”次之；如果具体到各年份，尽管中间略有波动，但这三者的显著度都呈上升趋势。相反，“汽车消费”“企业行为”和“政府失职”的显著度在经历了若干小高峰后都降到了较低水平。“生活日常”“区域传输”

① 曾繁旭，戴佳，郑婕．框架争夺、共鸣与扩散：PM2.5 议题的媒介报道分析［J］．国际新闻界，2013，35（8）：96－108.

和“结构问题”的显著度虽然整体较低，但在轻微的波动中上升。而“扬尘问题”除在个别年份有着较高关注度之外，大部分时间处于较边缘状态。

如果进一步分析各归因项的责任归属，那么表6-3的数据反映出在多年的话语交互过程中，雾霾的“天灾”归因逐渐凸显，“人祸”归因大幅度减弱。这在一定程度上与汽车限行、“散乱污”企业治理、强化督查行动等针对性措施取得的实效息息相关。

为了探究各主体在归因显著度上的差异，笔者以政府、媒体和公众为因子，以各年份的归因显著度为因变量进行方差分析，结果如下（见表6-4）。

表6-4　政府、媒体和公众归因显著度均值（%）

归因项	主体			p值
	政府	媒体	公众	
自然条件	35.44	43.29	17.00	*
工业生产	20.77	22.19	42.02	**
燃煤取暖	23.76	22.19	22.00	n. s.
汽车消费	14.08	18.55	21.82	n. s.
企业行为	29.62	17.16	4.84	n. s.
政府失职	13.62	20.53	15.70	n. s.
生活日常	15.46	14.07	16.28	n. s.
区域传输	15.12	17.06	3.26	**
结构问题	8.09	19.01	4.16	**
扬尘问题	15.51	6.86	5.10	n. s.

注：* = $p<0.05$；** = $p<0.01$；n. s. =not significant（不显著）。

数据表明，“自然条件”“工业生产”“区域传输”和“结构问题”的显著度在政府、媒体和公众议程中存在差异。笔者基于这四个归因项对三个主体议程进行两两比较后发现，公众议程对“工业生产”的关注度显著高于媒体议程和政府议程，而在“自然条件”“区域传输”和“结构问题”上，其归因显著度又明显低于其他两个主体。换言之，公众更重视工业生产带来的负面影响，而弱化客观条件、城际影响、资源禀赋、人口分布等致霾因素，政府和媒体却与之正好相反。

综上所述，在以媒体为中介、政府和公众交替主导话语格局的交互作用下，雾霾的“天灾-人祸”双重属性中具有不可抗性的“天灾”属性逐步强化。不过，这一归因格局并非得到了所有主体的认可，公众与政府和媒体之间存在着明显的分歧。

二、决定共识程度的话语交互过程

在主体议程相互建构并表现为多元意见竞争的过程中，最为关键的是“何以充分参与意见竞争，并在对话中谋求哪怕最低限度的共识”①。雾霾议题中各主体的归因目标正是通过参与话语竞争影响其他主体对雾霾影响因素重要性的判断、排序，进而达成一定程度的共识。本研究将主体对各归因项重要性的判断借助显著度加以量化，也就是说显著度越高，重要性越突出；而共识度则可由主体间认知的“接近性”衡量，即对于某归因项的显著度在不同主体议程中越接近，说明各主体在该方面达成的共识程度越高。

那么，经过多元的话语交互，哪些雾霾归因项具有更高的共识度呢？在前述部分我们已将各归因项按显著度均值的演变趋势划分为“显著型”和“边缘型”两类，而基于政府、媒体和公众在不同归因项上的方差结果，又可发现“自然条件”“工业生产”“区域传输”和“结构问题”四个归因项的显著度在公众议程和政府议程、媒体议程间存在明显的差异，共识度低；“燃煤取暖”“汽车消费”“企业行为”“政府失职”“生活日常”和“扬尘问题”在主体间的重要性差异并不显著，共识度较高（见表6-5）。

表6-5　不同共识度的雾霾归因

低共识度	高共识度	
显著型	边缘型	显著型
自然条件	政府失职	燃煤取暖
工业生产	汽车消费	生活日常
区域传输	企业行为	
结构问题	扬尘问题	

在厘清共识度问题之后，接下来要讨论的是，此种共识上的差异是如何形

① 胡百精．对话与合法性：对外传播中的议程设置［J］．对外传播，2016（8）：8-9，68.

成的？除去历史条件、社会环境的影响，各主体在议程设置、话语竞争的过程中采取了哪些策略？它们发挥了什么样的作用？为了清晰地对此做出分析，笔者借用了罗杰·科布（Roger Cobb）等学者的议程互动理论。该理论根据主体交互的进程将公共议程与政策议程的互动划分为发起（initiation）、阐释（specification）、扩展（expansion）和融入（entrance）四个阶段。[①] 具体到雾霾归因议题，空气质量的变化引起了各主体的关注，从而启动了归因进程；接着各主体经由内部信息加工建构自己的归因认知并加以说明；随后议程的主体需要尽可能地汇聚具有相同认知的群体，增强话语的竞争力；最终一方议程成功融入另一方，完成交互并达成共识。关于客观世界对各主体议程的影响在前文已有分析，接下来笔者将重点关注阐释、扩展和融入三个阶段。

为了在有限的篇幅内深入地论述各主体的互动过程和主要策略，笔者从表6-5所示的三大类雾霾归因中各选取一个关注度相对较高的归因项（分别为"自然条件""政府失职"和"燃煤取暖"）作为分析对象。

（一）阐释：建构话语的合法性

通常，无论是哪类主体，若想其议程有效地参与到多元意见的竞争中，都需要先建构归因观点的"合法性"（legitimacy），即在特定的规范、价值、信念和规定体系中建构某一实体行为的正当性和可取性，并使之成为一种普遍认知和假设。[②] 来自主体的行为只有被认为是恰当的、有益的，也即合法的，才能在社会范围内被普遍接受。同理，对于雾霾归因议题，各主体都有必要通过策略性的言说建构自身行为和话语的合法性，使得自己的观点被承认甚至被认同，从而奠定在交互过程中影响他者的基础。在具体实践中，交互主体可以通过特定语言资源及其配置达到合法化或者去合法化的目标，其实现方式共有四种，分别是援引权威（authorization）、道德评估（moral evaluation）、理性推导（rationalization）和故事叙述（mythopoesis）。[③]

---

① COBB R，ROSS J，ROSS M H. Agenda building as a comparative political process [J]. The American political science review，1976，70 (1)：126-138.

② SUCHMAN M C. Managing legitimacy：strategic and institutional approaches [J]. Academy of management review，1995，20 (3)：571-610.

③ VAN LEEUWEN T. Legitimation in discourse and communication [J]. Discourse & communication，2007，1 (1)：91-112.

在具有高共识度的“燃煤取暖”归因中，各主体的合法化过程较为相似：政府、媒体和公众议程多采用理性推导的方式，通过参考社会实践的效用或“生活的事实”赋予主体合法性——前者指涉工具型策略，后者为理论型策略。其中，理论型策略建立在某种形式的常识或由专家详细阐述的知识的基础之上[①]，在阐释燃煤对雾霾天气影响的话语中最为常见，如例1所示。

例1：(a) 京津冀三地本地源贡献是最大因素，对PM2.5的贡献占70%左右；北京市PM2.5来源解析结果显示，机动车贡献占31%，燃煤占22.4%。(公众，2016-12-21)

(b) 北京最新的分析结果显示，在北京本地PM2.5污染中，机动车、燃煤、工业生产、扬尘为主要来源。机动车占31.1%，燃煤占22.4%，工业生产占18.1%，扬尘占14.3%。(政府，2014-04-16)

(c) 综合来源解析结果表明，今冬京津冀地区重污染的主要贡献源依次为居民燃煤散烧、工业排放和机动车排放，“其中，居民燃煤散烧是近期北京及周边地区重污染最主要的贡献源”。(《中国环境报》，2016-02-26)

串联起各个主体合法化过程的，是大气污染物来源解析研究工作的成果。这一研究工作由原环保部发起，要求全国各直辖市、省会城市和计划单列市按照《大气颗粒物来源解析技术指南（试行）》因地制宜地进行数据的收集与分析。作为雾霾成因讨论中较早且系统进行的研究，来源解析工作的规范性和科学性得到了各主体的认可，这就使在解析结果中占比较重的“燃煤取暖”因有了“科学知识”的参考而具备了合法性。

而除了科学知识，生活经验也被用以支撑“燃煤取暖”归因（见例2）。公众通过对日常生活的观察发现，供暖前与供暖后、供暖地区与非供暖地区在空气质量上存在鲜明的对比，燃煤取暖与雾霾出现的周期和地域高度契合，由此认为公众冬季的取暖行为确实是导致雾霾的重要原因之一。在政府和媒体话语中，描述也多以可感可知的场景为主，例如农村地区的原煤燃烧、起炉预热等现象，围绕着供暖时机与雾霾发生节点的匹配进行合法化，与公众的话语策略相辅相成。

---

① VAN LEEUWEN T，WODAK R. Legitimizing immigration control：a discourse-historical analysis [J]. Discourse studies，1999，1 (1)：83-118.

例 2：（a）只要知道冬天雾霾比夏天严重、北方雾霾比南方严重这两点就可以直接下结论是供暖导致的啊，就这么粗暴简单一点不行吗？（公众，2015-12-11）

（b）与此同时，进入采暖期后，华北地区燃煤污染排放量明显升高，特别是城乡接合部与广大农村地区的原煤散烧现象较为普遍……导致北京及周边地区重污染天气频次和天数明显增多。（政府，2015-12-22）

（c）此次污染是否与供暖有关？中国环境科学研究院副院长柴发合表示，虽然很多地方还没有进入正式供暖期，但是目前已经进入供暖的初级阶段，起炉预热，产生了燃煤量，此外，还有一些农村地区的散煤也已经开始烧起来了。（《新京报》，2016-11-06）

在同样具有高共识度的"政府失职"归因中，前述的工具型策略得到了运用。我们可以观察例 3。

例 3：（a）企业排放……排量巨大，但没人管，没人查。机动车没人罩着，那就当替罪羊吧。至于企业，可都是地方官员的宝贝，不能动！（公众，2016-12-23）

（b）2016 年下旬，成都连续几天都霾橙色预警，然后，政府把烧烤摊叫停了，毕竟冬天秸秆没法背锅了。（公众，2017-01-24）

（c）现在烟花爆竹没了，以后炒菜、放屁也会被禁止。而当你经过钢铁厂、煤电厂的时候，（会发现）烟囱依然冒着浓烟。（公众，2017-01-16）

（d）一些地方政府制定雾霾应急预案，不过是应付上级、应付舆论的形式而已，预案有了，也就万事大吉。预案制定后怎么执行，遇到问题怎么改，并不是这些地方官员所关心的，他们惦记的，依然是税收和 GDP。（《新京报》，2017-01-05）

就公众议程来看，企业是"地方官员的宝贝"，二者是追求利益的"共同体"，因而地方政府不仅在实质层面上纵容企业的污染排放行为，还为掩盖这一违法行为寻找"替罪羊"。实际上，"汽车消费""秸秆燃烧""烟花爆竹燃放"也是造成雾霾的重要因素，对其进行管控是治理雾霾的可行举措，但放在"企业排放没人管"和"钢铁厂、煤电厂的烟囱依然冒着浓烟"等语境中，其就成了"背锅"的因素。这样，"政府失职"的话语就形成了"追求政绩—纵容污染企业一以生活污染转移注意力”的因果链，其背后是公众使用工具型策略“嵌入了一种对道德价值潜在的、倾斜的参照”[1]，使得政府唯政绩论的目的和“甩锅”行为都具有了不道德的性质。具体来讲，公众着重强调的是“道德模型”中的“权威/颠覆”维度[2]，即身处等级秩序中的政府主体，有的不仅颠覆了以人民福祉为先、为人民服务的价值观，也违背了其监督污染主体、治理环境的职责，这是对道德和秩序的破坏，因而这些政府的目标导向和手段导向都是不道德、不合理且不合法的。

媒体议程与公众议程的话语策略相似，也在强调“税收和GDP”目标的不道德，以降低政府行为的合法性。不过在表述时，媒体常使用“个别执法人员”“一些地方政府”等特指称谓，将存在失职行为的执法人员和地方政府从所有执法人员和各级政府里切割出去，即失职、渎职行为仅存在于部分人员和政府中，不以局部代替整体，在一定程度上维护了政府的权威。

策略的趋同能够提高主体间的共识度，而合法性基础的错位则可能造成对立和共识的消解——这在“自然条件”归因中得到了印证。对于具有低共识度的“自然条件”归因，政府和媒体主要采用“援引权威”策略，这一方式借助被认可的个人权威或者传统、惯习、法律等非个人权威进行自身观点的合法化[3]，例如常被采用的专家背书。在例4中，来自“气象台”“中国科学院大气物理研究所”等科研机构的专家基于专业知识强调雾霾与气象条件有着密不可分的关系。

例4：（a）长春市气象台副台长董伟介绍，在通常情况下，秋冬季夜间辐射降温明显，近地面的大气温度比上层大气温度低，易发生气温逆转现象，这种逆温层一旦形成，空气就无法对流，当水平方向风力较小时，污染物难以扩散不断积累，容易产生雾霾污染。（政府，2015-11-09）

（b）中国科学院大气物理研究所研究员王自发介绍说，2015年发生了自1998年以来最强的厄尔尼诺气候事件，导致明显的气候异常，也造成了2015年四季度我国北方地区温度明显偏高，空气污染扩散条件不利，空气污染状况

---

① HABERMAS J. Legitimation crisis [M]. London：Heinemann，1976：22.

② 海特．正义之心：为什么人们总是坚持“我对你错”[M]. 舒明月，胡晓旭，译．杭州：浙江人民出版社，2014：132.

③ VAN LEEUWEN T. Legitimation in discourse and communication [J]. Discourse & communication，2007，1 (1)：91-112.

加重，重污染过程频发。(《中国环境报》，2016－12－16)

政府和媒体对专家话语加以直接或间接引用，在某种程度上是希望借助专家的个人权威合法化雾霾的“天灾”属性。然而不容乐观的是，依靠专家权威背书的“自然条件”归因并不能引起公众的认可和共鸣。之所以事与愿违，是因为以下两个因素。

一方面，政府和媒体归因话语中频繁出现的“专业术语”技术含量过高，与公众的认知水平不相匹配，比如例5。

例5：2月中旬以来，500百帕高度场上欧亚中高纬被平直的纬向环流控制，高度场正距平位于我国东部，影响我国东部地区的冷空气势力总体偏弱。中低纬西太平洋副高偏强，低层我国华南至华北均为明显的南风距平，对西太平洋副热带高压西侧的水汽输送到我国长江流域及以北地区较为有利，华北、黄淮、江淮一带的大气湿度明显增加，导致该地区气温偏高、湿度偏大，不利于污染物的扩散，有利于雾或霾天气过程的生成和持续。(政府，2019－02－24)

该样本提到的“高度场”“纬向环流控制”“南风距平”“副高”等关涉地理、生态、气象的专业词语具有较高的技术性，普通公众的知识储备不足以支撑其完成解码工作，交流的“无奈”和传播的“傲慢”增强了公众抗拒沟通和愤怒的负面情绪。①

另一方面，专家权威性在公众话语中的消解进一步动摇了政府和媒体归因话语的合法化基础(见例6)。

例6：(a)“专家”说了，用纯天然的木炭烧烤的污染比汽车烧劣质汽油、工厂对煤烟零处理大多了。(公众，2016－12－12)

(b)这么多“砖家”，总要有个交代吧……所以需要“羊”，然后，咩……(公众，2016－12－18)

在上面的例子中，“纯天然木炭的污染小于烧劣质汽油”是可感可知的生活常识，但专家话语却与之相背离，导致公众以反讽的语气强调专家观点的矛盾和荒谬。此外，在公众看来，专家的目标是对雾霾的真正成因“有交代”，他们

---

① 朗格林，麦克马金．风险沟通：环境、安全和健康风险沟通指南：第5版[M]．黄河，蒲信竹，刘琳琳，译．北京：中国传媒大学出版社，2016：47.

本应运用自己的专业知识探寻雾霾的“元凶”，如今却以寻找“替罪羊”的方式敷衍，无论是目的还是方式都与科学的权威形象相去甚远。两者叠加，专家的可信度大大降低，政府和媒体“自然条件”归因的合法性基础由此被瓦解。

综合上述三个代表性归因项的文本分析，我们了解到的事实是：以具有高共识度的话语为参考的合法性建构能够推动各主体就归因再次走向共识，而建立在争议性事实基础上的归因将面临解构的危机。不过需要说明的是，公众不接受专家背书并不意味着其对科学和理性的排斥。各省市发布的大气污染物来源解析结果被广泛接受，可以在公众议程中得到合法化，原因之一就是其采样、解析等环节的方法、理论的科学和严谨，是过程而非个人赋予这一结果“科学知识”的严谨性。

（二）扩展：获取议程可见性

扩展阶段的目标是聚拢更多具有相同认知和观点的人，以扩大言说主体的规模，这就要求议程必须获得足够的“可见性”或曰“能见度”，不断显化，为不同主体话语的相互检验和碰撞创造机会。

在扩展的过程中，媒体作为“集体注意力的授权管理者”，因具备“地位授予”功能而拥有了赋予事物或者人、组织等以可见性的能力。[①] 因此，媒体尽管并不是归责的直接利益相关方，但会以一个行动者的身份参与到话语竞争中——哪些主体可以进入媒体议程，获得“可见”的机会，是需要媒体授予和建构的。不同程度的可见性赋予造就了迥异的“媒体身份”，具有这一身份的个人或组织常作为消息来源（news source）被分析，其可见性可分为两种：一是“出场”，意味着主体获得了身份的“可见”；二是“发声”，即主体的言说权利被认可，是一种显著度更强的“可见”。[②] 根据类似的研究，前者对应新闻线索的来源或提供者，后者指涉在新闻中以直接或间接方式说话的人。[③] 基于这样的认识，对各主体议程可见性的评估可进一步具化为对其媒体身份的考察。

---

① 刘鹏．“全世界都在说”：新冠疫情中的用户新闻生产研究［J］．国际新闻界，2020，42（9）：62－84．

② 李东晓．“地位授予”：我国媒体对一家国际环保组织“媒体身份”建构的描述性分析［J］．国际新闻界，2020，42（10）：48－68．

③ 夏倩芳，强月新，张明新．中国内地党报中社会冲突性议题的党政形象建构分析：以《人民日报》“三农”议题为例［C］//亚洲传媒研究中心．亚洲传媒研究 2006：汉、英．北京：中国传媒大学出版社，2007：198－217．

有研究表明，在很多情况下，媒介组织会过度依赖政府官员、各界精英等常规信源，从而形成“信源标准化”现象。[①] 与雾霾成因相关的报道也不例外。笔者对在媒体议程的“自然条件”“政府失职”和“燃煤取暖”归因中获得过“发声”机会的主体做了统计，发现政府（包括各级政府和环境主管部门的官员）所占比例近半，分别为43.33%、53.61%和46.15%，具有极高的可见性，例如接下来的例7。

例7：（a）甘肃省兰州市副市长严志坚：“‘两山夹一河’就是主要的客观因素之一。这是由兰州市特殊的城市地貌决定的。兰州市地处黄土高原河谷地带，南北两山对峙，明显的盆地地形造成污染物不易向外流动。同时，兰州市还存在不利的气象因素。”（《中国环境报》，2014-09-15）

（b）临汾市环保局副局长张文清：“目前，在临汾市规划区及周边20公里范围内，仍有大约10万户居民采暖燃用散煤。通过数据得知，市区二氧化硫浓度峰值大多出现在每天20点到23点之间，符合居民采暖燃煤规律。”（《人民日报》，2017-01-21）

（c）督察还发现，华北地区存在基层政府及有关部门环保责任落实不到位、城乡接合部和农村环境问题日益突出、治污方案落实和考核不力、企业环境违法违规问题依然常见等诸多问题。（《新京报》，2015-12-15）

在“自然条件”和“燃煤取暖”归因中，官方信源多以直接引语的方式出现，这主要是为了使报道显得客观公正，也表示对这一归因的强调。至于“政府失职”归因，其在政府议程中的文本多以通报为主，进入媒体议程后则以间接引用的方式出现，起到了模糊转述者（媒体）与被转述者（政府）之间的界限、用前者声音淹没后者声音的作用。这种含混既与媒体将官方观点转化为通俗易懂的语言以使公众更易于接受的职责相关[②]，也暗示了报道者的赞同态度[③]。

---

① SHOEMAKER P J, REESE S D. Mediating the message: theories of influences on mass media content [M]. New York: Longman Trade, 1991: 151.

② 辛斌.《中国日报》和《纽约时报》中转述方式和消息来源的比较分析 [J]. 外语与外语教学，2006 (3): 1-4.

③ 杨敏，符小丽.基于语料库的“历史语篇分析”(DHA) 的过程与价值：以美国主流媒体对希拉里邮件门的话语建构为例 [J]. 外国语（上海外国语大学学报），2018，41 (2): 77-85.

与政府的高“可见性”相比，公众这一主体鲜有机会在主流媒体的相关报道中“发声”，当然他们的声音也不会被完全“遮蔽”，媒体有时会采用其提供的信息作为报道或者调查的线索，间接赋予公众议程以一定的可见性（见例8）。

例8：（a）“村边郭外散煤烟，阴霾漫漫欲染天”，这是互联网上对我国散煤燃烧现状的形象描述。据估算，我国燃煤中约有20%～25%是散煤……集中燃烧于采暖期……散煤燃烧对空气质量的影响十分显著。（《中国环境报》，2015－12－08）

（b）2014年11月中旬，有群众用环境保护部12369热线举报，反映“黑龙江省哈尔滨市南岗区文君花园小区锅炉房烟囱排放大量烟尘，运行时浓烟滚滚，遮天蔽日，向当地环保部门反映两年了，污染问题没有好转”。2015年1月8日上午，记者来到举报件中提到的文君花园小区。在现场调查时……记者继续追问“为何不向政府部门反映”时，行人捂着口罩说了声“没人管”就匆匆逃离了。（《中国环境报》，2015－01－14）

在例8（a）中，“村边郭外散煤烟，阴霾漫漫欲染天”描述的是生活中可见可感的现象，网民改编古诗句，用以调侃散煤燃烧与雾霾出现之间的紧密联系，媒体引用后，将其作为“燃煤取暖”归因的引入和佐证，表达了对这一话语的认可。例8（b）中，公众虽然没有获得直接“发声”的机会，但作为新闻线索“出场”了，正是因为有了公众“向有关部门反映但没有解决问题”的举报，记者才得以获知该小区发生的污染“没人管”。记者顺着公众提供的线索进行深入调查后最终呈现出来的文本，实际上也再次推动了公众议程中“政府失职”归因的显化。

值得关注的是，在具有低共识度的“自然条件”归因中，无论是作为“发声者”还是作为“线索提供者”，公众都不曾出现。媒体多直接引用政府或者相关专家的话语（见图6－4），既没有发挥连接公共领域和私人领域的媒介作用，转换官方语言以增强文本的可读性、降低公众解码的难度，也没有赋予公众哪怕“出场”的机会。公众议程在这一归因中的话语和意见被隐去，使得“自然条件”归因呈现出了政府和媒体“喃喃自语”而公众“沉默无语”的僵持状态。

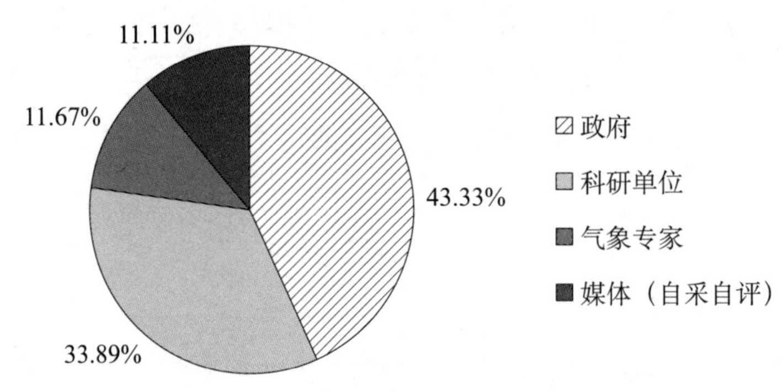

图 6-4　媒体议程中“自然条件”归因的消息来源分布

实际上，可见性代表着一种承认，不可见意味着对承认的剥夺。参与交互的主体在获得可见性的同时其表达权利也得到认可，只有在“可见”的表达中，某一主体的话语才得以被充分地展示，从而成为其他主体考虑和判断归因的要素。从效果来看，若这种可见性仅被给予交互的一方，却选择性地“遮蔽”或“抑制”另一方的话语，就算能够营造出表面的“共识”，这样的“共识”也是极其脆弱而短暂的。当长期被漠视的一方越来越愤怒时，真正的共识只能渐行渐远。

（三）融入：顺应主体预期

在公众与政府的交互过程中，融入指的是公众的需求得到了决策者的认真考虑，并将其转变为政策议程。[①] 具体到雾霾归因议题，我们可将融入理解为一方主体的归因格局成为另一方主体形塑议程的依据，二者之间完成了议程的交互。不过，我们并不能孤立地理解归因话语，而须将其置于主体所处的具体交互情境中加以考察——归因本身就带有对事件的主观预设和解释，其包含着归因者对其他主体行为的期待[②]，交互双方在预期行为上的不同匹配程度将带来差异化的情绪反应，从而影响后续交互的进行。在归因理论中，与主体期待和预设相关联的并非原因本身，而是其具有的三种特性（维度），分别是原因的部位（focus of causality，分为内部和外部，前者指涉自我归因，后者指涉环境或者他人归因）、原因的稳定性（stability of causality，指原因是否容易随着时

---

① COBB R，ROSS J，ROSS M H. Agenda building as a comparative political process [J]. The American political science review，1976，70 (1)：126-138.

② 夏少琼．归因、归责与灾难：基于雾霾与地震的比较分析 [J]．广州大学学报（社会科学版），2016，15 (2)：19-27.

间或其他因素的变化而发生变化）和原因的可控性（control ability of causality，指原因是否能被人为消除、削弱或增强）。[①]

就公众而言，作为雾霾风险的直接承担者，其参与归因讨论的目的是“找到人类活动造成雾霾的原因”，从而实现控制失序风险并解决雾霾问题[②]的目标，因此其更倾向于将雾霾归因于“政府失职”和“燃煤取暖”等可控因素，同时选择性地回避了不可控的“自然条件”归因。虽然政府对“燃煤取暖”与公众有着相同的认知，但其试图弱化“政府失职”对雾霾造成的影响，转而强调“自然条件”的作用。我们可以基于可能的有利结果推测政府（主要是一些地方政府）这么做的理由。其一是对自身形象的维护和对责任的推卸。归因理论认为，由于利己主义偏向，归因者倾向于将积极结果归因于内部因素而将消极结果归因于外部因素。[③]“自然条件”不仅属于外部因素，还具有“不可控”特征，将雾霾问题归咎于气象、地理等客观条件，能够赋予其“天灾难逆”的不可抗性，减少社会上对政府治理能力的质疑。其二是维护社会的稳定。前文提到的原因的可控性与主体交往中的社会情绪有着密切的关联，当他人的行为可以控制却仍然造成了需要所有人一起承担的不良后果时，极易引发承担者的愤怒和不满。[④]从职责来看，政府应当在治霾方面履行主体责任，优化治理模式，加强监管和督察。假如因为过分追求经济发展和眼前利益而放松要求，导致雾霾治理效果不佳，使得社会受到雾霾风险的威胁，就可能引发普遍的敌对状态。从这一角度来看，政府选择对“政府失职”归因避而不谈，弱化该归因项的存在感，或许也是希望借此转移公众注意力，避免发生社会对抗。

虽然上述政府的动机是维护自身权威和社会稳定，但结果往往事与愿违：“政府失职”这一客观事实的存在会经由公众的生活感知被反复提及和强调，在话语中表征为对政府的失望和缺乏信心，负面情绪见诸各类网络平台。为了改变被动局面，政府开始选择直面问题，将其纳入议程并做出回应（见例9）。

例9： *为贯彻落实党中央、国务院决策部署，落实地方党委政府和有关部*

---

① 刘永芳．归因理论及其应用［M］．济南：山东人民出版社，1998：183－189.

② 林钟敏．责任的心理分析：介绍B．韦纳新著《责任的判断》［J］．心理学动态，1996（3）：56－60.

③ 同①64.

④ 同①236－238.

门大气污染防治责任以及企业环保守法责任，推动京津冀及周边地区大气环境质量持续改善，环境保护部决定开展为期一年的大气污染防治强化督查……此次强化督查是环境保护有史以来，国家层面直接组织的最大规模行动，主要对7个方面进行督查……（政府，2017-04-05）

在例9中，政府的举措主要有两项。一是修正自身行为。针对公众话语中地方政府以“追求GDP”为目标，以避重就轻的管理方式为表现的失职行为，原环保部开展了“为期一年的大气污染防治强化督查”行动，既要“督政”，“突出县级党委、政府大气污染防治工作责任落实、工作落实情况”，也要“督企”，“紧盯大型企业的达标排放情况，认真督促落实排污许可制度和全面达标排放计划，同时严查‘散乱污’企业整治和取缔情况”，积极对自身行为进行纠偏。二是重塑政府权威。在政府文本中，此次强化督查行动是“有史以来”“国家层面直接组织的最大规模”行动，借助等级秩序中对“国家”的尊重和信任为此次行动背书，强调官方的重视。同时，原环保部还印发了《京津冀及周边地区2017—2018年秋冬季大气污染综合治理攻坚行动量化问责规定》，对“虚报情况、弄虚作假，工作不严不实”等情况从严问责，通过制度设计为行动构建了新的权威基础。

总的来说，由于“政府失职”归因涉及了政府主体的利益考量，故而无论公众和媒体采取怎样的话语策略，只要增强其可见性，就会对政府权威形成挑战，从而倒逼政府进行行为的修正。实际上，公众和媒体对“政府失职”这一负面形象加以建构，也是希望通过制造舆论对风险议题施加社会控制，最终谋求实质性变革。[①] 政府的回应恰恰满足了这一期待。上述例子在效果上虽然使部分地方政府和官员的声誉受到了影响，却为整个官方主体打造了实事求是、诚实坦率的形象。[②]

“燃煤取暖”归因的预设同样满足了各主体的期待。该归因项将雾霾的形成归咎于公众的取暖行为，属于可控因素。目前社会上采取的应对措施多以“电代煤”“气代煤”为主，虽然需要一定的时间推进工程，但取得了不小的成效。

---

① 黄河，刘琳琳．媒介素养视角下公众对环境风险议题的负向建构［J］．现代传播（中国传媒大学学报），2018，40（2）：157-161.

② 刘亚猛．追求象征的力量：关于西方修辞思想的思考［M］．北京：三联书店，2004：76-77.

如北京市 2018 年的 PM2.5 来源解析结果表明，燃煤源对 PM2.5 绝对浓度的贡献全面下降，下降幅度为所有来源之最。无论是其措施上的可控性还是改善成果上的显著性，都与公众对控制雾霾问题的期待高度契合。而对政府议程来说，“燃煤取暖”属于外部因素，将其与负面的天气状况联系可以“减轻技术专家和政府的道德压力”[①]。

不过，若是不同主体在归因预设所隐含的期待上产生了根本的背离，那么认同将难以形成。政府所强调的“自然条件”归因在公众议程中一直处于边缘化状态，偶被提及也是对这一原因的否认，例如下面的例 10：

例 10：“我在北方的雾霾里迎风吸尘，你在南方的城市中视力下降。”面对雾霾，是采取硬性手段加强治理，还是“闭关修炼”坐等风来，成了各界都逃不开的大问题，反正这口黑锅，天气是背不了多久了。（公众，2016-12-20）

若是将雾霾的形成归咎于“天气”因素，那么对应的措施就是“坐等风来”，这与“加强治理”形成了对立，从而会被公众视作政府逃避治理责任、不愿作为的借口。实际上，“自然条件”归因一直为公众所排斥的根源，就在于这一话语的预设属性与公众的期待相背离。通过前文的分析我们可以明确，公众以控制雾霾为导向进行归因，但将雾霾归咎于客观因素意味着无法控制和难以改变，无法控制会带来恐慌情绪和无力感，难以改变则降低了消除污染天气的可能性。[②] 出于维持自身期待的目的，公众会本能地排斥类似的既无能力也无责任感的主体。

根据上面的讨论，归因预设与期待在不同主体间的匹配与否成为归因项能否进入他者议程的重要因素。“燃煤取暖”同时契合多元主体的预期，成功地融入了各个议程；公众和媒体建构的“政府失职”归因对政府希望维持的权威形象产生了挑战，迫使政府不得不顺应他者预期将这一归因纳入自身议程并做出行为改变；而在“自然条件”归因中，“天灾难逆”的预设与公众坚持的“解决问题”期待相背离，引起公众的排斥情绪，最终导致交互的停滞与僵持。

三、话语交互机制及关键环节的讨论

结合上述分析，我们可将多元主体围绕雾霾归因议题的交互过程细化为以

① 王庆．媒体归因归责策略与被“雾化”的雾霾风险：基于对人民网雾霾报道的内容分析［J］．现代传播（中国传媒大学学报），2014，36（12）：37-42.

② 刘永芳．归因理论及其应用［M］．济南：山东人民出版社，1998：207.

下几步：(1) 空气质量的变化激发了政府、媒体和公众的归因积极性，形成了差异化的议程；(2) 为了提高设置能力，多元主体需合法化自身归因话语，使之具备正当性和可取性；(3) 在此基础上，各主体借助“发声”或“出场”的方式在媒体议程中获取可见性，推动议程显化；(4) 在拥有高可见性的同时，某一归因项所包含的主观预设也得到了强调，其与交互者预期的匹配程度将影响主体的后续行为，从而推动或阻碍该归因项融入主体议程，形成显著度上升或下降的表征。笔者按照这一互动过程，将各类主体围绕“燃煤取暖”“政府失职”和“自然条件”这三项有代表性的雾霾归因所展开的话语交互机制分别做出总结，具体要素和作用方式见图 6-5（箭头代表要素的作用方向，实线代表作用或交互实现，虚线代表作用或交互未完成）。

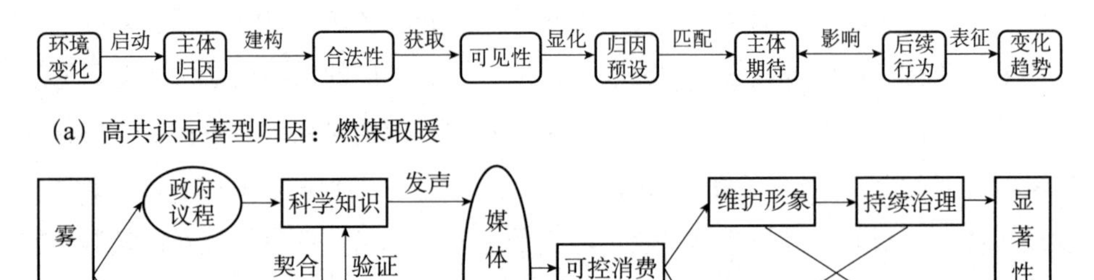

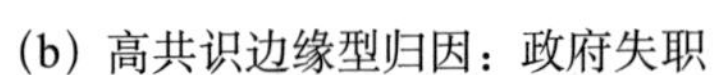

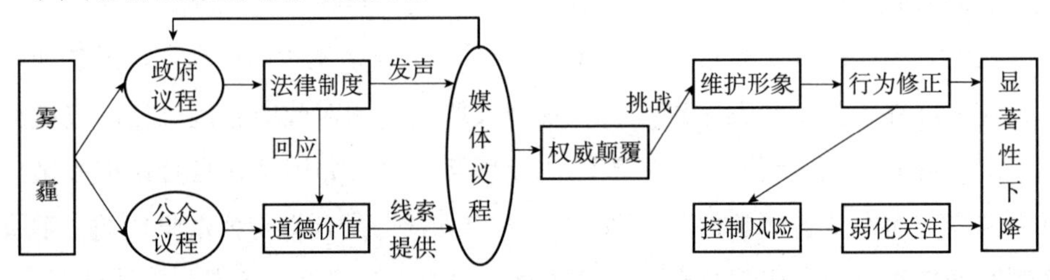

(c) 低共识显著型归因：自然条件

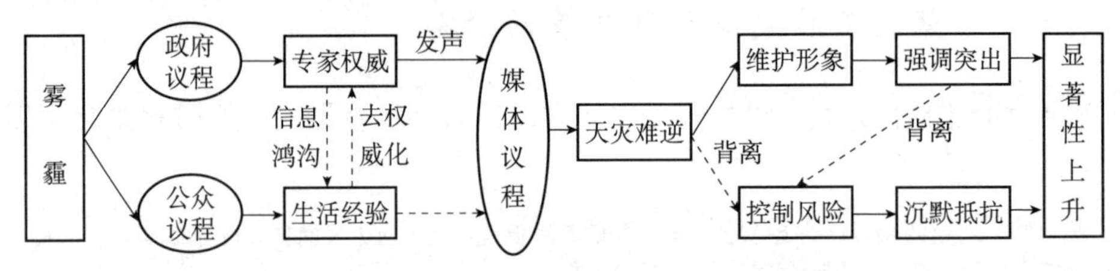

图 6-5　多元主体针对不同雾霾归因的话语交互机制

以“燃煤取暖”为代表的高共识显著型归因在政府和公众议程中拥有相似的合法性基础，二者以科学知识和生活经验为依据，推断出燃煤行为对空气质量具有消极影响。在此基础上，二者同时获得了媒体赋予的可见性，由此强化了话语的交互和融合。最后，由于“燃煤取暖”具有归因上的外部性和可控性，契合政府维护自身权威和公众控制雾霾风险的期待，因而二者的议程彼此相融，达成了高度共识。

对于同样具有高共识度的“政府失职”归因，主体间共识达成的主因在于各主体对期待的维护，其边缘化的趋势则缘于政府对高可控行为的修正。政府在雾霾归因初期为维护自身利益而试图对“政府失职”归因进行淡化处理，在话语上鲜有发声。随后，公众以提供新闻线索的方式与媒体结合，增强了“政府失职”归因的显著性，对政府的权威形成挑战。在政府维持自身形象的目标的驱动下，这一归因成功介入政府议程并获得政府的直接回应：其通过“以退为进”的策略，对地方政府和官员进行公开督查和处罚，牺牲部分声誉而塑造整个官方真诚坦率的形象。相关行动经由媒体议程的直接引用而被显化，再次进入公众议程，顺应了公众对修正政府不当行为的期待。随着问题被纠正，在各主体的认知中，政府失职行为对空气质量的负面影响逐渐减弱，各主体对这一归因项的关注度降低，其边缘化就成为必然。

最后，具有低共识度的“自然条件”归因则在交互的各个环节表现出了失衡与错位。其一，在话语策略环节，政府和媒体习惯援引专家的观点以合法化客观因素对雾霾形成的影响，但基于此策略的话语技术含量过高，超出了公众的理解范畴，难以被顺利解码，同时专家的权威也在公众的日常感知和话语策略中日渐消解，援引专家观点的政府和媒体话语的合法性随之被解构。其二，在话语显化环节，公众对该归因项的质疑一直未能获得媒体的赋权，公众仅能被动接受来自政府和媒体的信息灌输，而缺乏在主流媒体上“发声”和“出场”的机会，可见性的失衡使得话语交互根本无从谈起。其三，在归因预设和主体期待的匹配程度上，“自然归因”的外部性、不可控性和稳定性赋予雾霾“天灾难逆”的性质，可用来减轻政府的治理压力，因而得到了政府议程的强调；但对这一归因不可抗性的建构却完全背离了公众控制风险的初衷，强化了公众对“自然归因”的排斥。为了能对公众议程产生影响，政府经由媒体持续扩大议程显著性，使得即使这一归因没有汇聚共识，其显著性也随着议题的发展不断上升。

对上述三种机制加以分析，我们可提炼出各主体话语交互得以顺畅进行的关键环节。

第一，善用话语策略，注重合法化基础的确定性。无论是“燃煤取暖”归因中用以辅证的科学知识和生活经验，还是“政府失职”归因中官方借用的法律制度，都是无须论证的事实，因而其合法化基础得以成立。而“自然条件”归因中的专家权威并未得到广泛承认，公众话语表现出了明显的去权威化倾向，消解了专家权威的原有效力，致使将雾霾归咎于客观因素的观点难以立足。实际上，合法化策略就是“通过确定的事物证明不确定的事物”①，并且“确定的事物”必须是已经达成的共识而非单方面的宣认。昆提利安（Quintilianus）曾对事物确定性进行分层，前三层由高到低分别为“我们通过自己的感官感知的事物”“具有普遍共识的事物”和“由法律确定的，并且如果不是在全世界的话，至少在论辩发生的国度正被实行的那些事物”，即哲学思想中的“不容分辩的事实（brute facts）”“社会事实（social facts）”和“机构性事实（institutional facts）”。② 在雾霾归因中，上述层次分别对应前文提到的生活经验、科学知识和法律制度。本节的分析再次印证，一个具有高度确定性的事实基础更可能推动话语被普遍承认和接受。因此，各主体在选取合法化策略时应当格外重视其所参考基础的确定性，以最大限度地减少被质疑的可能性。

第二，推动话语显化，重视赋权均衡性。可见性的均衡是指为不同主体议程都提供“发声”或者“出场”的机会，这不仅有助于相似观点的碰撞与融合，也能推动不同观点进行相互检验和修正，避免沉迷于由选择性遮蔽和忽视分歧造成的表面“共识”。媒体作为授予可见性的主体，是连通其他主体的渠道和推动多元共识得以形成的关键因素，其需要通过对事实的报道和对问题的揭示“为多元共识提供认知层面的事实基础和可供协商的价值选择”③，进而创造多元主体意见交流的空间。若想达成此种效果，一方面要求各主流媒体注重报道

---

① 刘亚猛．追求象征的力量：关于西方修辞思想的思考［M］．北京：三联书店，2004：67.

② 同①68－69.

③ 胡百精，杨奕．社会转型中的公共传播、媒体角色与多元共识：美国进步主义运动的经验与启示［J］．中国行政管理，2019（2）：128－134.

信源的多样化与报道平衡性，重视民间信源，开展“公众本位”的环境传播[①]；另一方面也要求社会正视不同媒体的角色，以推动社会对话协商为引领，允许不同报道立场与报道宗旨的存在，多角度呈现公共意见，形成“舆论合唱”[②]。

第三，厘清主体关切，恰当回应期待。“自然条件”归因的交互和共识陷入僵持，固然与受到政府和媒体话语策略失误和可见性失衡带来的负面影响有关，但更为重要的原因是其与公众期待背离，这种背离带来的抵抗和敌对情绪在很大程度上既降低了公众倾听他者议程的可能性[③]，也阻碍了交互的进行。客观地讲，政府、公众和媒体积极探寻“雾霾元凶”的背后是根治环境问题的共同目标，即着眼于雾霾带来的风险，通过责任主体的确认找寻对策，从而务实地“解决问题”[④]。但是，随着角色的分化，各交互主体以“元期待”为基点衍生出了更多的特定期待，例如作为风险管理者的政府希望在解决环境问题的同时维护自身形象，而作为风险承担者的公众则希望尽快控制风险，缩短受其影响的时间。因此，多元主体在相关环境议题的交互中需注意明确行动者的差异化关切，只有这样，才能在进行策略性言说时进行观照，规避敌对状态的出现，推动议程的交融。

第四，承认主体间性，明确主体角色。主体间的交互链条得以触发和进行的先决条件，是主体间角色认知和职责分配的互相适应。传统的环境议题以政府和媒体为“教育者”，负责传授相关知识，而公众是“被教育者”，需要接受自上而下的信息灌输。随着公民意识的增强，公众更希望成为合法化的合作伙伴，而不是“无知”的信息接收者。[⑤] 针对雾霾归因议题，当政府开始强化自身责任、开展环保督查、以实际行动证明其对公众话语的承认和认可时，公众便获得了具有参与权利的监督者和合作者身份，而政府也完成了从教育者到与

---

① 黄河，刘琳琳．论传统主流媒体对环境议题的建构：以《人民日报》2003 年至 2012 年的环境报道为例［J］．新闻与传播研究，2014（10）：53－65，127.

② 董天策，胡丹．试论公共事件报道中的媒体角色：从番禺垃圾焚烧选址事件报道谈起［J］．国际新闻界，2010（4）：53－57.

③ 朗格林，麦克马金．风险沟通：环境、安全和健康风险沟通指南：第 5 版［M］．黄河，蒲信竹，刘琳琳，译．北京：中国传媒大学出版社，2016：47.

④ 戴佳，季诚浩．从民主实用到行政理性：垃圾焚烧争议中的微博行动者与话语变迁［J］．中国地质大学学报（社会科学版），2020，20（3）：133－146.

⑤ 黄河，刘琳琳．风险沟通如何做到以受众为中心：兼论风险沟通的演进和受众角色的变化［J］．国际新闻界，2015，37（6）：74－88.

公众一起提出解决方案、降低风险的推动者和管理者的转变，二者的对话协商找到了共同的着力点，彼此的关系也由“主体-客体”式支配关系转换为“主体-主体”式主体间性关系，对话发生的前提和基础得以形成①，并由此开辟出动态均衡的“双赢区”②。

第二节　政策沟通的共时性特征与优化沟通的主要路径

我们在本节围绕近年来讨论热度持续高涨的垃圾分类议题，基于扎根分析的方法，综合探讨政府、公众等主体对垃圾分类议题的话语建构与互动特征。除了社会关注度高这一因素，选择垃圾分类议题主要还出于以下考虑：（1）从政策执行来看，垃圾分类在执行过程中涉及对居民既有生活习惯的改变，如果沟通不畅，使居民产生了排斥和抵触心理，政策的推行就会遇到较大阻力，故而非常有必要了解不同主体的差异关切和多样诉求。（2）从政策意义来看，垃圾分类不仅仅是重要的环境议题，更是构建多元共治的现代环境治理体系、推进可持续发展战略的重要试验田，其实践效果有赖于多元主体间的良性互动。对多元主体在公共政策活动中的话语特征进行识别，有利于更好地发现如何通过引导多元主体的互动与协商，创建协同共建的环境治理机制。③

一、以话语呈现和话语反馈为核心的垃圾分类政策沟通

随着经济社会的发展和物质消费水平的大幅提高，我国垃圾产生量迅速增长，不仅造成了资源浪费，也使环境隐患日益突出，制约着经济社会持续健康发展。2016年，习近平同志在中央财经领导小组第十四次会议上指出，垃圾分类事关居民生活环境改善与垃圾减量化、资源化和无害化处理，要加快建立分类投放、分类收集、分类运输、分类处理的垃圾处理系统，形成以法治为基础、政府推动、全民参与、城乡统筹、因地制宜的垃圾分类制度，努力提

① 胡百精，李由君．互联网与共同体的进化［J］．新闻大学，2016（1）：87-95，149-150．

② 胡百精，高歌．双向均衡沟通的想象：知识社会学视角下卓越公关理论的发展与批判［J］．现代传播（中国传媒大学学报），2019，41（2）：119-126．

③ 胡百精．公共协商与偏好转换：作为国家和社会治理实验的公共传播［J］．新闻与传播研究，2020，27（4）：21-38，126．

高垃圾分类制度覆盖范围。[①] 2019 年，习近平同志再次对垃圾分类工作做出重要指示，强调实现垃圾分类关系广大人民群众生活环境，关系节约使用资源，是社会文明水平的一个重要体现，要让广大人民群众认识到实行垃圾分类的重要性和必要性，通过有效的督促引导，让更多人行动起来，培养起垃圾分类的好习惯。[②]

生活垃圾分类已是推动环境建设和社会发展的关键一环。若要提升这一政策的落地效果并使之成为长效机制，就必须从垃圾分类的执行环节——“行政动员”与“多元参与”入手。[③] 一方面，当前我国的垃圾分类正处于由“激励政策”向“强制政策”转变的阶段，政府需要通过制度化或非制度化的方式实现“行为动员”，将政策主体整合到统一行动中，建立垃圾分类治理的规则体系[④]，使垃圾分类意识和资源节约理念在全社会得到显化。另一方面，在我国环境政策的历史发展中，“依靠群众”工作方针的重要指导地位早在 1973 年召开的第一次全国环境保护会议中就得到了确立。这一方针不仅要求政府了解群众利益需求、制定公共政策、维护群众切身利益，还要求政府充分发挥政治动员和说服教育的重要作用，使政策决策者和执行者都能了解所要执行政策的目标、内容和手段，在此基础上形成“政策认同”，并转化为政策执行者“齐心协力”和“自愿自觉”的行动。综上所述，调动各方的主动性和积极性，形成协同参与格局，是落实环境政策的努力方向。基于这样的思路，我们引入政策沟通这一概念，对政府、公众等主体围绕垃圾分类政策议题的话语言说及其互动特征进行分析，进而提出优化政策沟通、推动政策执行的策略与路径。

政策沟通是政府就某一关涉公共利益的政策的制定、实施、评估与修订等环节与目标群体开展话语交流的过程，具体方法包括政策宣传、政策解读和政

---

① 中央财经领导小组第十四次会议召开［EB/OL］.（2016－12－21）［2021－04－30］. http://www.gov.cn/xinwen/2016-12/21/content_5151201.htm.

② 习近平对垃圾分类工作作出重要指示［EB/OL］.（2019－06－03）［2021－04－30］. http://cpc.people.com.cn/n1/2019/0603/c64094-1117418.html.

③ 顾丽梅，李欢欢．行政动员与多元参与：生活垃圾分类参与式治理的实现路径：基于上海的实践［J］. 公共管理学报，2021，18（2）：83－94.

④ 吴晓林，邓聪慧．城市垃圾分类何以成功?：来自台北市的案例研究［J］. 中国地质大学学报（社会科学版），2017，17（6）：117－126.

策动员等。政策沟通旨在促进目标群体对政策目标、内容与执行手段的理解和认同[①]，从而为公共政策的顺利推行提供一个相对良好的环境[②]。在这个过程中，政府会调动各种公共资源，运用多样的信息传播方式和话语表达策略，影响目标群体的判断和认知，并最终影响其行为。[③]

基于治理过程的视角，垃圾分类政策包括“生活垃圾”和“分类行为”两个范畴。前者主要包括生活垃圾的分类方法、分类意义和处理流程，后者则关涉以公众为代表的多元社会主体对垃圾分类的基本认知、参与行为及其影响因素。[④] 沿循这一视角，政府与其他社会主体围绕垃圾分类的话语互动可从下述两方面进行剖析：其一，围绕垃圾分类的“话语呈现”，即政府对“为何进行垃圾分类”以及“如何进行垃圾分类”的宣传和解读；其二，针对垃圾分类的“话语反馈”，即公众对垃圾分类政策的认知、评说与行为意愿，以及政府对公众利益诉求的回应。[⑤] 换言之，政府与其他社会主体基于垃圾分类议题的互动不仅仅要清晰地阐释垃圾分类的目标、原则、内容和方法，更重要的是完善政策传播制度，特别是互动模式和反馈机制，塑造政府与其他社会主体之间的良性关系。[⑥]

二、政府的垃圾分类政策话语呈现

整体而言，我国的垃圾分类政策传播经历了从“单点推进到全面落实”和从“政府主导到全民共建”的演进。自 2000 年北京、上海、广州、深圳、杭州、南京、厦门、桂林这八个城市被确立为生活垃圾“分类收集”试点城市开始，我国在 20 多年的时间里不断完善垃圾分类的相关分类标准和管理办法，将垃圾分类的内涵从“收集”丰富至包括“投放、收集、运输和处理”等环节在

---

① 李燕，母睿，朱春奎．政策沟通如何促进政策理解?：基于政策周期全过程视角的探索性研究［J］．探索，2019（3）：122-134.

② 莫寰．政策传播如何影响政策的效果［J］．理论探讨，2003（5）：94-97.

③ 谭翀，严强．从“强制灌输”到“政策营销”：转型期中国政策动员模式变迁的趋势与逻辑［J］．南京社会科学，2014（5）：62-69.

④ 孙其昂，孙旭友，张虎彪．为何不能与何以可能：城市生活垃圾分类难以实施的“结”与“解”［J］．中国地质大学学报（社会科学版），2014，14（6）：63-67.

⑤ 胡宁生，魏志荣．试论社会政治沟通的话语分析路径［J］．江苏社会科学，2013（3）：77-83.

⑥ 刘雪明，沈志军．公共政策传播机制的优化路径［J］．吉首大学学报（社会科学版），2013，34（2）：77-83.

内的完整系统。2017年国家发展改革委员会、住房和城乡建设部颁布的《生活垃圾分类制度实施方案》标志着我国生活垃圾分类制度的基本确立①，该方案强调了垃圾分类对改善城乡环境、促进资源回收利用、提高城镇化建设和生态文明建设水平的重要性，突出了公众作为参与主体的重要地位，也确定了垃圾分类政策“政府推动＋全民参与”的执行模式②。

（一）政策知晓与行为引导：垃圾分类政策传播模式

自中央出台垃圾分类政策后，各级地方政府积极响应号召，纷纷制定相关政策与规章制度，通过多渠道、多形式反复输出，向社会民众传达倡议。基于既有实践，我们可以将垃圾分类政策的传播概括为“政策知晓＋行为引导”的线上线下相结合的立体式宣传模式（见图6-6）。

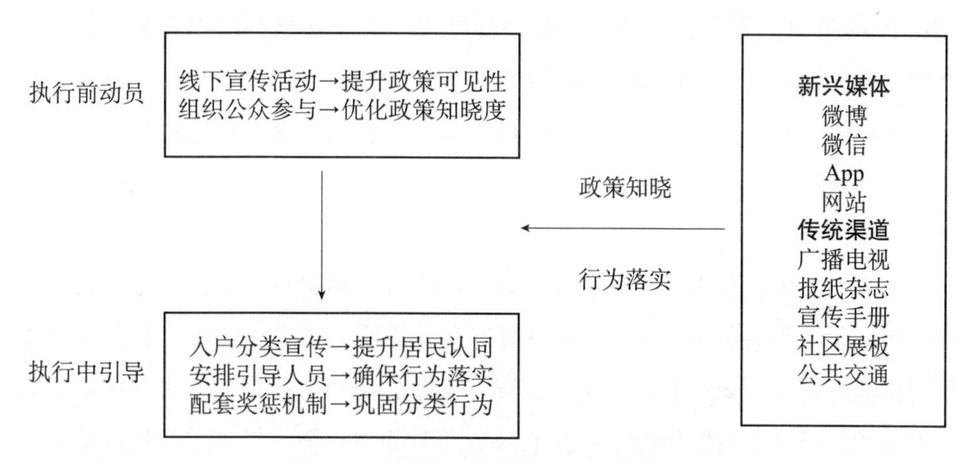

图6-6　垃圾分类政策传播的基本模式

在垃圾分类政策执行前期，政府以“政策知晓”为目标，在机关、学校、医院、社区、村宅、企业、公园等“垃圾生产源”和“公众聚集地”等核心区域开展垃圾分类主题宣传活动，以科普讲座、知识竞答、趣味游戏等方式向公众普及垃圾分类的重要意义和相关知识，同时设立生活垃圾科普教育基地，比如上海市的芷江西路街道环保科博展示中心不仅向公众展示了该中心所处居民区湿垃圾、可回收垃圾的处理设备和流程，还充分利用虚拟现实（VR）等新型

---

① 孙晓杰，王春莲，李倩，等．中国生活垃圾分类政策制度的发展演变历程［J］．环境工程，2020，38（8）：65-70.

② 杜春林，黄涛珍．从政府主导到多元共治：城市生活垃圾分类的治理困境与创新路径［J］．行政论坛，2019，26（4）：116-121.

传播技术为公众提供参与垃圾分类游戏、了解垃圾分类知识的趣味参与体验[①]，让他们将对垃圾分类的抽象认知转变为可感可知的具体流程，以此来增强公众对垃圾分类知识和技巧的了解，密切垃圾分类与个人生活的关联，从而在提升他们对垃圾分类的关注兴趣和参与热情的基础上，促进垃圾分类回收相关知识的普及。

到了政策执行阶段，政府会以“行为落实”为方向，在政策沟通中，除持续提升政策知晓程度之外，也尝试引入社区志愿服务和社会公益组织等，将垃圾分类宣传深入每一个社区、家庭。相关研究发现，社区志愿者能够发挥意见领袖的作用，在人际关系网络或自身示范效应的基础上，综合运用多种沟通技巧和动员话语，将居民对垃圾分类的多样体悟及诉求与政策意义相联结，触发居民对垃圾分类意义的理解与认同，进而影响并号召更多的居民投身于垃圾分类行动中。[②] 在垃圾投放过程中，部分社区还设置了垃圾分类引导员，通过面对面交流的分类引导和行动监督推动居民完成垃圾分类工作。另外，政府还推出了相应的配套奖惩机制，如参与垃圾分类后所获得的绿色积分可用于兑换生活用品，或是在社区张贴用于公布分类行为达标情况的“红黑榜”，以此激励或约束公众的行为。

在上述宣传过程中，政府也在尝试运用多种传播渠道，构建形态丰富的传播矩阵。主要举措包括：第一，通过政府官方微博、微信公众号、政府 App 等平台传播垃圾分类知识和政策执行情况，上海、杭州、南京、广州等城市还先后推出了垃圾分类微信小程序，方便公众随时随地查询垃圾分类信息，相关部门还会根据公众在分类实践中的反馈对分类知识做出补充和调整[③]；第二，以发布政府新闻通稿、召开吹风会等形式引导媒体参与垃圾分类，体验垃圾分类的实况与困难，从而形成客观全面的政策报道[④]，引导公众认知；第三，利用广播电视、报纸杂志、公共屏幕、布告栏、社区展板等渠道，加大政策宣传和

---

① 上海这个垃圾回收点变身“环保科博展示中心”[EB/OL]. (2019-10-31) [2021-04-30]. https://sh.qq.com/a/20191031/001485.htm.

② 王诗宗，徐畅．社会机制在城市社区垃圾分类政策执行中的作用研究 [J]. 中国行政管理，2020 (5)：52-57.

③ 闫世东，黄瀞漪．上海市生活垃圾分类与科普宣传实践及经验 [J]. 环境保护，2019，47 (12)：18-20.

④ 陈晓运，张婷婷．地方政府的政策营销：以广州市垃圾分类为例 [J]. 公共行政评论，2015，8 (6)：134-153，188.

知识科普力度，在全社会范围内提升政策的可见性。

（二）从宣传到解读：政府对垃圾分类政策的话语阐释

移动互联网时代的到来使得公共政策的传播从控制和宣传演变为协商和互动，由“直线”、单向形式改为多方式、双向形式，从信息封闭、垄断转为全面开放、网络共享。[①] 尤其是在社交媒体平台，除了对政策内容本身的解读，政府对政策的执行效果及其衍生叙事、民众的认知与反馈都是公共政策传播乃至相关舆情的重要组成部分。[②] 加之公众的信息感知重感性轻理性、社会群体极化加剧且群体间达成“共识”愈发不易、社会价值观念趋于多元等诸多挑战，传统的单向政策宣传已经很难达成号召公众主动参与垃圾分类的预期，而政府与其他主体对垃圾分类政策的关注焦点也在实践中产生了明显的差异。

有研究者基于垃圾分类政策文本，以及政府、媒体和意见领袖等多元主体的政策解读开展了研究，他们发现：（1）政策文本和政府的解读都呈现出鲜明的“行政色彩”。政策文本侧重于强调垃圾回收处理及再利用、垃圾分类的宣传教育、配套法律体系、垃圾来源控制等议题；政府受区域、职能、关注重点等因素的影响，会更多地着眼于垃圾类别细分、政策试行地区、宣传教育以及与垃圾分类相关的基层治理等议题。（2）媒体和意见领袖则将注意力置于政策执行的“社会影响”上。媒体集中呈现了垃圾类别细分、政策试行地区的部署及政策推进和落实等细节问题；意见领袖的关注点在于干湿垃圾的区分、政策试行地区的情况以及政策推进情况等方面，包括对垃圾分类政策的看法和对政策试行情况的评价。[③]

在此种情形下，为进一步优化政策传播效果、动员公众参与垃圾分类，政府也开始调整与公众的交流方式和沟通内容。拿垃圾分类政策文本来说，广州市政府尝试用“资源话语”定义垃圾分类，在政策传播中把垃圾解读为“放错位置的资源”，使垃圾分类从“清理废弃物”转变成“促进资源再利用”等具有

---

① 毛劲歌，张铭铭．互联网背景下公共政策传播创新探析［J］．中国行政管理，2017（9）：111－115.

② 郭小安．网络舆情联想叠加的基本模式及反思：基于相关案例的综合分析［J］．现代传播（中国传媒大学学报），2015，37（3）：123－130.

③ 向安玲，沈阳．中继人视角下公共政策异构化传播研究：以垃圾分类政策为例［J］．情报杂志，2021，40（2）：131－137.

可持续发展意义的正面意象，进一步将个人的垃圾分类行为与“垃圾处理源头”“生态文明建设”“促进循环经济”等国家宏观环境战略话语进行对接，提升公众的参与感和效能感。①

而在政策倡导的话语实践中，我国政府主要运用了“显化分类意义”“呈现行为利益”和“动员分类行为”三种策略（具体含义见表6-6），策略的呈现也随着政府层级和管辖范围的不同而产生变化。具体而言，中央政府多从宏观层面入手强调垃圾分类的重要意义，如“（垃圾分类）不仅是基本的民生问题，也是生态文明建设的题中之义”；或是强调当前垃圾问题的严重程度，如“2009—2019年，我国重点城市的垃圾生产量均超过垃圾处理量，我国正面临‘垃圾围城’的严峻环境问题”，以凸显推进垃圾分类的紧迫性。地方政府则多从微观视角切入，将垃圾分类政策具象化为能够激发公众共鸣、唤起公众认同的生动场景，例如表现垃圾分类有利于生态环境、居住环境和生活质量的改善与提升，展示当地开展的垃圾分类活动，对个人行为进行表彰，以此实现积极的倡导效果。

表6-6　不同层级政府的垃圾分类倡导策略及其含义

倡导策略	具体含义
显化分类意义	以政治话语（政策、文件、会议精神）强调垃圾分类的重要性
	以实质环境问题（统计数据、污染现状）强调垃圾分类的重要性
呈现行为利益	呈现垃圾分类对资源再利用、经济效益提升、可持续发展的意义
	呈现垃圾分类对改善居住环境、提升生活质量的意义
	强调垃圾分类是一种值得称赞的行为/选择
动员分类行为	呈现政府内部绩效评估对推进垃圾分类提出的要求
	报道城市/社区为开展垃圾分类所举行的宣传活动
	对参与垃圾分类行动的个人/组织予以表彰/奖励

资料来源：季诚浩，戴佳，曾繁旭．环境倡导的差异：垃圾分类政策的政务微信传播策略分化研究［J］．新闻大学，2020（11）：97-110.

这里需要指出的是，虽然政府的既有话语实践已经呈现出从单向传播向多元互动的转变，但其宣传重点仍聚焦于政策本身，并且存在表意模糊、意义不明等问题。对公众来说，即使政府倡导的政策是善意和科学的，如果他们不能

① 陈晓运，张婷婷．地方政府的政策营销：以广州市垃圾分类为例［J］．公共行政评论，2015，8（6）：134-153.

从中感受到明确的意义和价值，那么他们也不愿予以采纳、表示支持。[①] 这一问题集中表现为：

第一，既有宣传内容难以让公众感知到垃圾分类的必要性和迫切性。以北京市垃圾分类的标语为例，“垃圾分类一小步，低碳生活一大步”“垃圾科学分类，文明你我同行”“垃圾要分类，生活变美好”“变废为宝，美化家园”等内容，表明当前城市仅仅围绕低碳、文明、干净、美好等抽象的概念进行垃圾分类宣传，居民对垃圾分类的目标认知模糊，无法将其与自身的生活场景进行关联，更难以对垃圾分类产生认同感。[②]

第二，传播内容以政策的介绍、解释为主，缺乏对政策执行监管信息的传播，以及对评估与考核内容的报道，从而影响了普通公民对环境政策的信任度。[③] 社会公众对垃圾分类知之甚少，然而他们所获得的信息的充足程度影响着政府能否有效地服务于公众并对公众负责，还会对政府公信力以及公众参与治理的热情产生作用。[④] 加之目前多数垃圾分类实践存在“先分后混”的情况[⑤]，这也极大挫伤了居民参与垃圾分类行动的意愿。

城市垃圾的源头分类涉及居民的日常生活，因此国外很多学者提出垃圾分类应从微观视角思考，从源头——作为垃圾生产者与分类践行者的公众的行为意愿——入手，提升垃圾的利用率，降低运输成本。[⑥] 同样，优化垃圾分类政策沟通的起点也应当是普通公众。我们接下来将以参与上海市垃圾分类政策沟通的社区工作人员和居民为研究对象，分析公众对于既有垃圾分类政策宣传的反馈话语特征，提炼影响政策沟通成效的关键因素，探索改善互动的可能路径。

---

① RUSSELL-BENNETT R，PREVITE J，ZAINUDDIN N. Conceptualising value creation for social change management [J]. Australasian marketing journal，2009，17 (4)：211-218.

② 郭施宏，陆健. 城市环境治理共治机制构建：以垃圾分类为例 [J]. 中国特色社会主义研究，2020 (Z1)：132-141.

③ 柴巧霞，张筠浩. 微博空间中环境政策的传播与公众议程分析：基于河长制的大数据分析 [J]. 湖北大学学报（哲学社会科学版），2018，45 (4)：160-165.

④ ADSERA A，BOIX C，PAYNE M. Are you being served?：political accountability and quality of government [J]. The journal of law，economics，and organization，2003，19 (2)：445-490.

⑤ 杨雪锋，王淼峰，胡群. 垃圾分类：行动困境、治理逻辑与政策路径 [J]. 治理研究，2019，35 (6)：108-114.

⑥ 徐林，凌卯亮，卢昱杰. 城市居民垃圾分类的影响因素研究 [J]. 公共管理学报，2017，14 (1)：142-153，60.

三、基于公众的反馈话语剖析政策沟通的影响因素

上海市于 2019 年 7 月 1 日正式实施《上海市生活垃圾管理条例》，自该条例实施以来，上海市民逐渐形成了对垃圾分类的正确认识且能付诸行动，79.8%的市民能够在无监督情境下自觉进行垃圾分类行为①，这表明上海市的垃圾强制分类政策已初具成效，对参与政策沟通的人员展开研究具备较为成熟的条件。

在研究方法上，我们基于扎根理论进行理论抽样及关键词提取，并依据这些概念间的逻辑关系展开梳理，不断归纳编码以形成垃圾分类政策沟通作用机制的分析框架。扎根理论的核心在于持续比较和理论抽样，在悬置“前见”前提下不断对内容进行分析提炼，修正理论，直至达到理论饱和。② 本节在后续的范畴归纳和模型构建部分会详细介绍编码过程，此处不做赘述。

本次调研时间为 2020 年 1 月至 3 月，访谈对象为上海市普通居民以及社区工作者，共 16 人。访谈内容包括社区垃圾分类执行状况，居民对垃圾分类政策的认知、评价，以及居民的分类行为，等等。访谈以非结构化的一对一深度访谈和焦点小组访谈的形式进行。在访谈过程中，课题组成员会根据受访者的回答补充拓展性提问，每次访谈的时间均控制在一个小时以内，最终获得 5 万余字的访谈实录。在对所有访谈资料进行整理的基础上，将访谈对象分别编码为 A01—A16。③ 整理访谈资料后，我们依照操作流程进行开放式编码、轴心式编码和选择式编码。

（一）公众认知话语特征及梳理

在逐字逐句分析访谈资料，给关键词句贴上概念标签，进而完成优化、分析、筛选等环节后，我们将相似的概念标签进一步归纳形成范畴，完成了开放式编码，并获得了 B01—B20 共 20 个范畴（见表 6 - 7）。

---

① 超七成上海市民能正确认知生活垃圾分类且能主动分类投放 [EB/OL]. (2019 - 12 - 03) [2021 - 04 - 10]. http://www.chinanews.com/sh/2019/12 - 03/9024025.shtml.

② 张敏，孟蝶，张艳 . S-O-R 分析框架下的强关系社交媒体用户中辍行为的形成机理：一项基于扎根理论的探索性研究 [J]. 情报理论与实践，2019，42 (7)：80 - 85，112.

③ 其中，A01—A09，以及 A12 为一对一深度访谈，A10—A12、A13—A16 为焦点小组访谈，共形成了 12 份访谈资料。按照扎根理论的要求，我们随机选取了 2/3 的访谈样本（共 8 份）用于编码与模型构建，剩下的 4 份访谈样本用于理论饱和度检验。

表 6-7　开放式编码范畴化（节选）

范畴	原始语句（初始概念）
B01 环境关注度	A04：因为国家现在对环境这一块的整治力度也是蛮大的，所以各方面报道都有。（环境治理关注）
B02 环境意识	A15：因为大家知道垃圾分类一定是对环境有利的，所以我们对环保都是支持的。（支持环保事业）
B03 分类标准易懂程度	A15：垃圾分类标准其实很不具象，你也不知道猪能吃什么，不能吃什么。（分类标准不易理解）
B04 分类知识掌握程度	A04：我们现在都知道了。基本上百分之八九十的垃圾该怎么分类都是清楚的。（分类知识掌握程度较高）
B05 个体分类效果感知	A05：虽然垃圾分类的作用可能大可能小，但我相信是有好的作用的。（效果信任）
B06 责任驱动分类	A05：从长远来看，肯定还是社会责任。（社会责任感）
B07 效果驱动分类	A04：因为感觉环境好了嘛，所以就不需要别人监督了，我自己会自觉自愿地做这件事情。（环境改善促使分类）
B08 习惯驱动分类	A07：在没有垃圾分类政策之前，我就在家里放了一个可回收的垃圾箱。（已有分类习惯）
B09 强制驱动分类	A03：你可以看到嘛，如果不强制的话，大家就不会分类。（服从强制政策）
B10 压力驱动分类	A15：如果你知道有一双眼睛在看着你，那么你选择去做这件事情的概率是比较大的。（受到他人监督）
B11 社区政策普及程度	A04：最早是居委会宣传，居委会贴了标语，我们电梯口都有张贴资料。（社区内部宣传）
B12 其他机构宣传力度	A05：7 月 1 日到来之前，铺天盖地都是口号，几乎全世界都在说“垃圾分类就是新时尚”，就是梦里都能梦见的那种。（社会机构普遍宣传）
B13 传播渠道综合运用	A13：我真正开始意识到垃圾分类政策实行了，是通过社交媒体。（社交媒体宣传）
B14 家庭监督	A04：我的小外孙刚上大班，他家买了四个分类垃圾桶。他会说，外婆，这是分类垃圾桶。我们这里的小孩子都知道的。（后辈传递分类知识）
B15 群体压力	A01：我们小区现在有一个比较好的现象，就是如果你乱扔垃圾，被旁边的居民看到，他就会指责你。（熟人监督）
B16 社会风气	A13：比如说人家都在做，那你肯定也会做。万一有人乱扔，你肯定会想别人乱扔那我也随手扔。（整体分类情况）

续表

范畴	原始语句（初始概念）
B17 社区响应能力	A01：举个例子，我们库房这边有洗手槽，那是在居民反馈后装上的。（社区反馈问题速度）
B18 分类设施条件	A07：现在要拎着很多垃圾跑很远去小区门口的分类垃圾箱扔，又累又重。靠近门口的还好，稍微离得远一点的就很难受。（分类设施便捷程度）
B19 政策激励手段	A01：我们有一张绿色积分卡，如果坚持干湿垃圾分类的话，就可以通过积分换米、盐、糖什么的。（绿色积分） A03：在上海（不分类）如果被抓住是会被罚钱的。（罚款机制）
B20 政策执行力度	A04：一开始是蛮强的，基本上每个分类点都会有人站在垃圾桶边上，现在基本没有了。（政策执行力度不足）

在轴心式编码环节，需要将开放式编码过程中形成的各个范畴联系起来，分析各范畴之间的共性与联系，聚敛范畴，形成主范畴。[①] 我们在对上一阶段形成的概念和范畴进行梳理、分析后，归纳出四大主范畴，分别是个体垃圾分类意识、政策传播因素、群体规范因素、外部制度因素（见表 6-8）。

表 6-8　轴心式编码

主范畴		对应范畴	关系内涵
个体垃圾分类意识	个体环境态度	B01 环境关注度 B02 环境意识	公众对环境问题的关注和责任感、对国家环境保护政策的支持会影响其垃圾分类意识
	个体分类能力	B03 分类标准易懂程度 B04 分类知识掌握程度	公众对现行政策中分类标准的理解准确度、对垃圾分类知识的掌握程度会影响其垃圾分类意识
	B05 个体分类效果感知		公众对垃圾分类行为的正面效果大小的感知会影响其垃圾分类意识
	个体垃圾分类动机	B06 责任驱动分类 B07 效果驱动分类 B08 习惯驱动分类 B09 强制驱动分类 B10 压力驱动分类	公众进行垃圾分类的动机差异（自觉程度）会影响其垃圾分类意识

① 范培华，高丽，侯明君．扎根理论在中国本土管理研究中的运用现状与展望 [J]．管理学报，2017，14（9）：1274-1282.

续表

主范畴	对应范畴	关系内涵
政策传播因素	B11 社区政策普及程度 B12 其他机构宣传力度 B13 传播渠道综合运用	垃圾分类政策在社区、其他社会机构的宣传普及，以及对媒体传播渠道的综合运用构成了政策传播因素
群体规范因素	B14 家庭监督 B15 群体压力 B16 社会风气	子女在垃圾分类方面对父母的监督、社区人际关系的压力，以及全社会垃圾分类的风气共同组成了影响个体垃圾分类行为的群体规范因素
外部制度因素	B17 社区响应能力 B18 分类设施条件 B19 政策激励手段 B20 政策执行力度	社区对居民在垃圾分类执行过程中意见的响应速度和态度、垃圾分类的设施和具体规定、相应的奖励或惩罚手段，以及政策执行的到位程度构成了垃圾分类政策沟通效果的外部制度因素

选择式编码是指在开放式、轴心式编码的基础上确定某个核心范畴，并围绕其建立联系形成理论模型的过程。依据核心范畴所具有的关联重要性和频繁重现性等特征[①]，本研究选定了“垃圾分类政策沟通效果”这一核心范畴。对垃圾分类政策来说，社区居民在其话语中所呈现出的参与意愿在很大程度上决定了政策沟通的成效。[②] 因此，本研究以个体的分类政策认同度、分类行为自觉性以及分类行为持续性作为核心范畴的组成维度。

围绕核心范畴的故事线可以概括为个体垃圾分类意识、政策传播因素、群体规范因素、外部制度因素四个主范畴对垃圾分类政策沟通效果存在显著影响。其中，个体垃圾分类意识是内驱因素，它直接决定着政策沟通效果，即个体的垃圾分类行为意愿；而政策传播因素、群体规范因素和外部制度因素调节着“意识-行为”的关系（见表 6－9）。

表 6－9　主范畴的典型关系结构

典型关系结构	关系内涵
意识-行为	个体垃圾分类意识是垃圾分类行为的内驱因素，它直接决定着个体垃圾分类的行为意愿

① 杨静，王重鸣．女性创业型领导：多维度结构与多水平影响效应［J］．管理世界，2013（9）：102－117.

② 王诗宗，徐畅．社会机制在城市社区垃圾分类政策执行中的作用研究［J］．中国行政管理，2020（5）：52－57.

续表

典型关系结构	关系内涵
政策传播因素 ↓ 意识-行为	政策传播因素是个体垃圾分类行为意愿的外部情景条件，它影响着意识-行为之间的关系强度和关系方向
群体规范因素 ↓ 意识-行为	群体规范因素是个体垃圾分类行为意愿的外部情景条件，它影响着意识-行为之间的关系强度和关系方向
外部制度因素 ↓ 意识-行为	外部制度因素是个体垃圾分类行为意愿的外部情景条件，它影响着意识-行为之间的关系强度和关系方向

笔者随后对事先预留的四份样本进行了相同流程的三级编码分析，并检验了理论的饱和度，结果显示预留样本中没有出现新的概念、范畴和关系。由此可以判定，本研究所构建的垃圾分类政策沟通影响因素理论模型在理论上达到饱和。

（二）垃圾分类政策沟通的影响因素阐释

通过上文对12份访谈资料的扎根分析，本研究得出了影响垃圾分类政策沟通效果的因素（见图6－7），各因素对核心范畴的影响分析如下。

1. 个体垃圾分类意识对优化沟通效果的主导作用

个体垃圾分类意识即人们针对垃圾分类所拥有的特定观念、思考形态以及决策倾向①，具体可表现为个体环境态度、个体分类能力、个体分类效果感知及个体垃圾分类动机，是影响公众建构垃圾分类话语、采取垃圾分类行为的内驱因素。

其一，个体环境态度是个体对某类环境行为的看法和实施倾向，具有普遍性和稳定性②，对垃圾回收等环保行为具有较强的预测能力③。通常，公众的环

---

① 刘文龙，吉蓉蓉．低碳意识和低碳生活方式对低碳消费意愿的影响［J］．生态经济，2019，35（8）：40－45.

② 陈凯，郭芬，赵占波．绿色消费行为心理因素的作用机理分析：基于绿色消费行为心理过程的研究视角［J］．企业经济，2013，32（1）：124－128.

③ 于亢亢，赵华，钱程，等．环境态度及其与环境行为关系的文献评述与元分析［J］．环境科学研究，2018，31（6）：1000－1009.

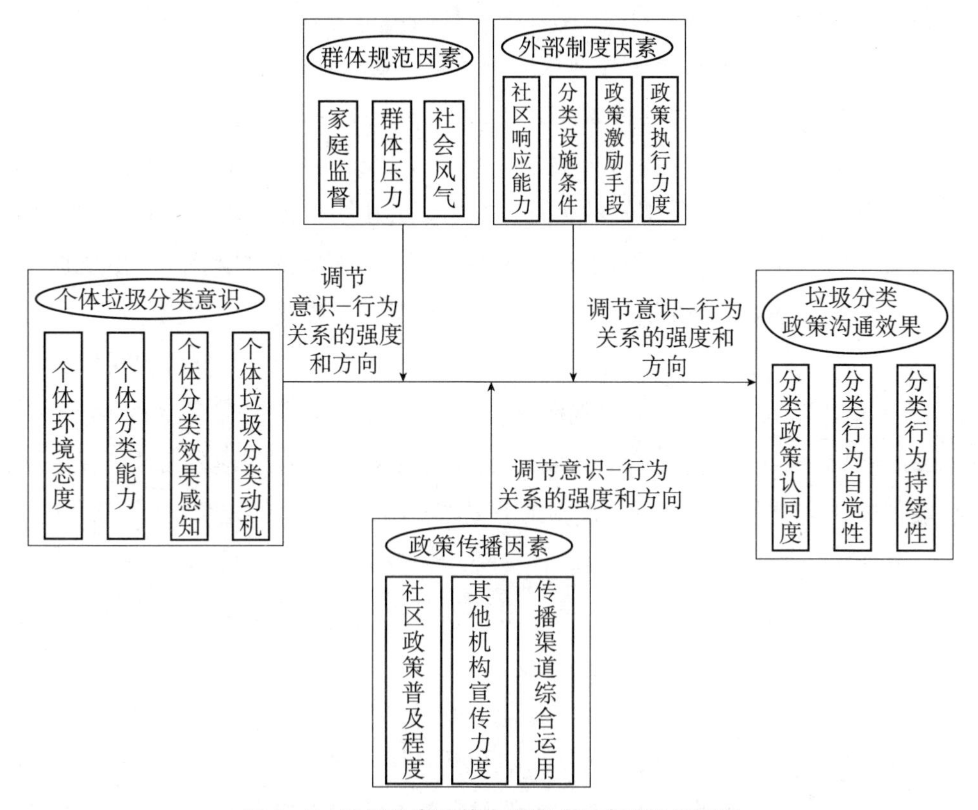

图 6-7　垃圾分类政策沟通影响因素理论模型图

境态度越积极，对垃圾分类政策的认知就越正面，对垃圾分类行为的接受度和支持度也就越高，如 A05 表示“我们从小就学过电池会污染环境，所以囤了很多废电池，但不知道扔在哪儿。我那个时候就想，我们真的很需要垃圾分类”。

其二，个体分类能力关系到公众对垃圾分类政策的内容、实施过程及其效果等方面的了解和熟悉程度[①]，进而影响他们对政策的接受程度。相关研究也证明，公众越能够清晰地认知垃圾分类的执行要求，就越可能产生较高的垃圾分类意愿。[②] 本研究发现，上海市在垃圾分类政策沟通中存在“分类标准模糊、难以识别”等操作层面的问题，这会使公众产生负面情绪，降低他们参与垃圾

① 陈丽君，金铭．政策营销、政策获取意愿与政策有效性评价的关系研究：基于政策知晓度的中介效应检验［J］．中国行政管理，2020（2）：117-122.

② 陈绍军，李如春，马永斌．意愿与行为的悖离：城市居民生活垃圾分类机制研究［J］．中国人口·资源与环境，2015，25（9）：168-176.

分类的积极性，如 A10 所言："刚开始，真的是不会分、不知道咋分，现在还是觉得很头疼。"这也印证了此前政府在政策传播中存在"表意不清"的问题。但我们也发现，随着政策的持续推进，个体分类能力会在分类实践中得到提升，其限制作用也随之减弱，如 A05 表示"就习惯了呀，我现在觉得是挺容易的"。

其三，个体分类效果感知的影响。在本研究中，个体分类效果感知主要是公众对个人垃圾分类行为所带来的对自身以及环境的效用的评价。[①] 由访谈结果可知，垃圾分类政策在提升个体分类效果感知方面做得不够到位，尽管部分公众可能对垃圾分类效果有清晰的了解，如 A10 说"今年上海组织我们企业（国企）的消防人员、领导去参观垃圾处理中心，讲了垃圾分类有什么好处之类的"，但仍有相当一部分公众对垃圾分类效果的感知仅停留在模糊的"环保"层面，如 A05 所说的"（宣传）没有留下很深的印象"。

其四，个体垃圾分类动机是个体分类行为自觉性和持续性的决定因素。研究者们通常将行为动机划分为内部动机和外部动机，前者是个人因某一行为所带来的乐趣或满意感而产生决策动机，后者则来源于外界的要求和压力。[②] 本研究结合访谈结果，将个体进行垃圾分类的动机划分为社会责任驱动、政策效果驱动、环保习惯驱动、政策强制驱动和社会压力驱动五类。前三类属于内部动机，主要体现了居民垃圾分类行为的自觉性和主动性对个人分类行为持续性的影响，比如 A07 认为"个人社会责任意识是推动我进行垃圾分类的主要原因"，A04 提出"因为感觉环境好了嘛，所以就不需要别人监督了，我自己会自觉自愿地做这件事情"。虽然政策和社会压力能够在短时间内迫使个人采取分类行为，比如 A06 表示"因为你不分类的话，就没有办法倒垃圾了"，但其作用机制显然与政策沟通所追求的"公众形成自觉分类的习惯"有所差异。

2. 政策传播因素对优化沟通效果的持续影响

政策传播因素是影响垃圾分类政策沟通效果的客观环境因素，它在分类意识-行为的关系中持续发挥着调节作用。当前，我国地方政府在引导居民垃圾分

---

① 桑玉成．政策预期与政策认同及其对于社会公正的意义［J］．吉林大学社会科学学报，2006（4）：32－37．

② 孙建军，顾东晓．动机视角下社交媒体网络用户链接行为的实证分析［J］．图书情报工作，2014，58（4）：71－78．

类行为的政策选择方面尚未出台法规类和税费类政策[①]，由社区、企业和学校等与居民日常生活密切关联的社会机构展开政策宣讲和教育，以及运用各类媒体进行宣传、沟通，是目前最主要的政策沟通手段。

在上述沟通主体中，社区居于核心地位，这是因为社区与居民联系紧密，且较为熟悉居民的情况[②]，它能通过传递分类信息、组织和开展相关宣传教育活动等方式提升居民对垃圾分类的知晓程度，并左右其行为选择[③]。在政策普及层面，如前文所述，由于“人情关系”的作用[④]，居民很容易在熟人的带动下认同并配合政策的执行，如 A01 在介绍社区政策沟通情况时表示“通过党员志愿者的示范引领，后来我们又发动楼组长和居民代表出来参加，形成正能量后，再慢慢地影响更多人，然后大家就慢慢配合了”。另外，社区针对居民理解能力、风险感知、沟通中的角色的差异所采取的针对性沟通策略也能弥合居民的政策认知差距，如 A16 介绍“只有把这些最突出的人先搞定了之后，它（政策）才能够得到全面推广”。

从其他社会机构的宣传效果来看，企业对员工的强制要求能够促使其采取分类行为，如 A03 表示“现在企业其实也是要求垃圾分类的，不进行垃圾分类的话好像也会被罚款”。与之相比，学校更为注重从分类意识和行为习惯上对孩子进行引导，进而影响家庭的分类行为，比如 A16 提及“我侄女她学校是有宣传的，他们回家后会告诉自己的家长，这样子的话就有一个反馈”。

至于媒体运用，多位访谈对象均表明上海市在垃圾分类政策沟通中充分运用了各类媒体渠道，如 A13 表示“我真正开始意识到垃圾分类政策实行了，是通过社交媒体”，又如 A16 提到“当地电视新闻、广播新闻有相关报道”。这些宣传成功引发了社会关注和讨论，如 A05 提及“7 月 1 日到来之前，铺天盖地都是口号，几乎全世界都在说‘垃圾分类就是新时尚’，就是梦里都能梦见的那种”。

---

① 徐林，凌卯亮，卢昱杰．城市居民垃圾分类的影响因素研究［J］．公共管理学报，2017，14（1）：142－153，60.

② 王泗通．破解垃圾分类困境的社区经验及其优化［J］．浙江工商大学学报，2019（3）：121－128.

③ STARR J，NICOLSON C. Patterns in trash：factors driving municipal recycling in Massachusetts［J］．Resources，conservation & recycling，2015，99：7－18.

④ 张闯，李骥，关宇虹．契约治理机制与渠道绩效：人情的作用［J］．管理评论，2014，26（2）：69－79，91.

3. 群体规范因素对优化沟通效果的促进作用

群体规范是指人们在群体中共同遵守的行为方式的总和，群体成员的期望与看法对个人的态度、观点和行为具有重要影响。[①] 本研究发现，家庭、社区以及社会风气会对分类意识-行为关系产生显著影响。在家庭层面，子女的行为引导能够有效推动家长采取分类行为，如 A05 认为"如果孩子都这么做了而家长不这么做，家长会觉得自己被孩子鄙视"。在社区层面，A09 提及"志愿者们将居民小憩、聊天的聚集点引导到垃圾房、投放点附近，对前来投放垃圾的居民形成无形的监督"，这种监督会促使个人进行垃圾分类。在社会风气方面，人们对积极进行垃圾分类的观念、行为、习惯的竞相效仿和传播，既是政策沟通追求的目标，也是垃圾分类广泛、持续实行的必要环境。正如 A15 担忧的那样："个体的行为也会被群体影响。如果一个人觉得垃圾分类是对的，但其他人都不再分类了，那么他还会不会选择去分类？我觉得这个是很难说的。"

4. 外部制度因素对优化沟通效果的保障作用

外部制度因素是影响垃圾分类政策沟通效果的客观情境因素，它会作用于分类意识-行为关系的强度。首先，社区对居民在执行垃圾分类政策中所反馈问题的回应速度和解决效率会影响公众垃圾分类的积极性，如关于受职业影响可能会错过投放时间的问题，A02 表示"我们社区有七个垃圾桶，可能有六个垃圾桶实行的是定时机制，另外一个垃圾桶为了照顾年轻人，会在另外的时间段开放"。其次，垃圾分类设施的便捷程度和政策激励手段发挥的作用也不容小觑。在垃圾分类政策沟通的过程中，前者会直接影响到居民的垃圾分类意愿，比如 A14 认为"真的挺麻烦，扔的时候往哪儿扔我还得看那个指示，很占用时间"。后者包括正向激励和负向激励两个方面，正向激励机制如"绿色积分""光荣榜"等能从物质与精神层面鼓励居民参与[②]，负向激励机制如罚款等措施则通过强制和威慑的方式起到减少或杜绝不规范垃圾投放行为的作用。与已建立现代化生活垃圾管理系统的国家和地区相比，我国现有的负向激励政策较为

---

① BARBER B L，STONE M R，HUNT J E，et al. Benefits of activity participation：the roles of identity affirmation and peer group norm sharing [M]// MAHONEY J L，LARSON R W，ECCLES J S. Organized activities as contexts of development：extracurricular activities，after-school and community programs. Mahwah：Lawrence Erlbaum Associates，2005：185－210.

② 茅冠隽．崇明表彰七万垃圾分类达人底气何在 [N]. 解放日报，2019－06－27（6）.

单一，且执行力度较弱[①]，对居民养成分类习惯的约束力不足。此外，政策执行力度一方面会直接关系到公众垃圾分类行为的规范程度，如在 A02 所工作的社区，“不管怎样，分拣员是一直在的。就算你觉得麻烦随意丢，旁边的分拣员还是会帮你分类”；另一方面更会影响公众对“垃圾分类政策能否成功实现垃圾资源化、减量化”的感知[②]，进而左右其政策信任度和分类行为的持续意愿，比如 A12 表示“因为大家不知道后面的手段是怎样的，所以才会产生怀疑，就说我们辛辛苦苦地分了但是到最后可能还是一起收运的”。

四、促成多元主体协同行动的努力方向

如前文所述，个体垃圾分类意识、政策传播因素、群体规范因素和外部制度因素对垃圾分类政策的沟通效果均有显著影响。其中，公众个人的垃圾分类意识对政策沟通效果影响最直接、作用最关键，其他三类因素则对政策沟通效果起到调节作用，这在相关访谈资料和模型中得到了验证。这里需要强调的是，这些因素的作用机制并非一成不变，随着政策的持续推行，个体垃圾分类意识（个体分类效果感知）、群体规范因素（社会风气）以及外部制度因素（分类设施条件）可能与公众的政策认知和行动意愿等相互影响。

综合以上分析，笔者认为上海市的垃圾分类政策沟通经验对其他城市的启示或其优化路径有以下四点。

第一，加强垃圾分类普及教育，全方位增强个体垃圾分类意识。

由个体垃圾分类意识的驱动作用可知，在垃圾分类政策的沟通中，全方位提升公众的个体垃圾分类意识是首要工作和中心工作。首先，各地要通过多种方式加强对“垃圾围城”和环境危机问题的传播，切实强化公众对垃圾处理和环境危机的心理感知和思考，从而提升他们对环境的关注度，为垃圾分类政策沟通奠定认知基础。其次，除综合运用融媒体手段开展垃圾分类政策宣传与知识普及外，还应该将垃圾分类的相关教育与宣传嵌入国民素质与学历教育体系之中，并将垃圾分类对环境保护和社会发展的作用直观呈现给公众，譬如组织

---

① 范文宇，薛立强．历次生活垃圾分类为何收效甚微：兼论强制分类时代下的制度构建［J］．探索与争鸣，2019（8）：150－159，199－200.

② WAN C，SHEN G Q，YU A. The role of perceived effectiveness of policy measures in predicting recycling behaviour in Hong Kong［J］．Resources，conservation & recycling，2014，83：141－151.

公众参观并了解垃圾分类“收集—运转—处理”等流程，又如借助数据新闻、短视频等“可感可知”的媒介形式进行说明，帮助公众更全面、透彻地理解垃圾分类政策，对其效果产生正确、客观的认知。①

第二，明确社会机构的角色定位，多管齐下推动垃圾分类政策沟通。

社区、企业与学校均承担了垃圾分类政策的宣传与执行工作，但三者的作用路径各有差异。因此，在垃圾分类政策沟通中亦需明确不同社会机构的角色定位，形成多主体多措并举的政策沟通机制。

在地方政府主导的公众环境参与制度中，基于社区的宣传教育是实现垃圾分类政策沟通的最主要方式②，而且社区能够通过居民的归属感和认同感有效提升居民的参与意识。具体而言，社区可运用入户宣传、发放手册、举办讲座、开展趣味活动等多种方式营造“全民参与”的邻里氛围，把垃圾分类优化居住环境、推进城市发展的政策目标与居民的获得感相结合。当个体意识到所处社区的核心价值与自身利益相符时，对社区的认同感与归属感会促使他们将符合社区价值规范的垃圾分类内化为自身行为规范，并以此捍卫集体利益。③ 此外，社区还应定期听取、收集居民在垃圾分类执行过程中的意见和建议，结合具体情况及时予以回应，切实解决好居民在垃圾分类过程中遇到的困难，提升个人分类的便捷度，以此推动和保障垃圾分类政策长期有效地执行。

相较于社区宣传，学校的垃圾分类教育更为细致、更讲原理，既通过从小培养孩子的垃圾分类意识使其养成良好的垃圾分类习惯，也借由教育孩子触及其家庭成员，反哺家庭教育。因而，学校在垃圾分类政策沟通中应该继续强化意识养成和行为培养，把垃圾分类引入日常教育和针对性课程，让孩子将垃圾分类视为公民责任，为推动全民分类的社会风尚的形成夯实基础。

值得注意的是，企业的角色定位不应局限于运用强制手段促使员工进行垃圾分类。为了实现垃圾分类政策的长效施行，除了社区和学校的宣传教育，还

---

① 贾文龙．城市生活垃圾分类治理的居民支付意愿与影响因素研究：基于江苏省的实证分析［J］．干旱区资源与环境，2020，34（4）：8－14.

② 刘小青．公众对环境治理主体选择偏好的代际差异：基于两项跨度十年调查数据的实证研究［J］．中国地质大学学报（社会科学版），2012，12（1）：60－66，139.

③ 赵志裕，温静，谭俭邦．社会认同的基本心理历程：香港回归中国的研究范例［J］．社会学研究，2005（5）：202－227，246.

需要依靠企业参与的市场化机制。以往私营组织开展废品回收主要依赖再生资源的市场价值，垃圾分类和循环利用的环境保护和垃圾减量价值难以在市场交易中得到体现。对此，相关部门应该积极引导市场向垃圾分类处理和循环利用的方向发展，如制定并推出补贴政策支持废品回收公司收集和再利用低附加值的可回收废物[①]（如包装塑料和废纺织品等），充分发挥企业促进利益共享与资源循环的作用，与社区、学校形成协同效应，推进垃圾分类的有效执行[②]。

第三，利用群体规范约束个人行为，促成自觉进行垃圾分类的良好风尚。

由扎根分析可知，个人的垃圾分类行为受到家庭、社区以及整个社会风气的影响。为了充分发挥群体规范塑造个人行为态度的作用，一方面，政府等政策沟通主体可在全社会倡导个人的垃圾分类行为对环境保护和社会发展的影响力，积极培养公众的社会责任感，使垃圾分类逐渐成为个人素养的一种体现，促进社会形成自觉进行垃圾分类的氛围及相应的道德效应，并借由人们的从众心理和对榜样的模仿使自身行为发生改变；另一方面，社区应完善并丰富政策沟通方法，如通过号召居民成为志愿者参与垃圾分类监督，利用“人情关系”的作用机制强化社区对个人的约束，又如开展以家庭为单位的社区垃圾分类活动，通过子女对父母及其他长辈的行为引导和监督发挥家庭内部的规范作用。

第四，充分发挥“正向＋负向”激励机制的作用，确保政策执行公开透明。

在激励机制设置上，相关主体要充分发挥“正向＋负向”激励机制的作用。政府部门、社区既要继续推行“绿色积分”和“光荣榜”等正向激励机制，将公民行为与收益相结合，激励他们自觉、积极地参与垃圾分类，同时更应完善相关法律法规体系以及相应的强制手段，通过张贴“黑榜”、罚款等负向激励方式对公众违法违规投放垃圾的行为进行有效监督和惩处，从而使公众对垃圾分类政策的长期推进形成积极的认知和良好的预期。

---

① XIAO S J，DONG H J，GENG Y，et al. An overview of the municipal solid waste management modes and innovations in Shanghai，China［J］. Environmental science and pollution research，2020，27（24）：29943－29953.

② 王诗宗，徐畅．社会机制在城市社区垃圾分类政策执行中的作用研究［J］．中国行政管理，2020（5）：52－57.

在政策执行过程中，为了避免因公众对政策执行过程不信任而使政策沟通的作用被削弱，有关部门应及时做好信息公开工作，确保垃圾分类处理全流程、全体系信息公开，向公众提供垃圾投放、收集、运输、处置的完整信息和数据，并定期举办发布会、报告会等将政府目前的垃圾处理能力及所获成果等如实告知公众。

第七章　环境风险议题的多元话语交互

环境风险议题关涉环境污染、生态破坏，以及其他与环境相关的决策可能会对生态安全、人身安全造成何种影响。在过去的三四十年间，我们国家经历了经济快速发展和工业建设急速扩展的过程，环境污染、生态破坏日渐明显，环境风险逐步加剧。同时，生活水平的提高和新媒体的普及使我国公众的环境保护意识不断提升，人们也开始对关乎自身健康权益与生活质量的环境风险议题给予更多的关注。在上述两类因素的共同作用下，环境风险议题在近年逐渐成为我国环境传播的一个热点议题。本章即以环境风险议题为研究对象，选取近年来极富争议的环境风险议题——邻避议题，先行考察其政治议程、媒体议程和公众议程三者互动、建构的过程与特点，随后运用实证研究，探讨如何通过弥合风险认知差距这一重要风险沟通手段来化解邻避冲突。

第一节　多元行动者围绕环境风险议题展开社会竞技

环境风险议题传播在官方话语中通常被认为是向普通公众传递科学和技术信息的过程，公众若有所怀疑就是不理性的表现。然而，在新媒体背景下，以往缺乏话语权及表达主动性的风险承受者、普通公众、意见领袖被赋予权力，成为定义风险及其影响的显著角色；而那些多质化且重在传递风险知识、设置风险议题和搭建风险沟通平台的大众媒体，对环境风险议题的阐释与建构也逐步趋向“不一律”。这些多元行动者就环境风险的定义与言说，使对环境风险议题的建构形成了一个“社会竞技场”①。

---

① RENN O. Concepts of risk：a classification［M］// KRIMSKY S，GOLDING D. Social theories of risk. Westport：Praeger，1992：53 - 79.

一、风险的不确定性带来的言说空间

风险一方面是一种客观实在，即某种具有不确定性特征的不良后果出现的可能性；另一方面也是社会建构的产物，即个人的感知和社会群体的行为、制度结构及信息传播共同塑造了风险的社会经验，进而影响着风险的后果。环境风险就是由人类活动引起的，或在人类活动与自然界的共同作用下可能对环境产生不确定性危害的状态或事件。

风险的可能性和不确定性是环境风险议题的建构核心。

环境风险并不是那种已经成为现实，或者已经高度现实化、在未来必然会爆发的环境灾难。相反，环境风险在“本质上是一种影响人类未来发展的环境参数”[①]。因此，对环境风险的描述往往会围绕不利后果产生或发生的可能性展开。早在1962年，美国生物学家蕾切尔·卡逊（Rachel Carson）出版了引起广泛关注的《寂静的春天》一书。在这本书中，卡逊就滴滴涕（DDT）这种化学农药对生态环境可能造成的影响进行了调查和描述，她基于现象、数据和相关科学知识提出化学农药会对包括土壤、水、空气和野生生物在内的生态系统造成负面影响，并有可能给生态系统的未来发展以及人类的生存和繁衍带来诸多不确定的不良后果，如生态破坏与失衡以及出生缺陷、癌症和许多其他疾病。这种对化学农药及其可能造成的环境风险的描述，在美国掀起了声势浩大的环境运动，并最终促使化学农药DDT于1972年被美国彻底禁用。

现有的知识不能为环境风险的发生及其后果提供确切的预测和解释，这呈现出了环境风险的另一个主要特征——“不确定性”。所谓不确定性，是指人们难以通过现有的科学知识准确地认识、描述风险及其后果，因此也就很难对当下的行为到底会对未来的生态环境产生什么样的影响做出准确预测，也不知道如何才能有效地避免或消除环境风险。林森、乔世明认为环境风险的不确定性体现在如下三个方面[②]：（1）因果关系的不确定性，即科学无法准确认定造成特定环境风险的主要源头，或特定行为与相应的环境风险之间确凿的因果联系；（2）发展过程的不确定性，即环境风险的发展周期十分漫长，这一过程往往不

---

① 林森，乔世明．环境风险的不确定性及其规制［J］．广西社会科学，2015（5）：104-107.

② 同①.

可见、不易察觉，并且波及的范围以及各元素之间的互动关系亦无法得到有效的描述，这导致在环境风险向环境危机、环境灾难发展的过程中人们难以对其进行有效的干预；(3) 危害后果的不确定性，环境风险的后果不仅包括对生态环境的影响，还会借由自然环境与社会环境之间的互动关系向社会系统传导，从而造成政治、经济、社会等层面上的多重损失，但在环境风险转变为实质危害之前，科学难以对其可能造成哪些后果及相应后果的程度进行相对准确的推定。

对环境风险在根源、范围、影响上的识别困难凸显了科学的"失灵"，这种"失灵"，如贝克（Beck）等研究者所认为的那样，使在定义风险的问题上"科学对理性的垄断被打破了"，一种新的公众导向的"社会理性"被加入对风险（尤其是风险的可能性和不确定性）的界定中。[①] 这一方面是因为公众逐渐意识到专家在计算风险上能力有限，后者时常出现不一致甚至犯错误的情况；另一方面则是因为，公众将科学与工业看作现代风险的源头，而专家作为科学与工业系统的一部分，使公众虽然仍依赖专家来获取风险知识，但也会怀疑专家对风险的判定有可能会因受到其背景或立场的影响而不够中立和客观。

公众的参与使本就"依赖于解释"[②] 的风险知识从以"科学理性"为主导转变为"科学理性"与"社会理性"两类话语系统相互竞争的动态过程。正如帕尔姆隆德（Palmlund）所指出的那样，对风险的定义往往是以竞赛的形式出现的，参与竞赛的主体可划分为六类[③]：(1) 风险承受者，指直接承受风险不良后果的受害者；(2) 风险承受者的代言人，如为受害者的权益而斗争的社会组织；(3) 风险制造者，即被认为是风险来源的主体；(4) 风险研究者，主要是科学家，重点研究在何种行动中或什么情境下特定对象存在风险，谁暴露在风险之中以及在何种条件下风险是"可以被接受的"；(5) 风险仲裁者，即有权力影响或定夺风险决策的主体；(6) 风险报告者，负责把风险问题提入公众议程并详细检视相关行动的主体，如大众媒体。本节即基于这六类角色，探讨在

---

① 贝克．风险社会［M］．何博闻，译．南京：译林出版社，2004：28.

② 亚当，贝克，龙．风险社会及其超越：社会理论的关键议题［M］．赵延东，马缨，等译．北京：北京出版社，2005：5.

③ 汉尼根．环境社会学：第2版［M］．洪大用，等译．北京：中国人民大学出版社，2009：117－118.

有关环境风险的议题中各类主体都采用了哪些话语策略参与环境风险议题的建构。

二、“行进”中的PX风险议题的议程建构与话语竞争

研究不同主体在环境风险议题中的建构角度与话语机制，需要依托于一个具体的论辩情势。在此，笔者聚焦近年来极富争议的环境风险议题——邻避(Not-In-My-Back-Yard的首字母缩写“NIMBY”的音译）议题，以PX项目为例，对不同主体在形成环境主张、进行观点表达、开展话语竞争时的策略和方法详加分析。

与我国城镇化、工业化进程相伴，垃圾焚烧厂、核电站、变电站等涉及环境保护的“邻避设施”[①] 快速增多。随着近年来公众的环境意识和权利意识不断增强，当他们对邻避设施风险的认知高于预期时，便会产生恐惧、焦虑、愤怒等情绪，继而引致抗争行为和群体性事件（亦即邻避冲突）发生[②]。我国由此进入以“立项—抗议—停止”模式为特征的“邻避时代”，诸多“不得不建”的公共服务设施常面临立项选址困难、建设推进缓慢、建成却无法运营的困境，极大地增添了社会风险。

PX项目即对二甲苯化工项目，其中PX是“P-Xylene”的首字母缩写，中文名为对二甲苯，是化工生产中非常重要的原料之一，常用于生产聚酯纤维、树脂、塑料、涂料等产品。由于国内PX短缺，因此PX项目整体面临扩容增产的需要。2000年以后，国家开始在各地陆续建设PX项目，密集的建设引起了公众对环境风险的广泛关注，公众开始基于新媒体平台所提供的表达渠道输出针对PX项目的意见和情绪，甚至以采取集体行动的方式来维护自身的环境权益，PX项目议题从而一度成为最具代表性的一类环境风险议题。本节选取的案例为国内2007年至2014年在厦门、宁波、昆明、茂名四地发生的一系列反PX项目事件。之所以选择这四起事件，一是因为厦门PX事件是国内最早爆发的PX冲突事件，对此后的多起事件产生了示范效应；二是因为宁波、昆明、茂名

① 邻避设施是指政府在居住区附近规划、建设和运营，运行收益为全社会所共享，但负外部性成本却由周边居民承担的公共设施。

② 丁进锋，诸大建，田园宏．邻避风险认知与邻避态度关系的实证研究［J］．城市发展研究，2018，25（5）：117－124.

三地的 PX 事件发生时间比较集中，整体上形成了一个社会各界广泛关注、频频发声的“讨论期”，有利于动态且深入地剖析各类主体针对该议题的建构机制。

（一）如何“议题化”：专家、公众扮演议题提出者的角色

对于特定的社会问题，其从单纯的“问题”演变为“议题”，再提升到系统性的“议程”，最先也是最为关键的步骤是“议题化”，即问题作为议题产生①，而议题产生需要“发起人”（initiator）和“触发机制”（trigger device）的共同作用。在 2007 年的厦门 PX 事件中，时任全国政协委员、厦门大学教授的赵玉芬院士在当年 3 月的全国“两会”上通过与其他 104 名全国政协委员联名递交的“关于厦门海沧 PX 项目迁址建议的提案”率先向 PX 项目发难，成为厦门 PX 议题的直接发起人。在“两会”这样一个每年一度的国家公共事务盛会上，有多达 105 名政协委员（其中还包括多名中国科学院院士）针对这一问题联名提案，且提案还提出了对抗性的主张——要求地方政府改变已经做出的项目决策，这种新鲜性、显著性与冲突性成为 PX 事件的第一个“触点”，吸引媒体启动了“触发机制”。《中国青年报》率先报道了这一问题，使“PX 致癌”这一观点被传播给大众并引起广泛关注；几天后，《中国经营报》刊登了采访文章，开篇便提出“厦门危险，PX 项目必须紧急叫停”；紧接着，《凤凰周刊》《南方都市报》《瞭望东方周刊》跟进报道，新浪、搜狐、网易、腾讯等网络媒体进行转载，国内舆论哗然。厦门 PX 项目由此演变为一个显著的环境议题，进入公共议程之中。媒体的报道和披露，激起了厦门民众对 PX 项目环境风险和政府决策的强烈不安与不满，他们通过网络和手机短信传递 PX 项目的风险信息，并号召大家采取行动以抵制该项目。2007 年 6 月 1 日至 2 日，厦门民众以集体抗议的方式向厦门市政府表达不满。抗议行动明显的对抗性和冲突性成为该事件的第二个“触点”，进一步触发了国内舆论的关注，厦门 PX 事件由此拓展为一个全国性的环境议题，并最终进入政治议程当中，迫使厦门市政府宣布缓建该项目。

厦门 PX 项目是第一个进入公共议程的 PX 项目，在这之前，普通公众既没有专业技能也没有资源去发现 PX 项目的环境风险。可以看到，在这次 PX 事件

---

① COBB R W，ELDER C D. Participation in American politics：the dynamics of agenda - building [M]. Baltimore：Johns Hopkins University Press，1972：82 - 85.

中，科学专家成了议题的主要发起人；而此次事件也成功地向全社会进行了一次有关 PX 项目环境风险的科普。随后，公众对 PX 具有环境风险形成了一种高度认知，这直接导致在此后的 PX 事件中，生成了一种无须专家引导的、有意识的自我动员——公众主动、自发地承担起议题"发起人"角色——的模式。比如，在 2012 年 10 月的宁波 PX 事件中，宁波镇海 PX 项目所在地附近的村民在 22 日为请求拆迁向区政府表示抗议，宁波市民闻讯得知当地即将上马 PX 项目，便自发于 4 天后向镇海区政府表示抗议，宁波 PX 事件由此爆发；2013 年 5 月 4 日，昆明市市民集体抗议 PX 项目落户昆明，昆明 PX 事件由此从地方议题转变为公共议题；发生于 2014 年 3 月的茂名 PX 事件同样借由当地市民自发进行抗议，从而得到了外部舆论的关注，使议题完成了公共化转变。

由于能力与资源的差异，专家、公众在议题的提出过程中所采用的方式并不相同。韦纳（Weiner）在社会问题的建构研究中将主张的提出分为三大类过程，分别为：问题的动员，包括划定势力范围、发展支持者、分享技术信息等；问题的合法化，包括借助技术专家的声望、重新定义问题范围、保持独特性等；问题的展示，包括争夺注意力、集聚力量、说服反对的思想家等。[1] 从这一角度判断，专家在提出议题时主要采用的策略为分享技术信息，凭借其在科学技术领域的声望定义问题，建立与其他技术专家的联合，并利用个人所拥有的社会资源在更大的平台上提出主张。但对于普通公众来说，由于缺乏社会资源与媒体近用权，其采用的策略主要是集中发展、集聚和联合其他相同主张的提出者或主张的支持者，通过现实发难的形式来获取外部舆论的关注，提升主张的显著性和影响力。

（二）PX 议程建构中的三类核心议题

20 世纪末期，风险学家斯洛维奇（Slovic，又译斯洛维克）提出了风险的"信号值"概念。"信号值"指的是"有关风险或风险事件的可以影响人们对风险严重性及其可控性认识的信息"[2]。斯洛维奇在定量研究的基础上指出，信号值越高的风险引起的社会反响也越高。卡斯帕森（Caspersen）等学者随后发展

---

① WEINER C L. The politics of alcoholism: building an arena around a social problem [M]. London: Transaction Book, 1981: 239 - 240.

② 斯洛维克. 风险感知：对心理测量范式的思考 [M]// 克里姆斯基，戈尔丁. 风险的社会理论学说. 徐元玲，孟毓焕，徐玲，等译. 北京：北京出版社，2005: 129 - 168.

了“风险信号”[1] 的操作化定义，认为对风险或风险事件的定性，对风险管理过程和方式的定性，对风险决策的定性是影响人们判断“风险信号”强弱的关键因素。在系列 PX 事件中我们可以发现，各方对 PX 物质本身可能带来的环境与健康风险、PX 生产过程中可能会产生的环境风险以及 PX 项目决策及其程序的不同意见，既是 PX 议程建构的三类核心议题，同时也是各方就 PX 议题展开话语竞争的直接动因，即 PX 议题的三个核心“争议点”。

1. 关于 PX 的风险后果

PX 及 PX 项目可能会带来哪些风险后果，通常是 PX 议题中最早的议事日程。风险的社会理论研究表明，公众对风险的认知是一个社会学习的过程[2]，其中哪种对风险的定义能够取得“宗主权”[3]，会对公众的风险认知产生关键的影响。从我国 PX 事件的发展来看，社会关于 PX 及 PX 项目可能会带来哪些风险后果的公共争辩始于 2007 年的厦门 PX 事件，公众通过此次事件普遍习得了有关 PX 及 PX 项目的风险知识并确立了对相关风险的基本认知，各方建构 PX 风险后果的话语逻辑于此后数次 PX 事件中反复被承袭甚至复制。因此，虽然关于 PX 风险后果的建构在每一次的 PX 事件中都会存在，但我们仍可以主要基于厦门 PX 事件得出有关 PX 风险后果的基本建构模式。

从厦门 PX 项目开始，对 PX 风险后果的建构都以两类不同意见为主：一类意见认为 PX 是剧毒、可致癌的化学品，PX 项目会给生态环境和公众健康带来极为负面的影响；另一类意见认为 PX 低毒，现并无科学证据可证明 PX 致癌。但是，这还不能说明这两种意见究竟是如何建构 PX 风险后果的，即不同主体怎样表达上述意见，二者之间怎么互动，并最终对 PX 风险后果形成一种固定的理解模式。

在厦门 PX 项目中，最早在公共话语空间对 PX 风险后果做出定义的是作为议题发起人的以赵玉芬为代表的提案专家。在提案中，他们对 PX 风险后果的界定有这样几个关键信息：“危险化学品和高致癌物”“对胎儿有极高的致畸率”

---

① 卡斯帕森 J X，卡斯帕森 R E. 风险的社会视野：上 [M]. 童蕴芝，译. 北京：中国劳动社会保障出版社，2010：112-113.

② 克里姆斯基，戈尔丁. 风险的社会理论学说 [M]. 徐元玲，孟毓焕，徐玲，等译. 北京：北京出版社，2005：312-338.

③ CLARKE L. Explaining choices among technological risks [J]. Social problems，1988，35 (1)：22-35.

“遇氧只需 27 摄氏度就会爆炸”“危险极大”“联苯厂至少要建立在离城市 100 公里以外，城市才能算安全”[1]。由于赵玉芬等人具有技术权威的身份，所以媒体大范围地转发了他们对 PX 风险后果的描述，各刊众口一词，称厦门 PX 项目为“高污染”项目，PX 是“唯恐避之不及的世界级的垃圾和危险物”[2]。除媒体之外，活跃在互联网上的一些民间意见领袖[3]也援引了提案专家的观点，用 PX 是“危险化学品和高致癌物”“应远离城市 100 公里生产才能确保安全”[4]等话语建构 PX 的风险后果。

受到媒体和网络意见领袖的巨大影响，厦门市民开始对 PX 项目的环境风险感到强烈不安。在此之前，厦门市海沧区居民已经注意到本地石化企业所带来的空气污染情况，而提案专家的论断为他们的猜测提供了科学上的依据，使其获得了合法化的话语资源。这突出地体现在公众运用这些“权威信息”建构 PX 的风险后果上：“赵玉芬院士，化学专业。除非《中国经营报》的记者明目张胆地造谣，否则‘PX 属危险化学品和高致癌物，对胎儿有极高的致畸率’就是赵玉芬的原话”（“N-Tycho”，“厦门百亿化工项目安危争议 105 委员提案要求迁址”，豆瓣小组，2007-06-29）；“苯是 PX 项目的主要产品，世界卫生组织已经把苯定为强烈致癌物质，长期吸入会导致白血病，专家称之为‘芳香杀手’”（“xue-ye”，“苯是厦门 PX 项目产品之一，还有人讨论其低毒和不致癌吗?”，天涯论坛，2007-06-06）。与此同时，厦门市民也在天涯论坛等综合网络社区及小鱼社区等地方网络社区中以个人见闻建构 PX 的风险后果。如 6 月 6 日，网民“两日一善”在天涯论坛中说，他晚上坐“摩的”经过海滨路时闻到刺鼻味道，“摩的”司机告诉他气味是从腾龙（PX 项目主厂区）飘来的，“摩

---

① 屈丽丽．厦门百亿化工项目安危争议［EB/OL］．（2007-03-19）［2021-01-13］．http://blog.sina.com.cn/s/blog_4c7226110100097e.html.

② 童大焕．谁能救厦门于险境？［EB/OL］．（2007-03-27）［2021-01-13］．http://tongdh.blogchina.com/259934.html.

③ 其中以专栏作家连岳对厦门 PX 项目的质疑和“喊话”最具代表性。2007 年 3 月，连岳将《中国经营报》的报道转载到自己的博客上，将之改名为《厦门自杀》；随后其在《南方都市报》和《潇湘晨报》的个人专栏及博客中发表了一系列关于 PX 的评论。在评论中，连岳采用提案专家的观点，将 PX 称为“危险化学品和高致癌物”“应远离城市 100 公里生产才能确保安全”，“一旦投产将使整个厦门岛，甚至是人口稠密的闽南三角都笼罩在剧毒的化工阴影当中”。

④ 连岳．公共不安全［EB/OL］．（2007-03-24）［2021-01-13］．http://www.lianyue4u.com/2007/03/24/6495/.

的”司机的一个老乡就在腾龙工作，说那里“女工干三年就可能不育”（“两目一善”，“前天坐摩的，关于PX的接触，真正实地的感受”，天涯论坛，2007－06－06）。2007年5月，厦门市民开始互传短信，将PX项目比喻为“原子弹”，说它将会导致白血病、“畸形儿”等严重的健康问题。腾讯、网易等网络媒体有关PX的报道跟帖量都在数千条以上，公众纷纷对厦门市民表示声援。

从专家提出反对意见，到厦门市民“现身说法”，PX项目的环境风险不仅得到了理论支持，也得到了现实呼应；媒体和网络意见领袖对此所做的二次传播，加速且加剧了社会对PX项目环境风险的认知。在这一意见已经完成了自我建构（self-construal），并为公众所接受之后，另一种认为PX项目的环境风险有限的意见才进入公共舆论空间之内，设法对前一种意见进行“澄清”。

2007年5月28日，厦门市环境保护局通过答记者问的形式首次公开回应PX项目。在这篇登载于当日《厦门晚报》的《海沧PX项目已按国家法定程序批准在建》中，厦门政府说：“PX是重要的化工原料……可用来做溶剂及生产药品、香料、油墨……PX为国际通用的安全数据卡危险标记7的易燃液体，与汽油等级相同。PX在水中挥发性较强……一般3至5天即可自河水中排出。挥发于空气中的PX可被光解，所以PX不是持久性污染物。”

继政府部门之后，5月29日，厦门PX项目的投资方腾龙芳烃（厦门）有限公司总经理林英宗也通过《厦门日报》回应社会质疑。林英宗以美国伊利诺伊大学化工博士的身份再次澄清PX不会带来严重的环境危害，而针对健康风险，林英宗表示：“PX对人体健康的危害主要是对眼及上呼吸道有刺激作用，高浓度时对中枢神经系统有麻醉作用，属于国家职业性接触毒物危害程度分级依据的第Ⅳ级轻度危害指标，与汽油同级，无致癌性。”

从效果上看，来自政府与企业的回应并没有改变公众对PX有剧毒、高污染的既有认知。在话语表达方面，公众继续批判PX项目的高风险，政府和企业的发言反而成为公众调侃、批判的资源，比如网民“落叶南风”说“干脆直接说可以吃得了”（天涯论坛，2007－05－28），“盛盛1982”说“为什么到现在还不说实话”（天涯论坛，2007－05－28）。在行动方面，6月1日至2日，上千名厦门市民打出了“反对PX”“远离污染”“珍惜生命”的标语，以示抗议。面对这种情况，厦门市环保局局长不仅在6月7日的市政府新闻发布会上再次解释，表示“我们的 PX 不是剧毒，我们组织了大批专业人员查阅了国内国外的资料，还没有发现 PX 会致畸、致癌的报道”[①]，还向市民发放了 25 万册科普读本《PX 知多少》，但继续被网民斥为“把人民当成傻子”（“疯子一样的 GDP”跟帖，2007-06-07）。

实际上，提出 PX 项目并不具有高风险的并非只有涉事的政府与企业，陆续也有一些媒体和网民指出 PX“属危险化学品和高致癌物，对胎儿有极高的致畸率”的说法存在错误。2007 年 5 月 31 日，《南方周末》在报道厦门政府宣布缓建海沧 PX 项目时，提到其采访的一位中科院化学专家认为 PX 易导致畸形儿的说法“言过其辞”，PX 属于低毒。[②] 网络意见领袖“恒二心”以 PX 的化学品安全技术说明书（MSDS）为基础，说明 PX 的确是一种低毒性物质（“小鼠口服半数致死量为 3.91 克/千克”），不属于致癌物（“国际癌症研究中心认为 PX 属于没有证据表明能够致癌的物质”）。在天涯论坛上，陆续有网民支持 PX 低毒的说法。但与政府和企业一样，这部分媒体和网民遭到了其他网民的批判，甚至是直接的谩骂。

总的来看，在 PX 风险后果的建构中，以多数公众和部分专家、媒体、意见领袖为主体，认为 PX 是剧毒、可致癌的化学品，PX 项目会给生态环境和公众健康带来极为负面的影响；以政府、企业和部分专家、媒体、网络意见领袖为主体，则认为 PX 的毒性仅可称作低毒，现并无科学证据可证明 PX 致癌。双方在风险建构的“社会竞技场”中展开了激烈的话语竞争：前者由专业化的专家共同体发起，作为风险承受者的厦门市民通过网络平台跟进参与，由于风险定义阶段开始后后者的长期缺席，这部分专家和公众共同夺取了 PX 风险情况界定的“宗主权”[③]，先入为主地影响了外部公众对 PX 风险后果的认知，这又导致在此后爆发于宁波、昆明和茂名的 PX 事件中，公众始终将 PX 与“剧毒”“致癌”“高污染”等关键词联系在一起。

2. PX 项目的风险管理

在很多网民看来，虽然 PX 物质本身不具备高毒性，但生产 PX 时产生的废水、废气，以及生产设备不密封和车间通风换气会带来环境污染。

---

① 黄立新，陈庚．厦门市环保局局长就 PX 项目存在剧毒说法做出解释［EB/OL］．（2007-06-07）［2021-01-13］．http：//news.sohu.com/20070607/n2504514285.html.

② 朱红军．百亿化工项目引发剧毒传闻 厦门果断叫停应对公共危机［EB/OL］．（2007-12-18）［2021-01-05］．http：//www.infzm.com/contents/3459.

③ CLARKE L. Explaining choices among technological risks［J］．Social problems，1988，35（1）：22-35.

对于厦门PX项目，厦门市环保局在2007年5月28日《厦门晚报》的采访报道中对如何控制与安全排放PX生产过程中的噪声、废气、废水、固体废弃物等进行了详细的技术工艺说明，并列举了10项保证PX项目安全与环保的制度措施。29日，腾龙芳烃（厦门）有限公司总经理林英宗也在当地记者的采访中强调PX项目建设秉持保护环境、善尽社会责任的原则，在设计、施工建设、设备选用、生产管理等各个环节都进行了严格把关，“找了国际、国内最有经验的工程公司”进行设计和评估，“即使万一操作不当，也不会发生失控的工业事故”；在处理“三废一噪”方面，海沧PX项目“执行的排放标准比我国国家标准（值）还要少一半”，“排放的物质，与汽车尾气大体一样”。

然而，部分媒体和网民似乎并不相信PX项目的生产不会造成环境污染这一说法。2007年5月，《凤凰周刊》报道了项目厂区“浓厚的烟尘从相邻的数十米高的烟囱喷出，带着刺鼻的怪味四下弥散”的景象[①]，指明2006年7月省、市环保局对海沧区进行了为期三天的空气质量监测，结果显示由于化工排放，海沧区硫化氢及臭气浓度等多项指标均超过了国家标准，言外之意是PX投产只会使情况雪上加霜。对网民一方而言，政府和企业在PX项目环保方面的承诺缺乏可信度，“PX项目的有害程度确实是可控的，但谁能保证它永远严格按要求运转?”（“穿着马甲发言”跟帖，2007-05-26），“行内人都知道，环保设施都是能不用就不用的，光摆在那儿等检查的时候才开开”（“从此浪子回头”跟帖，2007-12-10）。

根据亨德尔（Herndl）和布朗（Brown）在1996年提出的“环境话语修辞模型”，环境话语可分为规制话语、科学话语和诗意话语三类。[②] 从厦门PX事件中可以看到，在建构PX项目风险管理这一争议点时，政府和企业采用了典型的“规制话语”修辞方式，即以风险管理者的身份告知公众其管理风险的制度安排与制约机制，认为公众不必恐慌，应遵从政府的决策。而与其展开话语竞争的媒体和公众则多采用“不信任政府”和“不负责任企业”[③] 的框架，强

---

① 刘炎迅．厦门：一座岛城的化工阴影［EB/OL］.（2007-05-29）［2021-01-13］. https：//www.douban.com/group/topic/13411242/.

② HERNDL C G，BROWN S C. Green culture：environmental rhetoric in contemporary American［M］. Madison：University of Wisconsin Press，1996：12.

③ 罗坤瑾，丁怡．环境风险议题的媒体框架分析：以“云南怒江建坝”报道为例［J］. 新闻界，2011（8）：23-25，72.

调当地政府监督管理的缺失，以及既有化工企业在环境保护工作上存在的问题。

这种话语对抗在此后的 PX 议题中一直在延续。

2013 年 2 月 6 日，《昆明日报》刊发了中石油位于安宁市的炼油项目获得国家发展改革委员会批复，其中 50 万吨/年的 PX 生产项目将作为炼油的下游配套项目，这引发了当地民众和部分网民的抵制。他们一方面要求政府披露项目信息，另一方面则怀疑地方政府的监管能力，担忧项目运行过程中的环境风险。对于公众的不信任，昆明市政府做出的回应是“将加强对企业全过程的监督检查，严格进行监测监管，确保企业达标排放”①。但当地公众却不以为然，“安宁炼油项目离昆明 40 公里，没有理由恐惧。我们恐惧的原因是政府的腐败程度!”（“昆明小家伙”跟帖，2013－06－07），“就连当地一些小型的化工企业都会存在污染，更何况年产千万吨级的大型炼油项目”②。

在 2014 年的茂名 PX 事件中，“PX 生产过程中可能导致的环境污染”以及对政府环境监管能力的质疑也成为 PX 议题的核心争议点，人们对这两方面的关注甚至超过了对 PX 本身毒性及危害的关注。在抗议活动发生之前，《茂名日报》连续发起宣传性报道，解释 PX 的物质特性，表明 PX 生产风险完全可控。如《茂名日报》发表的《揭开 PX 的神秘面纱》和《PX 到底有没有危害》两篇报道，列举了 PX 各个生产环节所采用的环保措施，强调只要在安全管理和安全技术措施有效实施的前提下，PX 生产、储存过程中的环境风险就在可控范围内，依靠科技和管理，重化工项目也可以建设成为环境友好型项目。③ 报道还将中石化茂名石化公司作为正面案例，引证茂名的空气质量非但没有因为巨大的石化项目而遭到破坏，反而一直保持在一级，茂名是全国空气质量最好的城市之一。④ 2014 年 3 月 28 日，《茂名日报》专门转载了 2013 年《焦点访谈》对中国工程院院士、清华大学化工系教授金涌的采访，从专业角度指出 PX 生产不会污染环境，即“生产 PX 过程中不会产生有害物质”，“PX 的环境残留和积

---

① 王研．昆明官方：炼油项目下游产业链布局可行性还在研究［EB/OL］．（2013－03－30）［2021－01－03］．http：//www.bjnews.com.cn/news/2013/03/30/255884.html.

② 赵书勇．曾担心中石油云南炼油项目污染环境，到大连石化公司考察后吃下“定心丸”：安宁权甫村民：从担心到安心［N］．昆明日报，2013－05－13（A1）.

③ 沈慧．PX 到底有没有危害［N］．茂名日报，2014－03－20（A3）.

④ 冉永平，陆娅楠，刘丰．揭开 PX 的神秘面纱［N］．茂名日报，2013－06－25（A3）.

蓄不严重”，“PX排放物可被生物降解、化学降解和光解”，而公众则针锋相对。2014年6月5日，人民网舆情监测室（现更名为人民网舆情数据中心）发布了对茂名PX项目的网友观点倾向性分析，指出反对开发化工项目和不相信政府的环境监管能力的观点占48%。[①] 在反对理由上，当地民众提出的依据是茂名的石油工业并非没有污染，而是给当地造成了严重的环境污染，这说明政府和企业根本不重视环境保护[②]；网络“大V”“@一毛不拔大师”在微博上发布了其对南京、上海、宁波炼油厂周边水和空气质量的检测结果，得出“PX工厂产能巨大，现有的污染处理设备及监管水平较低”的结论，上万网民转发点赞；“@老徐时评V”也在微博上指出，“（民众反对PX项目）不是觉得项目不安全，而是觉得政府承诺不靠谱”，获得了网民的支持。

3. PX项目的风险决策

除PX的风险后果与PX项目的风险管理的定性之外，PX议题普遍存在的另一个争议点是PX项目的风险决策，这突出地表现在风险管理者和风险承受者围绕“为何要选择接受风险”和“由谁决定接受风险”这两个问题展开激烈争论。

在“为何要选择接受风险”方面，所有PX议题都已经被媒体定义为经济发展与环境保护之间的对立。在厦门PX议题中，厦门市政府曾在事件爆发前高调宣布，PX项目建成后预计年产量为80万吨，有望为厦门新增800亿元的GDP，这相当于厦门2006年GDP总量的2/3。如果没有群众的反对，那么宁波镇海PX项目将给宁波增加投资556亿元，将宁波的GDP从7 000亿元提升到8 000亿元，使其全国城市排名从第16位提升到第13位。昆明相关官员在推广PX项目阶段也突出强调了PX项目不仅会缓解云南的“油荒”，还可为安宁市乃至云南全省带来1 500亿～2 000亿元的收入，以及拉动整个西南地区的产业发展。但显然，政府所运用的利益框架并未得到公众特别是当地民众的认同，相反，在公众看来，重要的不是政府看重的GDP，而是“健康的环境”与可以“栖身的家”[③]。因为这样的分歧，公众开始频频通过网络表达对政府建设PX项

---

① 朱明刚．广东茂名PX项目事件舆情分析［EB/OL］．（2014－06－05）［2021－01－13］．http：//yuqing.people.com.cn/n/2014/0605/c210114-25108215.html.

② 刘向南．茂名PX项目惹争议 政府称没达成共识前不会启动［EB/OL］．（2014－04－04）［2021－01－13］．http：//finance.sina.com.cn/china/20140404/231718718533.shtml.

③ 曾繁旭，蒋志高．年度人物：厦门市民PX的PK战［J］．南方人物周刊，2008（1）：20－27.

目的决策的反对。在网络论坛上，有关 PX 议题的讨论大都采用了如下方式的表述："我们不要 PX，我们要简单而快乐的厦门，哪怕 GDP 低一点，收入低一点"（"花花是个和尚" 发帖，天涯论坛，2006－06－09）；"我们为生活、为环境而去，却要置身于化工烟囱间，谁为我们的处境负责?"[①] "人民不要带血的 GDP"（"cjx8200" 跟帖，天涯论坛，2012－10－30）。

事实上，政府也知道 PX 项目的建设可能会遭到公众的反对，因此多数 PX 项目在落地前往往都处于"隐而不发"的状态。直到 2007 年 3 月赵玉芬等人提交的政协提案得到媒体报道之后，厦门市民才惊闻海沧 PX 项目潜藏的巨大环境和健康风险，并开始针对政府一直未将此事告知公众表达强烈的质疑和不满。随着事件的进一步发酵，公众发现这一项目在 2005 年就通过了国务院及相关管理部门的审批，并早在 2006 年 11 月 17 日开工建设。然而在"管治"[②] 的城市治理模式下，面对公众对项目决策合法性的质疑，厦门市政府的回应仍然是"不理睬，抓紧速度干"和"全力以赴抓紧项目施工"。随着舆论压力越来越大，厦门市政府只好做出让步，宣布"缓建"PX 项目，但仍坚称 PX 项目建设与否，要根据专家的新一轮环评结果来决定。

应该说，政府虽然宣布"缓建"，但实际上并未放弃决策主导权。但在公众看来，这种与公共利益密切相关的环境决策不能只由政府和专家决定。2007 年 3 月 26 日，媒体人童大焕率先在《中国保险报》上发表评论，指出"在腾龙芳烃问题上，缺乏全面有效的环境披露和公众参与"，认为厦门市政府没有按照《环境影响评价公众参与暂行办法》和《国务院关于落实科学发展观加强环境保护的决定》对环境披露制度和公众参与环境事务的要求，进行 PX 项目的信息公开，实现公众参与。4 月 6 日，《凤凰周刊》亦援引这两则法规，指出厦门 PX 项目背后的环境决策公众参与缺失问题。然而媒体的报道并没有促使政府采取相应的措施，厦门市民对政府、企业排除公众知情、封闭决策的不满愈加强烈，他们开始通过互联网、手机等进行社会动员，并直接引发了 6 月 1 日至 2 日的抗议事件，以求通过这种方式影响政府的决策。

---

① 苏永通．厦门人：以勇气和理性烛照未来［EB/OL］．（2007－12－27）［2021－01－05］．http：//www.infzm.com/content/2618.

② 赵民，刘婧．城市规划中"公众参与"的社会诉求与制度保障：厦门市"PX 项目"事件引发的讨论［J］．城市规划学刊，2010（3）：81－86.

从时间上看，抗议事件对厦门 PX 项目公众参与程序的启动起到了推动作用：2007 年 6 月 4 日，国家发展改革委员会表示厦门 PX 项目将听取群众及专家的意见；12 月 5 日《厦门市重点区域（海沧南部地区）功能定位与空间布局环境影响评价》完成后，8 日厦门网开放“环评报告网络公众参与活动”投票平台，允许网民投票“支持”或“反对”PX 项目；12 月 13—14 日，通过民众报名、电视台现场直播摇号方式选出的 100 名公众代表参与了“厦门环评座谈会”；最终，12 月 16 日，福建省政府针对厦门 PX 项目问题召开专项会议，最终决定迁建 PX 项目。从长远的角度看，厦门 PX 项目中民意的“胜利”实际上是政府肯定了公众在 PX 风险决策上享有知情权、参与权和决策权；相应地，对 PX 风险决策的建构而言，这起事件完成了公众作为 PX 风险决策的主体之一有权参与 PX 风险决策的合法性建构。

尽管如此，在此后的 PX 事件中，有关风险决策的争议却没有平息，其触发点主要有三。

其一，地方政府或持有强烈的“为民做主”意识，或预计到民意关难过，在 PX 项目的前期决策过程中往往绕过或回避与公众的沟通。比如，在 2012 年的宁波镇海 PX 事件中，通过拆迁村民的不断上访活动，公众才得知当地已立项扩建炼化一体化项目；在 2013 年的昆明 PX 事件中，公众也是通过昆明当地媒体的报道才得知安宁将上马炼化基地项目；2014 年，茂名公众则是从当地媒体密集宣传 PX 项目以及被要求签署《支持芳烃项目建设承诺书》中猜测当地可能即将上马 PX 项目。这种封闭决策的行为，使公众从事件之初就放弃了对政府的信任，政府独断决策及漠视公众环境权益的做法被媒体和公众广泛批评。

其二，在 PX 项目引起广泛争议之后，媒体和公众总会要求政府公开环评结果与决策过程，对此，政府却往往表现出遮掩与搪塞的态度，流露出不想让公众知情的倾向，导致对话阻断、争议四起。这在昆明 PX 事件中表现得尤具冲突性。在 2013 年 2 月媒体报道了安宁炼油项目获得国家批准之后，当地环保组织“绿色流域”和“绿色昆明”便向云南省原环保厅申请公开该项目的环评报告，但在 20 天期限内并没有得到回复。4 月 19 日，安宁市政府工作人员在与这两个环保组织的对话中表示，由于该项目关乎国家战略，需要将环评报告中的机密部分剥离之后才能向公众披露，但此后也未见下文。在 5 月 4 日市民组织抗议集会之后，云南官方却表示“（安宁炼油项目）环评报告有密级，是云南近年来能源项目仅有的涉密文件，不能公示”。这一表态被媒体普遍解读为政府缺乏沟通诚意：“项目环评报告‘不能公开’……要么，就是项目环评结果本身见不得人，要么，是官方根本就没有弥合‘共识断裂’的意愿”①，“维系着老百姓的公共安全和切身利益的环评报告……为什么偏偏对老百姓有了密级？……谁给这个项目的环评报告定了密级？定了哪个密级？保密期多长？谁有权给这项目的环评报告定密级？这些疑问都需要专业解释，需要令人信服的说明”②。而公众则直接认为政府有意遮蔽项目真相：“这是腐败的借口，这是有毒有害的证明。这么大忽悠的话竟然拿来作为反对别人意见的理由，这还有公信力吗？请问哪一条保密法可以规定环评报告属于保密?”（“苦豆花”发帖，金碧坊社区论坛，2013-05-28）。在舆论压力下，6月25日，云南官方在中石油官方网站和安宁市宁湖公园综合展馆中公布了安宁炼油项目环境影响报告书及其批复。但媒体和网民继续提出批评，称官方公布的仅是环评报告的部分内容，没有涉及公众关注的PX项目产品，且未注明环评机构，并且现场公开查阅的地点竟选在了距离昆明市区40多公里的安宁市一处偏僻的公园中。

其三，除封闭决策与排除公众知情外，正常表达渠道的阻滞与群体性事件发生后对舆论的封锁行为也是PX决策程序正义争议的触发点。在厦门PX事件中，海沧区居民从2006年5月开始就日益严重的环境污染展开维权行动，但拨打市长热线、上访、投诉、网络发帖，均无回音；当PX议题扩大化之后，厦门市民用于讨论PX项目的地方论坛小鱼社区被政府关闭，新浪、网易等网络媒体上有关厦门PX项目的报道被删除——这些做法此后被公众和媒体广泛当作政府独断专行、钳制舆论、不尊重民意的话语资源并加以运用。同样，在宁波镇海PX项目引发群体性事件之后，宁波地方论坛东方论坛镇海版被关闭；微博上“PX”一词被屏蔽，网民在宁波市区范围内无法使用微博上传图片。昆明PX抗议集会发生之后，网民在微博上举报昆明官方要求购买各类口罩须进行实名登记，《南方都市报》等媒体随后跟进报道，发现实名登记还涉及打字复

① 张绪才．项目环评“不能公开” 怎么弥合“共识断裂”[N]．长春日报，2013-05-16（2）.

② 柏文学．“环评报告有密级”需要令人信服的解释［EB/OL］．（2013-05-14）［2021-01-13］．http：//news. nen. com. cn/system/2013/05/14/010370975. shtml.

印领域，同时官方还禁止销售白色T恤。在2014年的茂名PX事件中，茂名市委很早就发布了一则名为《市委宣传部积极做好茂名石化重点项目宣传工作》的新闻，表示要“督促网站对敏感负面信息，特别是虚假和煽动性信息进行坚决屏蔽”，同时“对发表过激言论的网民进行身份核查，进行教育训诫和稳控”。抗议活动当晚，茂名市政务微博集体失声，含有“茂名”“茂名PX”关键词的帖子全部被微博删除或屏蔽。

（三）PX风险议程建构的焦点转移及话语冲突

1. 焦点转移：从技术风险转向程序正义

将各地发生的PX事件作为一个个独立的事件进行考察可以发现，PX本身的风险后果、对PX风险管理的定性与预期以及PX决策合法性这三个PX风险议题的争议点在出现时间上没有先后之分，而是相互交叠在一起。不过随着事态的演进，有关PX本身的风险后果、对PX风险管理定性的争议会渐渐淡化，无论是接受PX风险的一方还是质疑、拒绝PX风险的一方，往往都保持着自身对PX风险后果的认知以及对风险管理的预期，而把注意力集中于有关PX决策合法性的争议上。双方对PX风险后果的认知与对风险管理的预期往往大相径庭[①]，由此导致有关PX决策合法性的争议矛盾尖锐，甚至极富冲突性。

若将系列PX事件作为一个整体来看，厦门PX事件为整个社会进行了一次广泛的PX风险教育——尽管客观上PX的潜在风险在这起事件中被部分夸大，使PX项目在某种程度上被“妖魔化”了。在此后的数次PX事件中，PX的风险被一次次讨论，随着政府、专家的一再宣传，公众已经开始接受PX本身并不会造成巨大的环境与健康风险的说法，这直接表现为在后来的PX事件中，公众对PX项目的质疑更加聚焦于后两个争议点，认为“虽然PX低毒，但谁能保证生产过程清洁安全”以及“为什么不在决策前告知我们”。随着社会风险意识和参与观念逐渐形成，构建信任与程序正义成为PX风险议题的关键问题。

2. 话语冲突：信任框架与不信任框架对立

在PX议题的话语结构上，主张接受风险的政府和企业一直致力于说服公

---

① 需要承认的是，这两个阵营内部对PX项目的认知也并非高度统一。比如，主张接受风险的政府，其内部针对PX项目的争议和质疑也一直存在，但这些声音始终停留在非正式和个别的状态，并不会被公开表达出来。

众采信和接受风险决策，这一点特别明显地体现在“相信科学，相信政府”[1]这一口号上。就具体的话语策略而言，其往往采用如下三种方式：第一，使用经济发展的话语，将PX项目与拉动地方经济增长、创造就业联系在一起，强调项目的引进将促进地方经济的发展和人民生活水平的提高，以此说明PX项目的必要性和意义；第二，使用技术进步的话语，强调项目在技术应用方面的领先性和超前性，以此说明PX项目的环境风险和健康风险并不存在；第三，使用信任政府的话语，论证项目在程序上符合法律规定，有关政府部门亦会通过各种措施与手段加强监管，保障公众的环境和健康权益不受侵犯。

反观质疑和拒绝接受风险的一方，则是直接采用了对立的话语结构：首先，使用风险话语，强调PX本身即存在风险且生产过程中产生的额外风险并非绝对可控；其次，使用个人权利话语，从维权者的角度强调PX项目负外部性的不合理；再次，使用程序正义话语，强调PX项目审批程序、环评程序、信息公开和公众参与程序的存在，以及PX项目的决策过程公开性差、透明度低，缺乏公众的参与和对民意的尊重；最后，使用政经批判话语，暗示PX项目背后存在官商勾结、贪污腐败等问题。

三、多方议程建构的总体表现及冲突根源

接下来，我们可以分别总结公众、媒体、政府与企业这几类参与环境风险议题互动的关键主体在议程建构中的表现，并进一步剖析冲突的根源。

（一）公众进行社会控制的自觉性提升

随着公民意识的崛起和新媒体的发展，公众有了更强的参与意愿、更多的传播渠道、更多元的关切与诉求、更大的群体动员的可能，并且勇于通过各种形式表达并争取实现自己在环境风险议题上的主张，这在前文述及的环境风险议题上体现得尤为明显。本书第五章曾提及，在环境风险议题上，公众会通过话语表达和现实抗争制造社会压力，迫使政府及企业做出回应甚至最终改变政治决策，即借助舆论实施社会控制——具体的手段有表达对立性

---

① 广东茂名PX项目酝酿4年未环评［EB/OL］.（2014-04-01）［2021-01-03］. http://news.sohu.com/20140401/n397542119.shtml.

意见以争夺话语权、宣泄负面情绪进行交往压迫、开展对抗行动谋求实质变革三种。

1. 对立性意见的表达

在上述PX议题中，多元社会主体会在风险定义、风险管理和风险决策这三个主要方面，通过在媒体平台上发表评论或言论，相互交换意见和观点，对风险议题进行建构和协商。不过，公众的意见表达均是在“反对”和“批评”的基本框架或意见范围之内进行的：PX是剧毒、可致癌的化学品；PX项目会对生态环境和公众健康造成极为负面的影响；生产PX时产生的废水、废气，以及生产设备不密封和车间通风换气会加剧环境污染；政府的监督管理和企业的自律不可信；项目决策没有征询民意，不具备合法性；等等。这些意见均与政府和企业的观点明显不同，甚至直接对立。

从纵向来看，随着时间的推移，特别是事件经过媒体报道被越来越多的社会公众获知之后，早期较为零散的当地公众所表达的批评意见得到凝聚，社会公众开始普遍参与到批评意见的塑造过程中来，形成了反对性意见共鸣的“景观”。尽管在PX议题发展的中后期，PX及PX项目的风险危害并未成为共识，但公众对政府风险管理能力的质疑和对政府风险决策忽视民意的批判却是空前一致的。通过这种对立性意见的表达，公众使自身成为与风险决策者和风险管理者相对立的、无法被忽视的话语势力。

2. 负面情绪的宣泄

出于对风险的本能抵触与对政府等风险管理者的恼怒，公众总会大肆宣扬政府决策对作为风险承担者的公众的“非难”。在公众对PX等风险议题的建构中，使用最频繁的叙事方式是“受难叙事”[①]，就像第五章介绍的那样：主角往往是作为风险承担者的当地公众，故事的基本情节则是“当地公众遭受不公平的对待，他们的身体健康和生活环境正在（或将会）被风险项目伤害”。“受难叙事”往往能有效地反映公众对风险项目的不满，激发其他公众的“同情”甚至是“同仇敌忾”式的声援。于是，我们在PX风险议题中可以看到，社会成员进行的公开的斥责、公然的蔑视、随意的戏谑调侃等负面社会情绪的直接宣

---

① 李艳红．一个“差异人群”的群体素描与社会身份建构：当代城市报纸对“农民工”新闻报道的叙事分析［J］．新闻与传播研究，2006（2）：2-14，94．

泄充斥于公共话语空间；同时，社会共同情感的表露不局限于上述三种情形，公众还通过编写讽刺“段子”，甚至以直接辱骂、嘘声轰赶的方式来表达其对风险项目的憎恶和拒绝。

在愤怒情绪的宣泄中，风险项目的主张者（通常是政府和企业）变成了公众利益的“侵犯者”。而公众针对政府或企业表达“愤怒”的过程，也是公众的信任和信心与之离弃的过程。在厦门 PX 事件之后，不管政府和企业如何进行解释与澄清，公众只要进行 PX 项目相关问题的讨论，就还是会本能地立即站到它们的对立面，对其进行铺天盖地的批判。批判的矛头不仅指向项目决策本身，还会延伸至对政府管理权威的质疑。最终后果就是公众拒绝协作，甚至拒绝互利的合作。

3. 对抗行动的开展

社会的愤懑如果没有得到疏解，就有可能变成狂怒的风暴，人们会通过“破坏”行为来影响其他公众和社会。就环境风险议题而言，并非所有的议题都会引发这种舆论的“暴力制裁”，比如雾霾议题。与 PX 议题、核燃料项目议题以及钼铜项目议题等风险议题相比，雾霾议题的不同之处在于，其形成更多是由于历史性因素，而非由某一变化直接导致；需要对雾霾问题负责的可能是多数社会主体，而非某一个具体的人或者机构。因此，公众虽然会对这一问题持有负面的意见与情绪，但更进一步的暴力制裁既缺乏实施动力，也没有相对明确的“制裁”对象。

换言之，出现舆论暴力制裁需要一些特殊的前提，包括：存在一个预期中的越轨行为，舆论认为应该通过预先警告阻止所谓的“侵犯者”实现这一行为；意见制裁和交往制裁已宣告无效。在雾霾议题上，政府针对公众的不满和诉求，及时通过多种手段展开空气治理，在某种程度上回应了公众的要求，继而缓解了社会的愤懑。与之相反，在本节论述的 PX 案例中，政府和企业作为风险项目的主要责任人未能有效回应公众的诉求，导致了“暴力制裁”的启动：当公众前期通过表达意见和情绪显示对项目的拒绝态度时，政府和企业或认为“宣传力度不够”，或认为公众“科学素养低”“存在误解”“不理性”，一边“不理睬，抓紧速度干”，一边试图通过加大宣传力度让公众转变态度、接受项目；而当公众发现自身诉求没有得到尊重，风险又“迫在眉睫”时，便选择通过“暴力”行为提高 PX 事件的“公共可见性”[①]，使之吸引全社会范围的关注，从而加大政府部门“不顾”民意的成本和代价。

总的来说，公众参与环境风险议题的意愿与引发的舆论在环境风险议题中进行社会控制的效果，均表现得比常规环境议题和突发环境事件议题更加强烈和明显。这一方面是因为环境风险议题本身与公众自身的健康、安全与环境权益密切相关，是一个与公众接近性高，同时也易于公众理解与参与的低门槛议题[②]；另一方面则是因为，公众参与环境风险议题时做出的话语表达与现实抗争所体现出的“公民的勇气”[③]，即为了自身的权利不惮于行动，率先去追求权利的勇气，被作为一种“社会景观”生产了出来，使公众进一步形成和加强了对自身公民身份和权利的认同。

（二）媒体对环境风险议题建构效果的“不对称”

公众对环境风险议题的意见、情绪和行动的表达与展现源于其对这类议题的“认知结构”，包括对风险本身的判断、对风险议题性质的界定和对风险问题责任的归因。不论是 PX 项目、核燃料项目，还是垃圾焚烧项目、钼铜项目，在环境风险议题方面，公众都存在一种相类似的认知框架，即这些项目会带来巨大的环境、健康与安全风险，因此它们不是单纯的经济建设问题而是“性命攸关”的公共安全问题，作为管理者的政府部门因经济效益诉求引进这类项目是对公众生命健康安全的漠视。一般来说，公众对社会议题的认知框架一方面源自过去的经验[④]，另一方面也受到其所接收到的议题信息的影响[⑤]。因此从理论上讲，作为公众主要信源的新闻报道，采用何种立场和框架建构环境风险议题，往往具有引导公众对风险议题认知和归因的作用。

在 PX 议题中，相关媒体对 2007 年“两会”上政协代表递交厦门 PX 提案

---

① THOMPSON J B. The media and modernity：a social theory of the media [M]. Cambridge：Polity Press，1995：314. 汤普森认为，“可见性”的增加和民意的兴起将给政府带来新的风险，当“愤怒”的民意指向政府时，在“众目睽睽”之下，政府就不得不应对，否则将使自己政权的合法性大大降低，丧失民众的信任。

② LANG G E，LANG K. The battle for public opinion：the president，the press，and the polls during Watergate [M]. New York：Columbia University Press，1983：58.

③ 沈原. 社会的生产 [J]. 社会，2007，27 (2)：170－191.

④ GOFFMAN E. Frame analysis：an essay on the organization of experience [M]. Cambridge：Harvard University Press，1974.

⑤ 同②21.

的报道，是 PX 风险议题第一次进入公共话语空间，也是大多数公众开始知晓 PX 及 PX 项目的最主要契机。也就是说，PX 议题在当时对公众而言是一个新鲜、陌生的议题。在这一轮针对“新议题”的媒介建构中，《中国青年报》《中国经营报》《第一财经日报》《凤凰周刊》《南方都市报》等作为第一批关注这一议题的媒体，对专家提出的厦门 PX 项目的选址和环保问题进行了报道。基于报道文本我们可以明显地发现，媒体在该阶段一边倒地站在了提案专家的立场上，在报道框架上，媒体则选择了提案专家以及对其持“同情”态度的政府官员作为主要的信息来源，重点强调项目会为厦门市和当地市民带来环境、健康和安全风险，解释项目建设所蕴含的巨额经济效益诉求与城市环境容量之间的冲突和矛盾，提出“迁址”这一解决方案，同时排除了对其他可能存在的不同观点（比如厦门市政府部门或其他持不同观点的专家群体）的呈现。通过这种对 PX 议题不同方面的选择、强调和排除，媒体为厦门 PX 项目赋予了一种“非正义”的社会意义，并在报道过程中完成了对 PX 议题的性质界定，同时对涉事主体进行了道德评价，并有逻辑地推演出了问题的解决方案。从传播效果上看，这种极具倾向性的报道框架极大地扩充与形塑了公众对 PX 项目的风险认知①，在社会心理层面自动生成了“道义评判”“责任归因”② 等框架效应；其导致的直接结果是，在报道之后，民众开始通过互联网、手机等方式传播有关 PX 风险的知识，呼吁抵制 PX 项目。

仅从 PX 风险议题的前期媒体建构来看，媒体在设置公众议程方面似乎拥有很强的影响力。然而，在核燃料项目等类似的环境议题中，媒体的建构效果却没有这样“好”。例如在广东江门鹤山核燃料项目事件中，前期多数媒体（不论是广东本地媒体还是异地媒体）的报道框架以风险知识与政府控制为主，通过采访政府官员、环保官员以及核安全专家，向公众科普核燃料知识，说明核燃料加工没有核裂变环节、不存在高辐射风险，以及核燃料加工过程发生事故的可能性极低且具备高度安全的管理措施。也就是说，媒体在该议题的建构上选择了一种正面化的框架，策略是从理性和科学的角度对核燃料项目的风险后

① 夏倩芳，黄月琴．社会冲突性议题的媒介建构与话语政治：以国内系列反“PX”事件为例 [J]. 中国媒体发展研究报告，2010：162－181.

② GAMSON W A，MODIGLIANI A. Media discourse and public opinion on nuclear power：a constructionist approach [J]. The American journal of sociology，1989，95（1）：1－37.

果与风险管理进行科普性解析。这种报道框架的采用或许受到了政治权力的影响，但同时反映了科学共同体对核燃料项目技术风险的一致性评估。然而，在此次事件中媒体报道并没有做到显著地疏导和消解公众对项目的拒绝与抵触，在媒体步调一致的宣传攻势之下，还是发生了民众对该项目的抗议。

由此笔者认为，媒体对环境风险议题的建构存在着“不对称”的效果，其主要表现在以下两个方面。

第一，媒体对风险议题进行负向建构所取得的传播效果在一定程度上会优于进行正向建构。负向建构包括着重报道风险事态的严重性、风险决策存在失当以及风险管理能力薄弱，这种报道框架符合时下公众对社会风险威胁的强烈感知以及对强势社会主体的不信任心态，在公众当中拥有很大的“市场”。相比之下，正向建构对上述三个方面的积极表述常被公众认为是媒体在有意识地进行“宣传”，从而以直接否定其可信度的方式对相关信息的进一步扩散和传播实施干预。譬如，2014 年茂名 PX 事件期间，《中国青年报》通过采访清华大学化学工程系教授来澄清 PX 的毒性和 PX 项目的风险。当这篇报道被《新周刊》的官方微博转载后，两家媒体随即被网民点名批评，认为其“睁着眼说瞎话”和“选择性失明”。

第二，媒体对“新”议题的建构效果要优于对“旧”议题的建构。所谓的新与旧，主要指的是针对某一个风险议题，受众是否已经形成了特定的风险判断系统。判断系统一旦形成，人们便会倾向于构造后续证据的解释方式①，特别是当面对反面证据时，人们的既有信念会更加稳固持久②，从而选择通过忽略、拒绝反面信息来维持原先的认知。而当人们缺乏强烈的原初观点时，就会受到其得到的信息的支配。③ 所以，2007 年的厦门 PX 事件中，在公众尚未形成对 PX 风险的判断系统时，媒体采用的高风险框架和环保框架快速、有效地帮助公众形成了在这一议题上的风险判断。这一原初印象是如此稳固，以至于此后不论政府官员、企业管理者、科学专家如何澄清，都未能有效扭转公众对

① 斯洛维克．风险感知：对心理测量范式的思考［M］// 克里姆斯基，戈尔丁．风险的社会理论学说．徐元玲，孟毓焕，徐玲，等译．北京：北京出版社，2005：129－168.

② NISBETT R E，ROSS L. Human inference：strategies and shortcomings of social judgment［M］. Englewood Cliffs：Prentice-Hall，1980：200－202.

③ 同①.

PX风险的感知。在核燃料议题上也是如此，核恐慌已经在我们的社会和文化意识中根深蒂固，尽管核武器、核动力以及核废料的技术风险存在差异，但公众对与“核”有关的事物的风险感知却有着共同的印象[①]——危险的、有毒的、致死的、高污染的等。由于这种共同印象的存在，人们便会认为核燃料项目所引起的风险“应该”不会亚于其他类型核项目的风险。在这种强烈的既有认知的作用下，媒体对核燃料议题所采用的与其他核议题进行区隔、隔断的特殊化框架无法产生明显的效果。

（三）风险沟通者对公众存在认识误区

在环境风险议题上，政府、企业等环境风险管理者承担着风险决策、风险管理和风险沟通的职责。目前，政府和企业已经渐渐有了就环境风险展开传播和沟通的意识，并就此展开了相应的实践。但从前述案例中可以看到，其在进行环境风险沟通的过程中理念仍不成熟、方法也不系统，所以效果并不理想。而效果堪忧的关键原因，在于政府和企业对风险沟通的对象——公众存在认识上的误区。

1. 风险沟通者主观判断公众会理性地认知风险

PX议题的建构过程凸显了主张接受风险的政府和企业所采用的以科学为基础的理性逻辑，与承受风险的公众所遵循的以感知为基础的感性逻辑之间的冲突。在双方就环境风险展开争论时，政府、企业认为公众应科学地评估、理解风险及风险决策，故而其对风险议题的建构往往集中于科学知识的传播与普及上，认为科学和理性胜过一切，体现在风险沟通上即“我们应该相信科学”[②]，这样的表示和态度一直存在于全部的风险沟通和项目宣传工作中。

然而，越来越多的研究和实践却证明，相较于技术专家和风险管理者基于风险发生的可能性及严重性来判断风险水平的事实，公众对风险大小的判定更多地基于感性因素，譬如以往的生活经历，个人风险与利益的对比，周围的人对该风险的态度，甚至单纯只是情感上的好恶，等等。这样的区别直接造成了公众对环境风险的感知在诸多案例中表现得与专家对风险的判断相去甚远。公

---

① KUNREUTHER H，DESVOUSGES W H，SLOVIC P. Nevada’s predicament：public perceptions of risk from the proposed nuclear waste repository [J]. Environment，1988，30（8）：16－33.

② 来源于笔者在调研什邡钼铜项目时所做的访谈。

众对风险的感性判断常与科学认识大相径庭，环境风险管理者往往就此认为公众的观点愚不可及、无须在意。在这种情况下，一旦公众发现其对风险的感知和相应的诉求没有得到应有的关注和重视，由此形成的愤怒、焦虑、恐惧等负面情绪及拒绝、无视、对抗等消极行为就不仅会加剧风险事件的后果，还可能会造成一些更为深远的影响，如对制度丧失信心、对管理机构的合法性提出质疑及对社会公正加以否定。从这一角度来看，公众的感知才是事实。

2. 风险沟通者未能对公众的特征和需求进行分析

在前文提到的案例中，环境风险管理者在进行传播沟通时很少详细分析公众的类别、需求以及与专家之间存在的认知差距。这也是风险沟通领域的一大问题——在风险沟通者眼里，公众只是抽象的概念或笼统的一群人。然而，事实上每一个风险沟通活动中的公众都应该是看得见、摸得着的具体存在的沟通对象，他们可按人口统计学指标、受风险影响的程度、对风险的兴趣等维度划分成多个细分群体，各类细分群体的风险沟通需求可能也不尽相同。并且，即便是同一个细分群体，公众个体在价值观念、政治观念、道德信仰、技术观念等方面也可能有很大的差异。因此，政府在进行风险沟通时所采用的笼统看待公众的方法，无异于无的放矢，不仅难以取得理想的效果，还会导致其错失沟通的最佳时机。

除此之外，就像在很多环境事件中一些官员或企业负责人把表达意见、维护权益的公众看作“刁民”“无知的民众”一样，政府和企业也常常给公众贴上某种标签或认为公众是一成不变的。例如在有关 PX 风险的议题上，政府和企业总认为公众不具备理解科学或技术信息的能力，在厦门 PX 事件之后的多起 PX 事件中，政府始终认为公众对有关 PX 的科学知识的不了解导致了他们对 PX 项目的拒绝，因此政府会把 PX 与环境、健康风险的科普工作放在风险沟通工作的首位。但实际上，在昆明、茂名等地的 PX 事件中，公众对 PX 风险知识的了解已经有了很大的进步，公众拒绝 PX 项目的最主要原因已经从 PX 项目的风险危害转向了对政府和企业风险管理的不信任。正是由于缺乏对公众特征和诉求的认识，政府的环境风险沟通总是难以跟上公众自身态度及其关注焦点的转变，更遑论在事件动态的演进过程中对公众适时、适度地施加影响，改变公众可能过于极端、片面的风险认知。

3. 风险沟通者片面认为公众的维权行为是“无理”的

在上述案例中，有的环境风险管理者面对公众的质询意图“蒙混过关”，这一现象在一定程度上说明其对公众正当权利的认识并不充分。笔者在就相关政府在风险项目上的沟通工作进行调研时发现，政府工作人员也会因为公众的种种“无理”表现感到委屈或难以接受，他们中的一些人甚至一想到要和公众打交道就心生抵触，担心会遇到“蛮横无理”的挑剔与指责。更为普遍的是，多数政府认为其已经公开了很多信息，不能理解为何公众并不满足甚至要求全程参与决策。

笔者认为，此类误区的根源在于政府作为主要的风险沟通者没能认识到公众的“增权”状况：首先是公众个体的赋能，即人们通过提升自我效能意识来增强个体达成诉求的动机。譬如，基于在社会化媒体平台的发言、学习、互动、示范，公众的公民意识得到了强化，他们在用法律武器武装自己的同时也对风险沟通者在价值和程序方面的合法性给予了更密集的关注。其次是公众群体的赋权，即公众借助集会、宣讲、（尤其是）新媒体等手段聚合起来，交换信息、进行动员、形成舆论、对事件及涉事主体加以围观或“围猎”，从而推动事态发展、改变权力结构、实现群体诉求。最后是法律赋权，即相关法律法规为公众在风险沟通中的权利给予保障。比如我国 2015 年 1 月开始实施的新修订的《环境保护法》，在信息公开和环境公益诉讼等方面赋予了公众更大的知情权、监督权和参与权。尽管公众赋权给风险沟通者的工作理念、流程、方式等带来了很大的挑战，但了解公众赋权的影响因素、机制和作用，亦有利于风险沟通者更为平等地看待公众，以合法、合理、合情的方式与公众维持良好的伙伴关系，从而达成共同解决问题、推动社会和谐发展的目的。

综上所述，从议题的建构与传播来看，公众议程在环境风险议题上的话语权不可低估，其关键因素是公众不仅会通过新媒体平台频繁表达意见和情绪，以对议题施加社会控制，还会借助新媒体进行自我动员、采用行动对抗的方式建构自身诉求的合法性与社会可见性，以此提升风险管理权威干预舆论表达、进行舆论压制的道德成本。尽管公众对环境风险议题的建构在很大程度上存在“偏见”与“错误”，但作为社会纠偏机制的政府部门和大众媒体在环境风险议题上的舆论正面引导能力却不尽如人意。特别是政府部门，在议程建构中基本处于被动回应的状态，不论是议程的输出还是意见的表达都难以契合、介入公众议程，更勿论获得公众的倾听、理解、认可和信任。

应该说，政府议程的压制与公众议程的抗争，使环境风险议题的传播极富冲突性和对抗性。这一方面反映了公众作为权利主体，在表达环境主张、参与环境决策方面较以往表现出更为强烈的意愿、要求，以及更成熟的能力、方法和策略；另一方面也暴露出政府作为主要的环境风险管理者，在与社会公众就环境风险进行沟通的过程中缺乏对公众的特征、需要与诉求的客观、动态、深入的理解和尊重的诚意，这不仅使其花费人力、物力、财力进行的风险沟通无法取得预期的效果，也使整个社会在环境风险议题上一直未能形成理性、成熟的对话模式与协商方案。

第二节　风险认知差距的探寻与弥合

除了完善立法、优化制度、增加信任、持续教育和进行利益补偿，以发达国家的经验来看，旨在向公众解释与传播风险信息，应对其就风险产生的意见和情绪，以使公众接受风险状态及风险决策的风险沟通也被当作有效解决邻避冲突、达成环境风险共识的手段。

风险沟通是一个解释和传播风险信息的过程。在过往研究中，有研究者认为，有效的风险沟通必须在避免造成信息过载的前提下，向受众提供精准信息，纠正受众的偏见，弥合受众的既有认知与专家强调的信息之间的差距。[①] 换言之，专家与公众对风险的认知差距是影响风险沟通效果的关键因素之一[②]，这种差距直接导致公众质疑和拒绝政府发布的风险信息、降低对专家系统的信任、产生对邻避设施的负面情绪和非理性行为[③]。唯有充分了解公众

---

① RILEY D. Mental models in warnings message design：a review and two case studies [J]. Safety science，2014 (61)：11 - 20.

② 黄彪文，张增一．从常人理论看专家与公众对健康风险的认知差异 [J]. 科学与社会，2015，5 (1)：104 - 116.

③ 张燕，虞海侠．风险沟通中公众对专家系统的信任危机 [J]. 现代传播（中国传媒大学学报），2012，34 (4)：139 - 140.

对风险的既有认知和关切，有针对性地向其提供信息，才有可能使其做出明智的自主判断。对此，作为目前学术界成熟的理论，风险沟通的心智模型理论提供了详细的指引。另外，恐惧诉求理论认为，在设计风险沟通信息时，应借助特定的威胁性信息唤起公众的关注，并提供规避威胁的行动策略，以有效促使公众采取特定行动。恐惧诉求理论的有效性已得到西方学者的普遍认同。①

鉴于此，本节综合了心智模型理论与恐惧诉求理论，选取近年来普遍存在于我国多个城市的邻避设施——垃圾焚烧厂为切入点，根据关涉邻避风险感知的专家模型和公众的心智模型，设计出可弥合认知差距且能唤起公众关注的风险沟通信息，并借助控制实验检验该信息对公众认知和决策的影响程度及影响路径，提炼、总结出切实可行的邻避风险沟通建议。

一、心智模型、恐惧诉求与研究问题

风险沟通研究始于 20 世纪 80 年代，彼时以美国为前沿阵地，兴起了一批风险沟通的基础研究和应用中心②，在环境问题、食品安全问题、自然灾害等领域开展了一系列以风险控制为目的、以经验主义为主导的研究。

在研究初期，研究者遵循技术理性主义原则，将风险沟通视作面向不具备风险知识的公众进行告知、说服、教育的决策环节，即通过“传播或传送健康或环境风险的程度、风险的重要性或意义”，实现“管理、控制风险的决定、行为、政策的行动”③。在此过程中，专家是风险定义、评估与决策的主体，而公众只是没有发言权的被告知者④，后者的关注、情绪、意见是被排除在决策过程和沟通实践之外的。但随着社会趋势的变化、公众权利意识的逐步增强，此种模式的沟通效果遭遇诸多困境。于是，1989 年美国国家研究委员会出版了《改善风险沟通》一书，明确将风险沟通定义为“关注健康或环境的个人、群

---

① 喻国明，李彪，李莹．恐怖诉求：传播效果的 ERP 实验研究：一种基于神经科学的传播学研究．[J]．国际新闻界，2009（1）：38－44.

② 林爱珺，吴转转．风险沟通研究述评［J］．现代传播（中国传媒大学学报），2011（3）：36－41.

③ PETERS R，COVELLO V，MCCALLUM D. The determinants of trust and credibility in environmental risk communication［J］. Risk analysis，1977，17（1）：43－54.

④ 黄河，刘琳琳．风险沟通如何做到以受众为中心：兼论风险沟通的演进和受众角色的变化［J］．国际新闻界，2015，37（6）：74－88.

体、机构间交换信息和意见的互动过程”[①]。以此为标志，风险沟通研究与实践开始从倚重“专家决策”向关注“公众认知”、由单向“独白”向双向“对话”[②] 转变。其中，心智模型和恐惧诉求便是以受众为中心的风险沟通策略的代表性方法。

（一）心智模型的研究应用

心智模型（mental model）这一概念于1943年由苏格兰心理学家肯尼思·克雷克（Kenneth Craik）首次提出[③]，是指个人在个体经验、外部资源等多重因素的共同作用下形成的，对复杂世界系统的简化认知[④]。其后，传播学学者将之引入媒体效果研究：一是将心智模型与铺垫效果、涵化理论等结合，认为媒体信息的呈现与表述方式可创建公众针对相关概念、态度、行为等的认知网络，个人对媒体的反应则可被视作其激活、建构或者应用心智模型的过程[⑤]；二是公众的心智模型会影响其感知与使用媒体的方式[⑥]、对特定信息的接收与处理[⑦]、对文本的理解与解读[⑧]等，继而作用于公众的决策行为并产生社会影响。基于此，有学者尝试采用访谈、凯利方格法（Kelly repertory grid technique）等研究方法，以及运用影响图（influence diagram）、认知地图（cognitive map）、模糊认知图（fuzzy cognitive map）、贝叶斯置信网络（Bayesian be-

---

① National Research Council. Improving risk communication [M]. Washington：National Academy Press，1989：21.

② WILLIAMS D E，OLANIRAN B A. Expanding the crisis planning function：introducing elements of risk communication to crisis communication practice [J]. Public relations review，1998，24 (3)：387-400.

③ BIGGS D，ABEL N，KNIGHT A T，et al. The implementation crisis in conservation planning：could “mental models” help? [J]. Conservation letters，2011，4 (3)：169-183.

④ DOYLE J K，FORD D N. Mental models concepts for system dynamics research [J]. System dynamics review，1998，14 (1)：3-29.

⑤ MCGLOIN R，WASSERMAN J A，BOYAN A. Model matching theory：a framework for examining the alignment between game mechanics and mental models [J]. Media and communication，2018，6 (2)：126-136.

⑥ ROSKOS-EWOLDSEN D R，ROSKOS-EWOLDSEN B，CARPENTIER F R D. Media priming：a synthesis [M]// BRYANT J，ZILLMANN D. Media effects：advances in theory and research. 2nd ed. Mahwah：Lawrence Erlbaum Associates，2002：97-120.

⑦ 王亮. 非连续性：媒体融合的心智模式盲区 [J]. 当代传播，2017 (4)：36-38.

⑧ SHARMA N. What do readers’ mental models represent?：understanding audience processing of narratives by analyzing mental models drawn by fiction readers in India [J]. International journal of communication，2016 (10)：2785-2810.

lief networks，BBN）等工具，在总结公众的心智模型的基础上，探寻提升传播效果、面向公众开展有效沟通的策略方法。[①]

具体至风险沟通领域，心智模型建立在下述假设之上：（1）公众关于风险信息的心智模型是集“事实知识、错误的假设、价值判断、不确定性信息”[②] 于一体的复杂信息网络。（2）基于科学、精确计算的“专家模型”比普通公众的心智模型对于风险的判断更为准确。[③]（3）当公众接受适当的信息引导时，他们的认知会在更大程度上接近专家模型，二者仅在深度上存在稍许差异；但当公众缺乏此种信息引导时，他们则会从既有的心智模型中提取信息来帮助自己做出决策。[④] 因此，风险沟通的心智模型并非如传统风险沟通方法一样企图去说服公众将风险理解为很小且可控，或是像科学家一样去思考问题、做出决定，而是在了解公众对风险及相关现象的理解和看法的基础上，向公众提供其所需的准确、恰当的信息，以帮助其做出自主决策。[⑤]

在操作方法上，摩根（Morgan）等提出心智模型的应用包括五个步骤：（1）使用影响图建立关于风险的专家模型，总结与归纳专家对风险性质及处理的科学判定；（2）面向公众开展心智模型访谈，根据专家模型提问，了解公众对风险的认知及存在的误解；（3）实施结构化调查，判断各种观点在公众中的普及度；（4）将公众的答复与专家对风险的理解进行比较，找出错误最显著的观点以及公众与专家之间的认知差距，以聚焦面向公众传播的信息文本；（5）草拟风险沟通信息，评估其效果，并在必要时加以修订。[⑥] 随后，有学者将之整合为“三阶段”：（1）创建风险发展过程的专家模型；（2）根据专家模型

① MOON K，GUERRERO A M，ADAMS V M，et al. Mental models for conservation research and practice [J]. Conservation letters，2019，12 (3)：e12642.

② HAGEMANN K S，SCHOLDERER J. Hot potato：expert-consumer differences in the perception of a second-generation novel food [J]. Risk analysis，2009，29 (7)：1041 - 1055.

③ FISCHHOFF B. The sciences of science communication [J]. Proceedings of the national academy of sciences，2013，110 (suppl 3)：14033 - 14039.

④ AUSTIN L C，FISCHHOFF B. Injury prevention and risk communication：a mental models approach [J]. Injury prevention，2012，18 (2)：124 - 129.

⑤ 朗格林，麦克马金．风险沟通：环境、安全和健康风险沟通指南：第 5 版 [M]. 黄河，蒲信竹，刘琳琳，译．北京：中国传媒大学出版社，2016：114.

⑥ MORGAN M G，FISCHHOFF B，BOSTROM A，et al. Risk communication：a mental models approach [M]. Cambridge：Cambridge University Press，2002：20 - 21.

的指引去探寻公众的心智模型；(3) 基于二者间的差异确定沟通的关键点。[①]

笔者将心智模型的“三阶段”法应用于有关垃圾焚烧厂的邻避风险沟通，并试图回答下述研究问题。

研究问题1：关于垃圾焚烧项目风险的专家模型和公众的心智模型各是怎样的？二者间存在哪些认知差距？

研究问题2：采用心智模型理论设计的风险沟通信息会对公众的邻避态度产生何种影响？会通过何种路径发挥效用？

(二) 恐惧诉求理论的引入

恐惧诉求理论旨在揭示恐惧诉求信息能通过哪些路径引发公众的保护性行为。[②] 早在20世纪50年代，便有学者提出，恐惧制造了一种不愉快状态，只要唤起足够的恐惧，便能驱使人们本能地采取传播者所推荐的某种行动方式去消解此种状态，直至将之变成人们的固有习惯。

在后续研究中，研究者多将恐惧诉求理论应用于健康传播、环境传播等具有威胁性或风险性的议题的传播与劝服研究中，并相继形成了三种理论视角[③]：(1) 恐惧诉求模型 (fear appeals model，FAM)，探索何种程度的恐惧诉求信息传播效果最好，如有学者发现恐惧诉求程度与受众态度改变程度之间的相关关系呈倒U形曲线模式，即适度的恐惧诉求将取得最大的说服效果，而程度过高的恐惧诉求将导致受众拒绝接收信息。[④] (2) 保护动机理论 (protection motivation theory，PMT)。罗杰斯 (Rogers) 提出公众会在对恐惧诉求信息的危险程度、发生概率、传播者推荐策略的有效性以及自身能否完成推荐行为的确信程

---

① MAHARIK M，FISCHHOFF B. The risks of using nuclear energy sources in space：some lay activists' perceptions [J]. Risk analysis，1992，12 (3)：383-392.

② WALL J D，BUCHE M W. To fear or not to fear?：a critical review and analysis of fear appeals in the information security context [J]. Communications of the association for information systems，2017，41 (1)：277-300.

③ CHEN M F. Impact of fear appeals on pro-environmental behavior and crucial determinants [J]. International journal of advertising，2016，35 (1)：74-92.

④ JANIS I L. Effects of fear arousal on attitude change：recent developments in theory and experimental research [J]. Advances in experimental social psychology，1967，3：166-224.

度等信息加以评价的基础上，产生不同程度的保护动机和保护行为。[①]（3）平行过程模式（parallel process model，PPM），主要关注公众在回应恐惧诉求信息时所采用的方法及其原因。该模式将恐惧诉求效果分为"危险控制过程"和"恐惧控制过程"两个不同的方向，认为恐惧诉求既可能导致公众采取"调试"行为思考并接受讯息中的建议从而采取消除威胁的行动，也可能导致公众采取"非调试"行为否定讯息内容以消除恐惧感。[②]在整合前人研究的基础上，有学者提出"新平行过程模式"（extended parallel process model，EPPM），认为公众对恐惧信息的评估会从"危险评估"（如严重性、脆弱性等）与"效能评估"（对传播者推荐的应对行为的有效性、个人能否完成推荐行为的确信程度）两个角度切入，并由此产生"没有反应"、"危险控制"（采纳传播者所推荐的行为）与"恐惧控制"（如拒绝接收恐惧诉求信息）三种行动模式。[③]其中，在恐惧诉求变量既定的情况下，"危险控制"可被视作在一种在高效能条件下才能被激发的"认知过程"，而"恐惧控制"一般出现在低效能情况下，是一种"情感过程"。[④]

结合本节的研究目的，笔者借鉴新平行过程模式，尝试将生活垃圾处理困境及其危害（恐惧诉求信息）与通过心智模型方法设计的风险沟通信息（效能信息）加以组合，通过分析其能否改变公众对垃圾焚烧项目的风险感知（认知转变），以及最终能否接受恐惧诉求信息推荐的垃圾焚烧项目（态度转变），验证各类风险沟通信息的有效性。据此，我们提出以下研究问题。

研究问题 3：在加入恐惧诉求信息后，通过心智模型理论设计的风险沟通信息对公众的风险感知及邻避态度有何种影响？

（三）关键的中介因素：风险感知、收益感知与系统信任

在探究信息接触与邻避态度的关系时，亦有研究者注意到了其中的中介因

---

① ROGERS R W. A protection motivation theory of fear appeals and attitude change [J]. Journal of psychology，1975，91（1）：93-114.

② LEVENTHAL，H. Findings and theory in the study of fear communications [J]. Advances in experimental social psychology，1970，5：119-186.

③ WITTE K，MEYER G，MARTELL D. Effective health risk messages：a step-by-step guide [M]. California：Sage Publications，2001：23.

④ WITTE K. Putting the fear back into fear appeals：the extended parallel process model [J]. Communication monographs，1992，59（4）：329-349.

素。如西方学者普遍认同如下三方面因素可在风险沟通中引发邻避冲突[①]：（1）公众日渐提升的环保意识和健康需求，这直接影响了他们对邻避设施的态度，成为导致邻避冲突的重要原因[②]；（2）公众对邻避设施的主观感受，这包括环境风险、健康风险等风险感知和经济利益感知，前者会引发他们的恐惧、焦虑等心理反应，后者可影响其对邻避设施的接受程度，最终左右其行为决策[③]；（3）公众参与行为以及政治效能感知，即在公众对邻避设施知识与风险知识的了解逐渐丰富的当下，能否参与到决策过程[④]中，以及对政府决策是否民主、公开、公平等的判断[⑤]，跃升为影响其决策的核心因素。

我国学者在引入相关研究时，则对其进行了“本土化”改进，继而演化出两类观点。一类是“议题单一论”，其认为影响公众抗争行为的核心因素是单一的、与邻避设施直接相关的议题，这使得当政府利益分配不均衡时便会产生邻避冲突[⑥]，而在公众的相关诉求得到回应后，抗争行为便会停止。而且与西方公众重视经济利益的观点不同，有研究者发现我国公众追求的是涵盖经济、环境、健康等在内的多层次的利益，仅做出经济补偿在我国可能会被视作“用金钱购买健康”的贿赂行为，从而引致更激烈的反对。[⑦] 另一类是“政府挑战论”，其从邻避冲突是公众与政府二者博弈过程的角度出发，认为政府在信息公开、参与制度、决策模式等方面存在的弊端是激化公众抗争行为的直接因素[⑧]，

---

① 钟宗炬，汤志伟，韩啸，等．基于信息计量学的国内外邻避冲突文献研究［M］// 童星，张海波．风险灾害危机研究：第 3 辑．北京：社会科学文献出版社，2016：79－109.

② VITTES M E，POLLOCK Ⅲ P H，LILIE S A. Factors contributing to NIMBY attitudes［J］. Waste management，1993，13（2）：125－129.

③ CHUNG J B，KIM H K. Competition，economic benefits，trust，and risk perception in siting a potentially hazardous facility［J］. Landscape and urban planning，2009，91（1）：8－16.

④ KUHN R G，BALLARD K R. Canadian innovations in siting hazardous waste management facilities［J］. Environmental management，1998，22（4）：533－545.

⑤ NAKAZAWA T. Politics of distributive justice in the siting of waste disposal facilities：the case of Tokyo［J］. Environmental politics，2016，25（3）：513－534.

⑥ 孟薇，孔繁斌．邻避冲突的成因分析及其治理工具选择：基于政策利益结构分布的视角［J］. 江苏行政学院学报，2014（2）：119－124.

⑦ 王奎明，钟杨．“中国式”邻避运动核心议题探析：基于民意视角［J］. 上海交通大学学报（哲学社会科学版），2014，22（1）：23－33.

⑧ 王彩波，张磊．试析邻避冲突对政府的挑战：以环境正义为视角的分析［J］. 社会科学战线，2012（8）：160－168.

而公众对项目管理者及政府的信任程度亦可左右邻避冲突的发展态势①。

在整合国内外相关研究的基础上，我们提出如下假设。

研究假设1：风险感知、收益感知以及系统信任是自变量风险沟通信息与因变量公众邻避态度之间的中介变量。

二、心智模型的构建及认知差距的发现

为了寻求研究问题1的答案，本研究遵循过往研究者之于心智模型的研究方法，分步骤展开研究。

（一）建立专家模型

研究团队通过查阅关于垃圾焚烧项目的文献资料，在梳理生活垃圾的物理化学特性、生活垃圾的处理过程和工艺技术、垃圾焚烧项目规划选址的条件要素等内容的基础上，厘清了该项目的风险要素和风险应对策略。为了进一步了解我国垃圾焚烧项目的最新技术进展以及该项目在规划选址、实际运营等环节中所面临的挑战、存在的问题，我们又深度访谈了来自中国人民大学环境学院、中国科学院生态环境研究中心和北京大学环境科学与工程学院等机构中长期从事固体废弃物处理、污染物排放监测及健康保障技术等研究的学者（$N=3$）。在整合这些资料后，笔者建立了针对垃圾焚烧项目风险的专家模型，将可影响公众风险决策的信息内容绘制成图（见图7-1），其中椭圆框表示关键环节、方框表示核心因素、箭头表示因果关联或相关关系，图中虚线左侧部分为风险防范策略，右侧部分是风险生成机制及影响。

（二）构建公众的心智模型

为了掌握公众对垃圾焚烧项目风险的认知程度，本研究参照以往研究的操作手法，分两个阶段对公众展开访谈。②

第一，通过小规模的焦点小组（$N=3$），大体了解公众对相关知识的掌握情况

① 侯光辉，王元地．邻避危机何以愈演愈烈：一个整合性归因模型［J］．公共管理学报，2014，11（3）：80-92，142.

② GALADA H C，GURIAN P L，CORELLA-BARUD V，et al. Applying the mental models framework to carbon monoxide risk in northern Mexico［J］．Revista panamericana de salud pública，2009，25（3）：242-253.

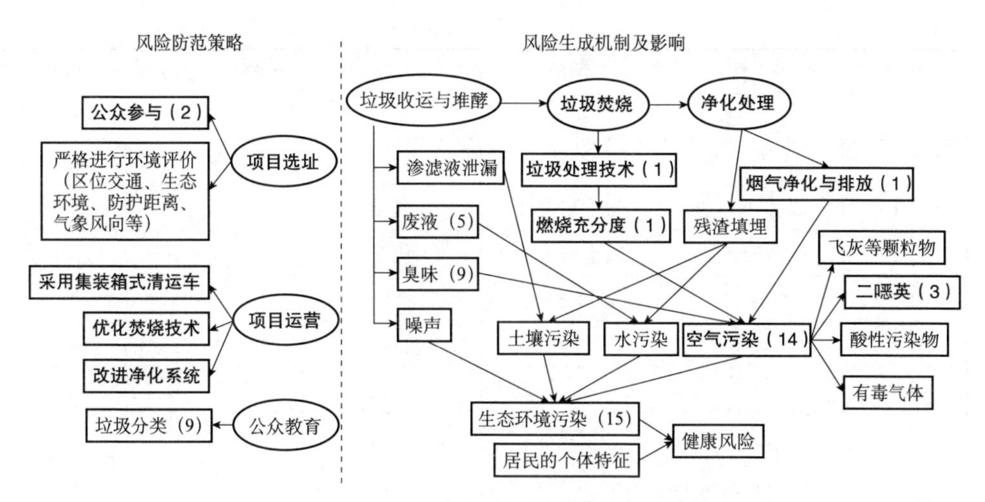

图 7-1　关于垃圾焚烧项目风险的专家模型

和态度，把握公众关切的重点问题，并将之与专家模型相结合，设计出下一阶段的访谈问题。

第二，组织正式的一对一深度访谈。我们在 2018 年 9 月刚刚发生过邻避冲突的北京市海淀区宝山生活垃圾综合处理厂①的周边小区展开调研——采用滚雪球抽样和目的性抽样的方法，在综合性别、学历、工作等人口统计学特征的基础上，选取在项目征求意见和公示期间关注或讨论过相关话题的 15 名居民作为受访者（见表 7-1）。

表 7-1　深度访谈受访者样本情况表

编号	工作	学历	专业	年收入（万元）	年龄
M1	工程师	硕士研究生	机械电子	25	30
M2	程序员	本科	计算机	20	25
M3	研究员	硕士研究生	计算机	15	25
M4	公务员	本科	经济	15	40
M5	管理人员	博士研究生	环境工程	30	35
M6	管理人员	中专	造纸	20	50

① 宝山生活垃圾综合处理厂是由海淀区政府主导，北京市规划和自然资源委员会（原北京市国土资源局）规划的日处理量 7 500 吨、容纳 550 辆环卫车辆的大型综合垃圾处理厂。该项目相关信息最早出现在《北京市国土资源局海淀分局 2016 年工作要点》中，但直至 2018 年 9 月 19 日才公示了社会稳定风险评估结果，正式为公众所知晓，继而引发了周边居民的质疑和抵制。

续表

编号	工作	学历	专业	年收入（万元）	年龄
M7	食品公司职员	初中	无	15	68
M8	自由职业	专科	管理	30	38
F1	媒体工作者	硕士研究生	文学	15	25
F2	客户经理	硕士研究生	化学	35	25
F3	学生	本科	文学	0	20
F4	教师	专科	教育学	15	50
F5	公关	专科	外语	25	38
F6	公务员	本科	经济	30	41
F7	管理人员	专科	管理	25	50

访谈过程从“您对垃圾焚烧项目有哪些了解?”这一开放性问题开始，以获取受访者根植于头脑深处的关涉该话题的认知。随后，我们结合专家模型，采用半结构化访谈的方法，围绕“垃圾焚烧包括哪些流程?”“垃圾焚烧对您有哪些影响?”“您可采取哪些举措规避负面影响?”三个问题进行提问，以聚焦受访者的观点。在访谈结束后，我们将 15 名受访者的访谈记录与专家模型加以比对，记录下受访者在回答关于专家模型中核心因素的问题时给出正确答案的次数，并将之标记在图 7－1 中。相应地，正确次数少的问题以及受访者所关心的话题，就是风险沟通的重点（即图 7－1 中黑体内容）。

（三）公众与专家的认知差距

通过比较分析，笔者认为，针对垃圾焚烧项目的风险，公众与专家的认知差距主要体现在概念认知、风险评估和决策过程三个方面。

1. 概念认知：“平视化”与“污名化”的感知鸿沟

基于自身的专业技术，专家对垃圾焚烧采用的是理性的、科学的“平视化”视角：既不刻意贬低其危害，也不故意拔高其价值；既承认垃圾焚烧可能会给生态环境和人体健康带来风险，也从工程技术角度去辨别此种风险的影响范围、危害程度及防护措施。受访专家提出，通过科学的手段（如采用生活垃圾干湿分离技术提升焚烧效率、改进焚化炉促进垃圾充分燃烧、采用“活性炭喷射吸附”技术净化二噁英）可有效消除垃圾焚烧带来的负面影响，这使得垃圾焚烧相较于其他垃圾处理方式，仍旧“可控性好”且“危害较小”。

与之相对，公众则依托日常生活经验、媒体报道、周围人的态度等感性因素，对垃圾焚烧形成了污名化、片面化的刻板印象。如 F2 说："生活中的燃烧都有难闻的气味，比如燃烧塑料、蛋白质。大家应该都有过这样的经历，小时候玩耍，对于燃烧的气味还是很有体会的。即便是烧蜡烛采光，吹灭蜡烛时产生的那一缕烟也是比较呛人的。焚烧厂垃圾处理量巨大，产生的烟气和味道肯定难以想象，更加可怕。" M1 也表示担忧："建成之后会有偷偷焚烧、偷偷排放的情况，为了节约成本，想必厂家一定会这么做。我在新闻报道中看到过很多类似的新闻，并不是少数。" 这说明"害怕""有毒""异味"等成为公众针对"垃圾焚烧"联想率最高的关键词。

2. 风险评估："过程论"与"结果论"的视角差异

在风险评估上，专家会基于因果链来审视垃圾焚烧项目的整个选址决策、建设和运营过程，以剖析风险产生的机理。在他们眼中，垃圾焚烧项目产生的风险，实际来源于人的行为以及技术的有害后果两个方面，但也恰恰可以从这两个方面来加以应对。[①] 比如，垃圾焚烧会经历收运、堆酵、焚烧、净化处理与残渣填埋等步骤，可能产生的有害气体、废液、固体废弃物等主要来自人员的操作以及系列化学反应。相应地，风险管理者可通过制定工作章程和规范、更新设备、创新技术等方式从源头进行人工干预，切断污染物的产生渠道，从而降低甚至消除风险。

公众的风险评估却更多地将注意力置于垃圾焚烧项目可能带来的负面影响上，对风险的形成机理则不太关心，这使得他们的风险感知与专家截然不同。

一方面，相较于专家关注的环境风险和人体健康风险，公众会基于生活经验和自身利益感知到更为全面的、更有生活场景和画面感的风险，如许多受访者提及房屋贬值、住宅周围景观破坏、生活品质下降等社会经济风险。在访谈过程中，F3 这样谈论垃圾焚烧厂对住宅周围早餐店的负面影响："大家现在去店里吃饭，一想到旁边就是一个垃圾场，嗡嗡作响，弥漫着气味，还有无数的蚊虫，饭菜的品质和安全也都会受到质疑，吃饭的感受也不好。如果去的顾客越来越少，那么饭店可能最后入不敷出，也就纷纷撤出了。以后大家就算是想

---

① 张乐，童星．"邻避"冲突管理中的决策困境及其解决思路［J］．中国行政管理，2014（4）：109－113.

偷懒吃个便饭，也没有地方了，得到更远的地方去找，这样大家的生活成本和时间成本都增加了。”F4 还描述了垃圾焚烧厂的“白色垃圾被狂风卷到空中”的场景。

另一方面，由于专业知识匮乏，公众于风险的认知难免存在偏颇与误解，对风险的防范举措亦知之甚少。譬如，由于缺乏对垃圾焚烧项目整体规划和运营的了解，F3 认为“小孩子如果不小心去垃圾处理厂玩耍”就可能会遇到“高温高压的设备和有毒气体”等安全隐患。即使对于提及率最高的环境风险，也仅有少部分受访者能说出“二噁英”“酸性气体”等专业词语，大部分受访者并不清楚污染的产生和扩散机制，仅单纯认为只要有焚烧就会有空气污染，能想到的风险控制举措就是购买空气净化设备。

这带来的直接后果是，风险被公众不断主观“扩大化”，导致公众对垃圾焚烧项目过度害怕、恐惧，陷入一种越想越害怕、越害怕越去想的恶性循环。

3. 决策过程：强调公众“在场”与感知“缺席”

专家强调程序的公正性，不仅对厂址规划过程中所需考虑的当地自然条件、社会人文条件、区位交通条件、征地条件、景观设计等指标有严格的评判标准，还强调在选址、立项、环评、稳评、规划修改、运营、回访等阶段都应进行信息公开，鼓励公众参与，通过政府与公众之间充分的对话与意见交换，最大限度地获取公众对垃圾焚烧项目的理解和接纳。在访谈中，就有专家提及了公众“在场”的重要性，认为“公众的知情权、参与度与政府的公信力是影响公众赞成或反对的关键因素”。

实际上，知情与参与也是公众的主要诉求。如 M4 表示：“我会更注重程序正当性，如果政府的信息披露相对合理、充分，那么我可能更容易接受。”M2 也承认：“如果实现信息公开，能够有对话和沟通的渠道，那么我可以慢慢去理解选址的合理性。”但目前的情况是，更多的受访公众在垃圾焚烧项目的规划建设过程中普遍感觉到自身参与感弱、不受重视，往往在某些环节、某些时段、某些场合是“缺席”的。如 F1 如是评价政府的信息公开：“有些政策文件真的太难找了，原本政府工作网站应该及时并且清晰地公布相关文件，但我经常找不到。”M1 也评价道：“政府在选址等各方面都处于主导地位，政府的很多决策和意见都是拍脑袋想出来的，根本不考虑公众的感受，也不会去考虑什么专家的意见。”

三、风险沟通信息的设计、实验与评估

针对研究问题 2 和研究问题 3，本研究在比较专家模型与公众的心智模型的基础上设计了风险沟通信息，并将之与恐惧诉求信息相结合，采用 4×2 控制实验的方法检验这些信息对公众关于垃圾焚烧项目的认知和态度的影响程度及影响路径。

（一）实验设计

1. 实验材料描述

本次实验的自变量为基于心智模型设计的风险沟通信息和恐惧诉求信息（见表 7－2）。其中，基于心智模型设计的风险沟通信息包含四个文本。其中一个文本是对照组，采用的是政府就垃圾焚烧项目与公众进行风险沟通的通用信息内容（简称“官方情境”）。其余三个实验组的文本则是针对公众的心智模型的特征以及公众与专家之间的认知差距而提炼出的沟通话题：一是垃圾焚烧的工艺技术及过程（简称“工艺流程”），旨在补足公众关于项目运营过程、风险的形成机制与影响程度等方面的知识“短板”；二是垃圾焚烧项目的园区设计及对周边自然环境的影响（简称“景观规划”），重点就公众对垃圾焚烧项目的既有社会经济风险认知展开沟通；三是政府对垃圾焚烧项目的选址决策过程及邀请公众参与监督的方式与方法（简称“开放决策”），用于提升公众的“在场”感。恐惧诉求信息则包含各地处理生活垃圾时面临的普遍困境——“垃圾围城”和其给城市环境、城市居民生活及健康带来的多重威胁。

表 7－2　基于心智模型设计的风险沟通信息和恐惧诉求信息

文本类型	参考文件	具体内容
对照组 官方情境	江西省宁都县、广东省徐闻县、湖南省湘潭县、重庆市綦江区四地于 2019 年发布的垃圾焚烧项目环境影响评价信息公告	垃圾焚烧发电是发达国家普遍采用的生活垃圾处理方式。为了合理处理垃圾，政府计划在距离你家 5 公里的地方建设一个垃圾焚烧项目。该项目总投资 5.35 亿元，规划总用地面积为 6.4 公顷，每天可焚烧垃圾 1 500 吨，设计年运行时间为 8 000 小时，年发电量为 1.42×10^{8} 千瓦时。本项目由具有 40 年发展历史、国内领先的环保整体解决方案提供商绿色东方集团承建，建设内容包括：垃圾焚烧厂、飞灰安全填埋区、渗滤液处理系统及相应配套设施。

续表

文本类型	参考文件	具体内容
实验组1 工艺流程	湖北省仙桃市政府发布的《仙桃市循环经济产业园建设宣传手册》	垃圾焚烧发电是发达国家普遍采用的生活垃圾处理方式。为了合理处理垃圾，政府计划在距离你家5公里的地方建设一个垃圾焚烧项目。该项目采用来自德国的机械炉排焚烧炉技术，并根据我国生活垃圾含水量高、热值低的特点对设备加以改造，促使生活垃圾可以在超高温（>850℃）+燃烧时间充分（>2秒）二次燃烧的条件下充分燃烧；燃烧后尾气经来自美国的烟气处理装置净化达标后再排放。其中二噁英的有效分解率超过99%，排放标准达0.01纳克/立方米，远低于我国国家标准和欧盟标准的0.1纳克/立方米。欧盟环境部门的报告显示，伦敦南部一个1 400吨的垃圾焚烧厂运行100年的二噁英排放量，仅相当于伦敦庆祝新千年时燃放5分钟烟花的排放量。
实验组2 景观规划	湖北省仙桃市政府发布的《仙桃市循环经济产业园建设宣传手册》	垃圾焚烧发电是发达国家普遍采用的生活垃圾处理方式。为了合理处理垃圾，政府计划在距离你家5公里的地方建设一个垃圾焚烧项目。该项目旨在打造一个公园化的循环经济产业园区，除生活垃圾焚烧、排放物净化处理等配套工厂外，还包括环保科技馆、科普教育基地和市民教育基地等供市民参观的场地；同时，在厂界外将设置不小于300米的环境防护距离，配套相应的绿化、体育和休闲设施供本地居民休闲使用。
实验组3 开放决策	广州市番禺区在回应邻避冲突时发布的决策流程及公众参与监督的方式与方法	垃圾焚烧发电是发达国家普遍采用的生活垃圾处理方式。为了合理处理垃圾，政府计划在距离你家5公里的地方建设一个垃圾焚烧项目。本项目的选址是在市城管局委托专业机构多方调研、确定了五个备选点的基础上，听取市民代表、人大代表、政协委员的意见和建议，并经由环评专家论证、评审后，按相关程序纳入市控制性详细规划统一管理，最终才确定的。按照计划，在项目开始运营后，园区门前将设置大电子屏，实时在线显示烟气排放等重要数据，园区也将每个季度定期向市民开放参观，接受广大市民朋友的监督。
恐惧诉求	湖北省仙桃市政府发布的《仙桃市循环经济产业园建设宣传手册》	目前，垃圾处理已经成为城市发展的一项重要挑战。我市城乡每日平均产生1 100多吨各类生活垃圾，但唯一的卫生填埋场日处理规模只有650吨，剩余库容也仅能维持2～3年。而且垃圾在腐烂的过程中会形成有害气体、粉尘、污水等有害物质，对周围的环境及市民的健康生活造成负面影响。

为了确保风险沟通信息所传递的内容科学、真实、可靠，我们还对风险沟通信息做了如下设计和加工：（1）所有的信息内容均参考政府官方发布的文件，且文本字数都控制在200～300字范围内，以保证各实验材料信息量一致；（2）

为了便于公众加深对相关问题的理解、获得更好的沟通效果①，三个实验组的风险沟通信息都配有选自媒体报道、可用于阐释说明文本信息的图片。

2. 实验过程与被试构成

本研究采用网络控制实验的方式展开研究。问卷在 Qualtrics 平台上发放，由专业调研公司招募被试，参照我国 2018 年人口普查数据并结合以往参与、关注邻避冲突的公众的实际特征，将 30 岁及以上的样本配额为 80%。

问卷首先询问被试的年龄，以便控制配额比例。接着，被试会被系统随机分配阅读八个实验情境（4×2）。阅毕，Qualtrics 后台会记录被试的阅读时间，并要求被试回答阅读材料提及的核心信息，用于对样本进行有效性控制。接下来，会询问被试关涉垃圾焚烧项目的认知与态度等问题，以及性别、学历、收入等人口统计学指标。在剔除阅读时间不足 150 秒或无法正确理解阅读材料核心信息的无效样本后，最终获得的有效样本数量为 820，其在各个实验情境中的分配情况如表 7－3 所示。

表 7－3　实验被试分配表

恐惧诉求	有恐惧诉求				无恐惧诉求			
文本类型	官方情境	工艺流程	景观规划	开放决策	官方情境	工艺流程	景观规划	开放决策
被试人数	102	91	89	114	111	112	89	112

3. 变量测量

（1）因变量：邻避态度。

在问卷中，被试需要回答“如果在您居住地周围（5 公里内）建设垃圾焚烧项目，您支持项目建设的可能性有多大?”的问题。被试可从 0 到 100%中进行选择，以此来测量被试对垃圾焚烧项目的态度。

（2）中介变量：风险感知、收益感知与系统信任。

采用 5 点李克特量表测量中介变量，从“十分不同意”到“十分同意”以 1～5 升序排列。

① KRAUSE A，BUCY E P. Interpreting images of fracking：how visual frames and standing attitudes shape perceptions of environmental risk and economic benefit [J]. Environmental communication，2018，12 (3)：322－343.

风险感知应用斯洛维奇的个体风险感知测量模型[①]，结合垃圾焚烧项目的实际情况，从垃圾焚烧项目给生态环境系统、周边景观、居民生活和公众健康四个层面带来的风险严重性以及总体风险的未知性、不可逆性和不可控性等七个维度对公众的风险感知进行测量。

收益感知包含公众对垃圾焚烧项目的能源收益（“作为燃煤发电的替代方式，弥补电力不足”）、环境收益（“减少二氧化碳排放，有效处理生活垃圾”）、经济收益（“给周边居民提供就业机会”）和生活收益（“垃圾焚烧项目园区的建设，为周边居民提供休闲娱乐的场所”）四个方面的评价。[②]

系统信任涵盖“政府愿意接受市民监督”“我所在的城市/乡镇政府有能力监管好垃圾焚烧项目”和“承担项目的企业具有足够的资质与技术保障，能做好运营工作”三种表述。[③]

（3）控制变量。

参照以往研究，我们将受访者的性别（1=男性，0=女性）、年龄（从“18～29岁”至“60岁及以上”，以1～6升序排列）、受教育程度（从“初中及以下”到“硕士研究生及以上”，以1～5升序排列）、收入（以个人平均月收入测量，从“3 000元及以下”到“30 001元及以上，以1～8升序排列）、职业（1=国家单位，0=其他）等人口统计学变量，一起居住的儿童与老人数（从“0”到“4人及以上”，以1～5升序排列）、自身健康状况（从“非常健康”到“非常不健康”，以1～5升序排列）、城市户口拥有情况（1=有，0=没有）、房产拥有情况（1=1套及以上，0=没有）等个体特征，以及是否知晓代表性的邻避冲突事件、所居住城市是否发生过邻避冲突事件等对邻避冲突的关注情况作为控制变量。

（二）研究发现

1. 风险沟通信息对公众邻避态度的影响及其路径

本研究首先借助方差分析来探究看到不同风险沟通信息文本后，公众“支持项目建设”这一邻避态度的差异。LSD多重比较结果显示，相较于对照组的

---

① SLOVIC P. Perception of risk [J]. Science，1987，236（4799）：280-285.

② 朱正威，王琼，吕书鹏．多元主体风险感知与社会冲突差异性研究：基于Z核电项目的实证考察［J］．公共管理学报，2016，13（2）：97-106，157-158.

③ 龚文娟．环境风险沟通中的公众参与和系统信任［J］．社会学研究，2016，31（3）：47-74，243.

“官方情境”信息（$M=50.72$，$SD=28.67$），“工艺流程”信息（$M=55.67$，$SD=27.58$）对公众邻避态度有显著的改善作用（$p<0.1$），但阅读“景观规划”和“开放决策”两类心智模型风险沟通信息的公众在邻避态度方面与阅读“官方情境”信息的公众没有显著差别（$p>0.1$）（见图 7-2）。

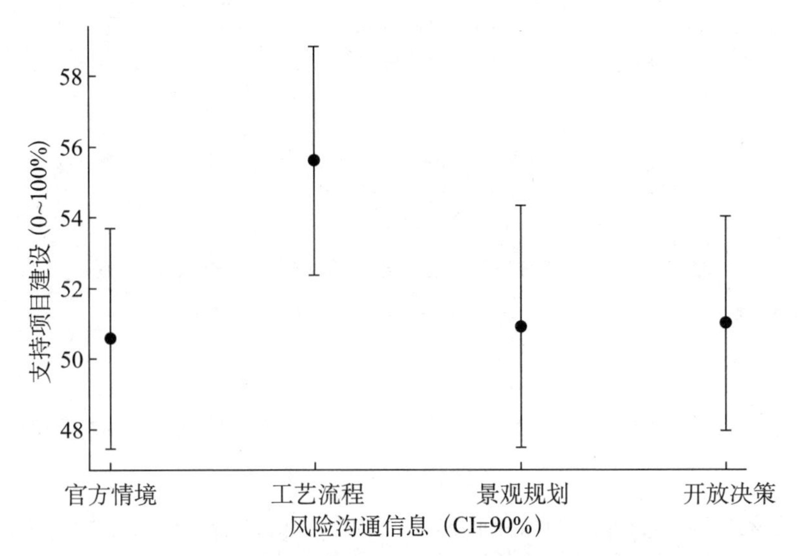

图 7-2　公众看到不同类型风险沟通信息后的态度分布

为了进一步明确“工艺流程”信息对公众邻避态度的影响路径，本研究将风险感知、收益感知、系统信任作为三个潜变量并借助结构方程模型加以分析，在对人口统计学变量、个体特征及对邻避冲突的关注情况等变量进行控制的基础上，得到如图 7-3 所示的结果。

基于各项拟合指标观之，该模型拟合度较好（$RMSEA=0.058$，$CFI=0.887$），可以以此来判断自变量对因变量的影响。该模型包含的路径有：（1）“工艺流程”信息对邻避态度的直接影响。“工艺流程”信息可显著促进公众对垃圾焚烧项目的支持态度（$\beta=1.93$，$p<0.10$）。（2）“工艺流程”信息对风险感知、收益感知和系统信任的影响。“工艺流程”信息可大幅度削弱公众对垃圾焚烧项目的风险感知（$\beta=-2.96$，$p<0.01$），但却对公众对垃圾焚烧项目的收益感知和对政府、企业的系统信任无影响（$p>0.10$）。（3）公众的风险感知、收益感知、系统信任对邻避态度的影响。在引入自变量和控制变量的基础上，风险感知和收益感知这 2 个中介变量均对因变量有显著影响，即公众对垃

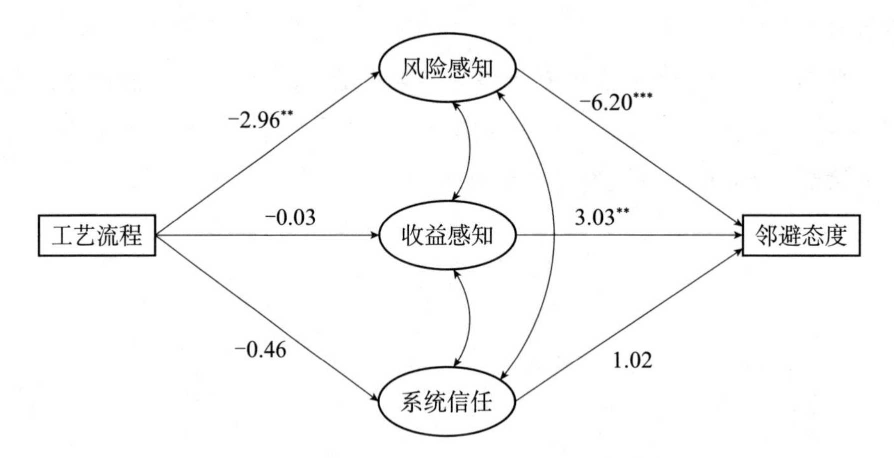

图 7-3　“工艺流程”信息对公众邻避态度影响的结构方程

注：图中数值为标准化β值，囿于篇幅局限并未显示其他系数；* 表示 $p<0.10$，**表示 $p<0.05$，***表示 $p<0.001$。

圾焚烧项目的风险感知度（$\beta=-6.20$，$p<0.001$）越低、收益感知度（$\beta=3.03$，$p<0.05$）越高，便会越支持该项目的建设，而且回归系数显示，风险感知对公众邻避态度的优化作用比收益感知更强，但此时系统信任对公众的邻避态度无显著影响（$\beta=1.49$，$p>0.10$）。

依循中介效应检验流程及方法[①]，笔者发现，在本研究的模型中，风险感知在“工艺流程”信息对邻避态度的影响路径中发挥着显著的中介作用（Sobel检验结果显著），即“工艺流程”信息可通过显著降低公众的风险感知（间接效应$_{\text{工艺流程－风险感知－邻避态度}}=18.352$），改善公众对垃圾焚烧项目的支持态度。

至于另外两个实验材料——“景观规划”和“开放决策”信息——的风险沟通效果及发挥效果，研究结果显示，阅读“景观规划”信息的被试对垃圾焚烧项目的部分风险感知和部分收益感知较对照组有显著改变；而“开放决策”信息则对被试在风险感知、收益感知、系统信任等题项上的作答无显著影响。该结果表明“景观规划”信息可在公众认知层面发挥一定的风险沟通效果，不过可能由于被试对“景观规划”这个实验条件的接受程度有限，故而其对项目风险或收益的认知变化未能显著改善其邻避态度。

① 温忠麟，刘红云，侯杰泰．调节效应和中介效应分析［M］．北京：教育科学出版社，2012：70-79.

2. 恐惧诉求信息对公众邻避态度的影响

我们首先借助结构方程直接验证恐惧诉求信息与风险感知、邻避态度之间的因果关系。该模型拟合度良好（$RMSEA=0.048$，$CFI=0.889$）。研究发现，恐惧诉求信息与四种风险沟通信息的交互项，对两个因变量均无显著影响（$p>0.10$），这意味着同时阅读恐惧诉求信息与用于弥合认知差距的风险沟通信息的公众，相较于仅阅读“官方情境”这一对照组信息的公众，其风险感知和邻避态度并不存在任何明显差异。

那么，对各类风险沟通信息而言，恐惧诉求信息的引入又发挥了怎样的效果呢？对此，我们采用方差分析来进一步比较不同风险沟通情境下公众风险感知与邻避态度的差异。分析结果显示，相较于仅阅读风险沟通信息的公众，同时阅读“垃圾围城”恐惧诉求信息与风险沟通信息的公众对垃圾焚烧项目的风险感知得到小幅度改善、支持度普遍下降，但只有当“工艺流程”信息与恐惧诉求信息结合时，此种风险感知差异才显著（$p<0.01$）；除此之外，其他风险沟通情境下公众的风险感知和邻避态度均无显著差异（$p>0.10$）。

四、对“工艺流程”等信息的风险沟通价值的发现

据前文所述，本研究有两个主要发现：

其一，在各类心智模型风险沟通信息中，旨在说明邻避设施技术原理与运作流程的“工艺流程”信息，可在有效改善公众的风险感知、提升公众支持度等方面发挥一定功效。而着重向公众传达邻避设施对周边环境影响的“景观规划”信息，虽然可以显著作用于公众的风险感知、收益感知，但是对公众的邻避态度却无影响。此外，用于说明政府决策过程及接受监督方式的“开放决策”信息，既未能检验出其具有风险沟通效果，亦没有发现其能显著增进公众对政府机构、运营企业的系统信任。这或许与我国的政治文化有关。由于我国环境政策长期以来遵循“决定（政府与专家封闭决策）—宣布（公布决策时强调社会利益与公民责任）—辩护（应急地解释以应对抵抗）”的“官僚控制”模式[①]，这导致大多数公众并未树立良好的政治参与意识，他们更多关注的是自

---

① 娄胜华，姜姗姗．“邻避运动”在澳门的兴起及其治理：以美沙酮服务站选址争议为个案［J］．中国行政管理，2012（4）：114－117，99.

身权益的维护以及反映问题途径的有效性[①]——即使他们会出于对“政府信息不公开”“选址不公平”“专家政治”等的不满而参与抗争活动，但这大多数也只是“工具性因素”和抗争策略，他们的“目标性诉求”仍在于得到政府的有效回应[②]。故而在本研究的情境中，能向公众阐明垃圾焚烧项目对其健康、生活环境、经济等方面负面影响程度有限的“工艺流程”和“景观规划”两类信息，沟通效果要优于“开放决策”信息。

其二，恐惧诉求信息的假说未得到经验数据的支持。在大多数风险沟通情境中，恐惧诉求信息的引入小幅度改善了公众的风险感知、降低了公众的支持度，但此种差异并不显著。我们可以依照新平行过程模式对之做出解释。第一个可能性是当引入恐惧诉求信息后，公众会从“垃圾围城”的威胁以及接受垃圾焚烧项目的效果（如风险、收益等）两个路径对信息加以解读，其中“垃圾围城”的威胁可能会唤起公众对生活垃圾的负面认知（如臭味、有害气体排放、液体渗漏等），此种威胁高于公众在看到各类风险沟通信息时感知到的收益，因此会影响他们对垃圾焚烧项目的观感。除此之外，控制变量中的性别、年龄、受教育程度、职业、自身健康状况以及对邻避冲突的关注程度等变量，也会对公众对邻避项目的风险感知和态度产生不同程度的影响。第二个可能性是恐惧诉求有多个面向，并不能用有/无二分法来简单操控。因为这个变量不是本研究希望突破的关键变量，故没有过多着墨。未来的研究可以就恐惧诉求在沟通方面的多维效果进行进一步探讨。

从实践角度观之，上述研究发现给我们的启示是，在就邻避项目与公众展开风险沟通时，风险沟通者一方面需摆脱以往将受众想象得过于理性、笼统、刻板等的偏见，在细分受众群体（如按人口统计学指标、受风险影响的程度、对风险的关注情况等维度）的基础上，明确受众对邻避项目的既有认知、关切与需求，有的放矢地传播他们所密切关注、迫切需要但却可能存在认知差距或误解的核心信息。另一方面，风险沟通者也需对传播效果加以监测，根据受众的反馈动态调整其沟通策略，以保证风险沟通取得理想的效果。如对垃圾焚烧

---

① 王奎明，钟杨．“中国式”邻避运动核心议题探析：基于民意视角［J］．上海交通大学学报（哲学社会科学版），2014，22（1）：23－33．

② 何艳玲．“中国式”邻避冲突：基于事件的分析［J］．开放时代，2009（12）：102－114．

项目而言，风险沟通者应持续输出“工艺流程”和“景观规划”两类信息，但可减少对政府决策过程信息的传播，转而以优化解答公众疑问的时效性、改善与公众沟通的态度以及提升问题解决的实效性等实际行动来有效回应公众的诉求。

从理论层面观之，本研究采用的心智模型、恐惧诉求是说服研究领域所采用的核心方法、路径，学者通常假设其会在环境传播、健康传播等领域对公众的认知、态度、行为起到重要影响，而本研究的研究发现却恰恰说明了说服的“有限效果”，这亦与西方传播研究的前沿不谋而合——说服研究的结果不仅局限于态度的“转变”，还包括塑造新的态度以及坚定现有的态度。[①] 未来研究还可引入更多变量去分析说服效果的作用路径及影响因素，例如将说服文本与具体的媒介环境相结合，探究社交媒体时代的说服策略；又如结合新平行过程模式中的“危险控制”与“恐惧控制”两个过程的本质，将态度区分为情感性态度和认知性态度[②]，以深入探究恐惧诉求信息的作用路径；再如结合我国的文化环境，探究集体效能感知和社会规范压力对个体态度、行为转变的影响。

---

① MILLER G R. On being persuaded：some basic distinctions [M]// DILLARD J P，SHEN L J. The SAGE handbook of persuasion：developments in theory and practice. 2nd ed. London：SAGE Publications，2013：70－82.

② CRITES S L，FABRIGAR L R，PETTY R E. Measuring the affective and cognitive properties of attitudes：conceptual and methodological issues [J]. Personality and social psychology bulletin，1994，20 (6)：619－634.

第八章　突发环境事件议题的多元话语交互

在改革发展的过程中，突发环境事件也频频发生，且因自身的显著性、破坏性、高风险、紧迫感而容易引发媒体和公众的密集关注。按照 2015 年 6 月 5 日起施行的《突发环境事件应急管理办法》，突发环境事件指的是由于污染物排放或者自然灾害、生产安全事故等因素，污染物或者放射性物质等有毒有害物质进入大气、水体、土壤等环境介质，突然造成或者可能造成环境质量下降，危害公众身体健康和财产安全，或者造成生态环境破坏和重大社会影响，需要采取紧急措施予以应对的事件。按照事件严重程度，突发环境事件可分为特别重大、重大、较大和一般四级。

《中国环境年鉴》与《中国生态环境状况公报》（2017 年前为《中国环境状况公报》）提供的统计数据显示，1995—2006 年，中国每年发生的突发环境事件均在千起以上（其中 2000 年为峰值，共计 2 411 起），2007 年后则稳定在 400～800 起[①]，随后该数字基本呈逐年下降趋势，2018 年和 2019 年分别为 286 起和 263 起[②]。应该说，这些年突发环境事件数量的下降说明我国的环境督察管理、风险防控取得了较大的成效，但从社会经验来看，突发环境事件却比以往任何时候都显得广泛而猛烈。究其原因，乃是在当下的新媒体时代，政府与企业已不再是定义突发环境事件性质、呈现事件危害、调查事件原因的唯二主体，多元社会主体越来越积极主动地借助新媒体对事件的处置、调查、问责进行监督与言说。这种参与行为使突发环境事件的影响在时空维度不限于一时一地，在关涉层面也不止于环境损害与经济损失，而是会造成有关政治信任和决策合法性的重大危机。本章第一节以兰州水污染事件和天津港爆炸事故为例，通过对

---

① 范小杉，罗宏．突发性环境事件省际格局变动趋势［J］．中国人口·资源与环境，2012，22（S2）：235－238.

② 中国生态环境状况公报［EB/OL］．［2021－01－13］．http：//www.mee.gov.cn/hjzl/sthjzk/zghjzkgb/.

突发环境事件中各主体表达与言说的梳理，分析其中存在的问题和解决方案；第二节则继续聚焦天津港爆炸事故，探析突发环境事件在个体、群体乃至集体层面的记忆形成机制，寻求防范、化解由突发环境事件引发的记忆危机和认同危机的可能路径。

第一节　突发环境事件议题的话语建构过程与建构特征

突发环境事件与生俱来的特点使该类环境议题极易引发社会各界的关注和讨论。对典型案例加以分析后我们发现，随着事件的进展，各言说主体呈现出媒体主导、政府进行延迟和保留性信息发布、公众有限参与的建构特征。

一、事件显著性与重要性催生的言说空间

每一起突发事件的爆发均会引发不同程度的社会关注与讨论，这一方面缘于突发事件较低的发生概率使其天然带有显著性，另一方面也因为突发事件往往会给社会的生产生活带来较大影响，在议题上具有相当程度的重要性。具体到突发环境事件，其不仅在发生机制上具有突然、无法预测的特点，同时还以生态环境作为影响中介，因而具有侵害对象的公共性和危害后果的严重性这两个方面的特征。这就可以解释为什么突发环境事件一经发生，其所引起的公共讨论往往较其他多数突发事件更为激烈。笔者将突发环境事件得以催生言说空间的主要因素分述如下。

其一，突发环境事件中信息的不完整或未知。突发环境事件的发生总是出乎意料，这意味着事件发生后，事件处置者有可能在较长一段时间内对环境事件导致的威胁的来源、威胁的性质和规模、如何保护公众以避免或减少损害、对生态环境和公众健康的长短期潜在影响等关键问题缺乏确定、充足的信息，甚至一无所知，因此其面向社会的信息发布不一定能做到及时、充分。然而，突发环境事件通常会给公众的身体健康和财产安全带来巨大的损害，后果的严重性和不确定性使公众产生了极大的信息需求，人们希望获得与事件相关的可靠而准确的信息，想要了解真相以及知悉怎样应对。如果公众没能从政府或企业等事件处置者那里获得自己需要的信息，或者不信任其提供的信息，那么他

们便会从各自的圈子中挖掘信息、拼接事实、表达观点。

其二，突发环境事件包含多类公众关注点。除了突发性与严重性，突发环境事件的另一个特殊性是其往往不只涉及单一的环境因素，更具体的说法是，多数突发环境事件是由人为因素导致的。根据国家环保部门的统计，我国的突发环境事件大多由企业排污、生产安全事故引起。相较于由交通事故、自然灾害引发的突发环境事件的单纯性、局部性特点，上述两种因素所引发的突发环境事件除涉及必要的环境治理外，还更多地与社会安全、公共卫生等复杂的社会公共问题结合在一起，事件所暴露的问题也不止于环境的污染与破坏，还可能牵扯到监管不力、权力腐败等问题，故而突发环境事件在影响对象、影响范围、影响程度等方面均具有很强的公共性。相应地，这样的议题也更容易得到公众的关注与讨论。

其三，突发环境事件容易引发密集的媒体关注。突发环境事件的显著性与重要性，常会使各类媒体在事件的报道上产生激烈的竞争和角力。一方面，突发环境事件通常以一种显著、激烈的形式爆发，政府的公开应对与社会的高度关注为媒体开展报道与挖掘新闻内容提供了一种重要的合法性表达空间。另一方面，出于舆论监督的目的，各类媒体也会和民间/社会消息来源进行互动，共同从多个层面对事件进行报道和建构，并有可能改写政府和公众的关注焦点。

其四，新媒体平台成为突发环境事件信息传播的主要场域。微博、微信、抖音、快手等新媒体平台凭借其在信息传播速度与开放性上的优势，已经成为突发事件的主要传播场域。通过对突发环境事件的相关案例进行分析可以发现，在新媒体平台上发布、评论有关事件信息的不只是公众，政府部门、传媒机构也越来越注重在第一时间通过新媒体平台发布相关消息。需要特别注意的是，新媒体平台不仅是突发事件相关信息的传播场所，也是受事件影响和对事件感兴趣的公众表达个人恐惧、愤怒、恐慌、反对、指责、渴望帮助等情绪的地方，而所有这些情绪的表达也会反过来影响人们对事件的看法，进而对事件本身的处理、处置产生影响。

二、个案考察："兰州水污染事件"和"天津港爆炸事故"

本部分笔者选取兰州局部自来水苯指标超标事件（以下简称"兰州水污染

事件”）和天津港“8·12”特别重大火灾爆炸事故（以下简称“天津港爆炸事故”）作为考察对象，详细分析多元主体围绕突发环境事件议题展开的话语交互。之所以选择这两起事件，主要是因为：（1）事件在相关领域具有代表性。目前由环保部门负责调度处置的“突发环境事件”主要包括三类，分别是由排污单位直接排污造成的事件，由长期累积的环境污染问题引发的群体性事件，以及由生产安全事故、交通事故、自然灾害及其他“非排污行为”次生的事件，其中第三类事件在突发环境事件中占比高达80%以上。[①] 这两起事件正是由生产安全事故引发的，并且造成了巨大的社会影响，因而借鉴意义较强。（2）事件中政府、媒体、公众等多元社会主体的传播及互动颇为典型。不仅当地公众及异地网民和意见领袖的意见表达较为充分，能从中归纳出不同主体对突发环境事件议题的关注点和诉求点，同时涉事政府、企业的回应也具有代表性。（3）事件的干预主体和关涉议题相对较多。前者体现为国家环境主管部门、地方环境保护部门共同进行了事件应对和信息发布，后者则表现为涉及污染物环境影响议题、涉事企业环评议题、政府信息公开议题等多类议题。综上所述，对这两起事件进行分析有助于我们较为全面地呈现突发环境事件中多元主体对议题的建构与表达，利于提炼、总结出突发环境事件议题传播中的有益经验与存在的问题。

（一）兰州水污染事件

1. 事件概述

2014年4月10日傍晚，兰州市威立雅水务（集团）有限责任公司（以下简称“威立雅”）检测发现其出厂水的苯含量超标，次日凌晨2时的检测数据显示出厂水中苯含量超过国家标准近20倍。作为兰州市自来水的唯一供给方，威立雅在11日凌晨3时向水厂沉淀池投加活性炭，降解苯对自来水的污染，并于5时将发生污染的情况上报给了兰州市政府。11日上午新华网发布信息，该事件被广泛知晓，在各类新媒体的助推下成为全国关注的热点议题。

从事件应对来看，从4月11日启动应急预案到15日应急状态解除、事件处置结束，该事件历时5天。在舆情方面，舆情在4月12日达到高潮，事件处置结束后，媒体、公众等仍在就此事件进行追问与讨论，舆情直至18日才平息

① 范娟，杨岚．对“突发环境事件”概念的探讨［J］．环境保护，2011（10）：47-49.

下来。为了兼顾研究样本的针对性和完整性，笔者选择事件发生后的一周，即4月11日至4月17日这一时间段对该事件的议程建构进行分析。

2. 议程建构过程

与其他突发环境事件一样，兰州水污染事件有着多个次级议题。政府、媒体、公众在不同的次级议题中交替建构事件议程，集中体现了多元社会主体之间选择性跟随、互相施压、不断出现矛盾甚至冲突的建构特征。

（1）议题产生：2014年3月公众投诉自来水有异味。

2014年3月6日，兰州市民最先发现家中自来水中有刺鼻气味，并陆续开始在微博、论坛上反映这一情况，互相询问自来水是否正常；兰州市相关部门及威立雅也在这一天接到200多个市民投诉电话。市民的投诉引起了兰州市政府、威立雅和媒体的注意。7日晚，兰州市环保、疾控部门和威立雅公布监测数据，称自来水符合安全饮用标准，没有针对异味来源给出解释。9日，兰州市政府通过媒体发布报告，声明异味已消除，异味源于水中氨氮含量略高，但并未进一步说明氨氮含量升高的原因。市民开始纷纷揣测水源是否存在污染，新华社、《新京报》等媒体也对事件原因表达了忧虑，这为日后污染事件的爆发埋下了伏笔。

（2）议题进入公共议程：2014年4月中央媒体披露事故。

自来水异味事件发生一个月后，威立雅在4月10日17时检出出厂水苯含量超标，到11日凌晨2时，自来水中的苯含量已达到200微克/升，远超国家10微克/升的限值。随后威立雅开始向沉淀池投加活性炭，试图降解苯对水体的污染，并在凌晨5时将污染情况上报给了兰州市政府。后者在11日上午8时召开紧急会议对事件展开应急处置，于当日11时停运了被污染的4号自流沟。然而在上述处置过程中，兰州市政府和威立雅一直未对外发布相关信息，兰州市民对自来水出现污染毫不知情。

兰州水污染事件被“议题化”并进入公共议程的转折点，是4月11日11时32分新华网对事件的披露。在这篇名为《兰州自来水苯含量严重超标》的消息中，新华网报道了威立雅在前一天便发现出厂水苯含量超标，兰州市政府也已介入调查。这一报道给了兰州市民“当头一棒”，兰州市民开始抢购瓶装水，导致水价大涨。同时，由于消息出自新华社而非兰州本地或异地媒体，因此形成了涉事地方集体沉默、中央级媒体直接曝光的状态。借助新华网的广泛影响力，这则消息当天被网络媒体转发了139次，国内舆论哗然。11日14时40分，中新网对兰州市民的抢水行为进行了跟进，所发布的文章当日被转发413次，进一步扩大了事件在全国范围内的影响。新浪、腾讯、网易等商业门户网站均在首页重要位置对事件进行了推荐。一起地方性的环境污染事件由此演变为全国关注的公共危机事件。

相较于市民与舆论对污染情况的强烈反应，兰州市政府的信息发布则显得较为迟缓：在新华网发布污染消息近3个小时后才相继开展媒体通报、官微发声、召开新闻发布会等信息公开工作。但此时公众已经知晓污染事件，兰州市政府自然陷入了“瞒报”的质疑之中。

(3) 议题延展：政府主导应急处置，舆论展开事件追问。

在社会的高度关注下，兰州市政府于4月11日宣布采取五项措施应对此次危机：由威立雅向水厂沉淀池投加活性炭；停运北线自流沟，排空被污染的自来水；加强出厂水苯含量监测力度，找出污染源；做好宣传引导工作，及时向市民通报情况；成立调查组，对事故进行全面调查。4月12日，兰州市政府的网站“中国兰州网”和官方微博“@兰州发布”开始持续公布自来水苯含量监测数据，并实时通报处置进展，以安抚市民的恐慌情绪。

传统媒体也于12日介入事件报道，新闻场域中有关此次事件的讨论瞬间增多。媒体的报道是公众（特别是异地公众）判断事故原委与政府作为的主要信息渠道，不过兰州本地媒体与异地媒体在报道倾向上出现了分化。兰州本地媒体（主要是《兰州日报》《兰州晚报》《兰州晨报》、兰州新闻网）于12日至14日发出了50余篇报道。在内容上，这些报道与政府传递的信息保持了高度一致，主要通过宣传市政府应急处置措施与通报处置进展，表现政府关心民生、积极负责的组织形象，以求达到配合政府维护社会稳定、疏导市民恐慌情绪、引导社会舆论的目的。而异地媒体则在信息公开、事故原因、事故问责、水务管理等问题上对兰州市政府和涉事企业展开追问：为何在发现污染18小时后才停止供水？发生在3月初的异味事件是否与此有关？石油泄漏为何会污染到自来水管网？公共设施由外资企业经营是否合理？政府公共安全监管是否存在短板？这些议题由《人民日报》《光明日报》《新京报》《南方都市报》等异地媒体导入公共话语空间，在短时间内形成了集中的批评论述，为舆论批评涉事政府与企业对事件反应迟钝、信息公开缺乏透明、公共设施管理失当等提供了丰富的话语资源。

那么，公众如何在公共空间内讨论这次水污染事件呢？其是否受到了媒体对事件报道的影响？对此，笔者借助第三方舆情分析软件，抽取来自微博、论坛的共计 316 条网民言论进行编码分析，发现公众的关注点主要包括六个方面：一是谴责兰州水质监管部门和相关政府官员在城市用水安全、污染危机处置中的失职行为（33.0％）；二是批评兰州市政府在发生污染事件后信息发布不及时，对事故原因所做的声明前后矛盾（27.2％）；三是要求严厉追究相关企业和相应政府部门的事故责任（19.1％）；四是质疑将公共设施交给外资企业运营的做法，反对外资企业管理中国自来水公司（10.6％）；五是批评地方政府为发展经济而忽略环境保护工作的做法（5.6％）；六是提出城市居民用水普遍存在安全隐患，希望国家给予重视（4.4％）。可见，公众对此次事件的关注点及话语框架与异地媒体对事件的报道存在较大的重叠。可以说，这两者基本反映了外部舆论环境对该事件的建构态势。

在此期间，自 4 月 14 日起，陆续有多名兰州市民以个人名义在不同时间尝试向兰州市相关人民法院起诉作为自来水供水方的威立雅。公众的诉讼行为随即得到舆论关注，维权议题进入此次事件的议程之中。由于我国民事诉讼相关法律法规规定公益诉讼必须由“法律规定的机关和有关组织”提起，因此上述诉讼实际上并未得到法院受理，但其却在网络上得到了普通网民和意见领袖的大力声援。环保组织自然之友在官方微博上宣布其将作为诉讼主体提起公益诉讼，并征集公益律师加入行动。在巨大的舆论压力下，兰州中级人民法院在 15 日下午通过新闻通气会对未受理公众提出的公益诉讼的原因进行了正式说明，并承诺“若居民起诉符合法律有关规定，法院将依照有关程序依法予以受理”。

（4）议题终结：政府处置结束，舆论关注转移。

经过 3 天的应急处置，兰州水污染的事故处理从 14 日开始进入收尾阶段。14 日早晨，兰州市全市自来水恢复正常供水。上午 11 时，兰州市政府召开第三场新闻发布会，宣布将重新敷设 4 号、3 号自流沟管道，并在 4 天内迁走居住在自流沟上方的居民。15 日，兰州市政府又通过新闻发布会对外承认政府对供水企业监管不到位、城市管理存在薄弱环节等，承诺将吸取教训，防止类似事件再次发生。

兰州本地媒体对政府的上述行动进行了如实报道，异地媒体则将部分关注点转移到兰州市政府提到的自流沟改造工程上。异地媒体对这一子议题的报道仍然采用了批评性的报道框架，比如指出周边村民早就因化工企业污染进行过上访，请求搬迁，但无人重视；事故发生前后，政府的态度发生了从“冷漠”到“前所未有的积极”的180度大转变；搬迁范围仅限于居住在自流沟上方的村民，周边同样受化工污染影响的村民仍无法搬迁；等等。除了这一阶段最新出现的改造搬迁议题外，国内媒体普遍把报道中心放在了事故反思的相关议题上，对水质监测体系不完善、城市缺乏备用水源、化工围城、城市产业布局不合理等问题的分析和评论见诸报端。

总体而言，随着危机处理的完成，网民对该事件的讨论迅速减少，媒体也将其关注点转移到其他事件上，事件舆情进入消退阶段。

3. 各类议题的“三维”建构

通过总结我们发现，随着事件的演进，事故处置和调查、信息公开、事故问责、“洋水务”、公益诉讼、城市用水安全等六个主要的次级议题被纳入事件的议程之中。接下来笔者借鉴相关研究，从新闻报道呈现的“媒体话语”、公众的“民间话语”和来自官方表态的“公权话语”三个维度①，对参与此次事件的政府、涉事企业、公众、媒体、意见领袖等言说主体的信息输出和互动过程进行考察，以呈现整体议程之下次级议题的建构过程和特点。总的来说，“公权话语”大多为被动应对，面对主动性更强的“民间话语”和“媒体话语”，其要么是议题错位，要么是隔靴搔痒，要么是不予回应，既无顺应，也缺引导，更体现不出以倾听、理解、合作为导向的“多元对话”。

（1）事故处置和调查议题：“措施”与“问题”的交锋。

从4月11日14时开始，兰州市政府相继通过媒体、官方微博、新闻发布会等方式通报应急处置措施、水质监测结果与事故原因排查情况。分析当地政府在不同时间进行的表态，可以发现一种明显的叙事策略——以强调事故排查处理工作“进展顺利”、各项措施“按计划提前完成”、“多方调集”“严打高价”

---

① 徐国源，周南．公共危机事件中政府形象的传播策略［J］．传媒观察，2013（6）：23-25.

以“保障供水”和“确保居民生活稳定”，来呈现政府采取的应急措施有序、有效。针对这一议题，媒体基本跟随了政府的议程，对政府发布的应急措施与应对效果进行了跟进报道。当然，媒体舆论监督的一面也有所体现。不少媒体对发现污染 18 小时后才采取应急措施、威立雅于 11 日 16 时左右才获知污染事件、威立雅拒绝记者进入水处理工作区、有关事故原因的调查结果前后抵牾等问题进行了报道，质疑涉事企业不重视此次事故且不配合媒体采访、当地政府监管不力与反应迟缓。公众对政府应急处置措施的关注度在事故发生的初期还比较高，但从总体上看，其对事故处置中“问题”的关注度要远远高于“措施”，也就是说在事故处置的议题上，讨论多围绕负面的问题展开，如“为何事故处置在发现污染 18 小时后才开始进行”“发生在 3 月初的异味事件是否与此有关”等。

（2）信息公开议题：政府面对质疑的辩解与沉默。

信息公开议题方面存在两个主要争议点。一个争议点是涉事企业和政府在知晓污染发生十余小时后才对外公布，是否涉嫌瞒报或延报。这一争议点由新华网的披露报道引入议程，中央电视台、《人民日报》、《南方都市报》等中央和地方媒体随后均做出跟进报道和评论，报道普遍采用了批评性的报道框架，直指涉事企业和政府在污染确认与事故处置上的拖沓、低效。针对外界对此问题的频繁追问，兰州市政府在三场新闻发布会上均进行了回应，其核心是官方在此次事件中“没有隐瞒任何事情”，在这一问题上“问心无愧”，信息披露方面是“及时的、准确的、严肃的”。这一回应被众多媒体报道，但已认定兰州市政府延报事故信息的公众根本无法接受，公众对兰州市政府不负责任的判断进一步加深。

另一个争议点是各主体针对政府应急处置阶段发布的水质信息的真实性提出的质疑。一家名为“天下公”的社会组织在 13 日向兰州市政府申请信息公开，要求政府“全面、真实公开水质监测数据，并聘请独立第三方进行自来水监测，确保水质信息真实透明，消除公众质疑”。该诉求得到了媒体的关注，《中国青年报》《华商报》等媒体也相继建议兰州市政府全面公开水质监测数据，将监测数据发布常态化，以挽回公众的信任。但这样的呼吁并未得到兰州市政府的回应。

（3）事故问责议题：声音持续扩大下的被动回应。

水污染事件爆发后，公众与网络媒体最早开始问责。网民普遍将此次苯超标事件和 3 月初的自来水异味事件相联系，强调“水有异味一个多月”且“事态严重”，市领导和“有关部门”要负责。“搜狐快评”等网络媒体追问政府为何没有采取紧急措施，为何没有及时将问题告知民众。在公众和网络媒体的话语结构中，政府部门已然失职，要为此次事件担责。面对舆论问责，兰州市政府在 11 日的新闻发布会上表示会“高度负责”地处理事件、“严肃处理”责任人，在一定程度上回应了舆论关切。

随着事故原因（中石油下属的兰州石化公司历史积存的地下含油污水渗入自流沟造成苯污染）逐步明晰，异地媒体、公众和意见领袖开始全面参与问责议题。《新京报》《南方都市报》《羊城晚报》《钱江晚报》等媒体均对兰州石化运输管道和自流沟相交错的问题进行了报道，指出当地政府、水务公司和石化企业都应对此事件负责。事件后期，公众在问责议题上的话语策略从事故之初指责政府应对不力和信息瞒报，转向利用水厂自流沟长期存在隐患而未得到处置这一新争议点，问责政府失职。与此同时，微博上的“@传媒老王”“@北京杨博”“@王克勤”等网络意见领袖也对这起事故展开评论，指责有关企业和政府部门推脱隐瞒、漠视公众生命安全，应严厉追究其责任。在这些意见领袖的巨大影响力下，舆论对涉事企业和政府的问责声进一步增大。

面对各方指责，除政府方面表示会“高度负责”地处理事件、“严肃处理”责任人之外，威立雅力图解释检测出苯超标“实属偶然”，并“不存在延误”，而是“监测项目多”且“为了保险起见化验员又进行了复检”，同时否认存在其他物质超标；但这种单方面的辩解已无法获得公众信任。而后期进入舆论视线的兰州石化则一直保持缄默，即使面对媒体追问也没有进行任何正面回应。

（4）“洋水务”议题：“热评论”与“冷处理”。

在这起事故中，涉事的兰州威立雅水务（集团）有限责任公司是原兰州供水（集团）有限责任公司与法国威立雅水务（黄河）投资有限公司共同组建的中外合资企业。事故发生初期，意见领袖最早在网络上提出注意外资涉入中国水务的问题，时任人民日报社甘肃分社社长的林治波在微博上称这种开放“属于不要命的开放”，法方“不改善设备只贪图利润”；中国社会科学院世界社会主义研究中心常务理事朱继东也指出“兰州水市场是被外资控制的，价高又污染”。受意见领袖的影响，公众开始谴责“洋水务”引发事故，要求“将法国水务公司驱逐出境”。

随着事件推进，媒体加入了对“洋水务”议题的讨论。舆论就此议题分化为强、弱两种意见：强势意见倾向于认为外资是造成此次事件的罪魁祸首，媒体列举法国威立雅集团的“前科”，分析其高溢价入华、随后抬高水价的经营模式，舆论再次呼吁水务关乎社会安全，不能让外资掌控，批评政府出售水控权危害民生。与强势意见相比，认为水污染与水企性质无关的一方声音则较弱，腾讯《今日话题》提出国有水企污染现象同样普遍，“洋水务”不是涨价的“罪魁祸首”；持有这种意见的网民也认为相较于将水控权交给外资，政府监管不力才是最根本问题。而针对这一问题，涉事企业和当地政府均未给出回应。

（5）公益诉讼议题：回应未能符合期待。

4 月 14 日，在多名兰州市民起诉威立雅但被当地法院以“无主体资格”为由驳回后，公益诉讼议题进入事件议程当中：网民和意见领袖在网络上声援当地市民的维权行动；公益组织宣布愿意代替当地市民提起公益诉讼；《钱江晚报》《法制晚报》《青年时报》等异地媒体通过发布评论支持市民维权，同时呼吁修订相关法律以进一步保障公民的环境污染民事起诉权。而兰州中级人民法院仅对未受理公益诉讼进行了说明，这显然难以满足公众与媒体的期待。

（6）城市用水安全议题：公众和媒体的“一头热”。

在事件发展后期，城市用水安全议题成为除事故问责议题之外的另一个主要议题。4 月 14 日兰州市政府宣布重新敷设受到污染的 4 号、3 号自流沟管道，从事件处置层面回应了当地居民对水源污染隐患的担忧。以这起事件为契机，中新社、《中国青年报》、《中国经济时报》、《羊城晚报》等媒体就事件暴露出来的公共设施经营方式、政府公共安全监管、信息公开等方面存在的问题进行了讨论，希望这起事件能够全面推动相关问题的改善。在这一点上，网民也拥有相同的期待，但在话语策略上更偏重采用批评或情绪宣泄的方式来表达。

（二）天津港爆炸事故

1. 事件概述

2015 年 8 月 12 日 23 时 30 分左右，天津滨海新区瑞海国际物流公司（以下简称“瑞海公司”）危险品仓库起火爆炸，之后引发周边企业二次爆炸，方圆数公里有强烈震感。事件发生之后，原环境保护部启动了国家突发环境事件应急预案，天津地方政府也迅速开展了环境应急处置工作。同时，该事件也成为媒体和公众关注的焦点：在事件发生仅 14 个小时内，相关新闻报道及转载共计 7 010篇，微博主帖 119 万条，微话题＃天津塘沽大爆炸＃阅读量达 6 亿，＃天津港爆炸事故＃阅读量达 2.9 亿，微信公众平台中相关自媒体文章共计 674 篇。[①]

由于事件初期各方讨论最为充分和激烈，且之后舆论的主要议题也都是对初期议题的延续，出于研究有效性和可操作性的考虑，笔者选取了 8 月 13 日至 8 月 20 日这一舆情“高潮期”来分析各方的议程建构。

2. 议程建构过程与建构特点

社会对这起特别重大生产安全事故的关注与表达涉及政府信息发布、政府危机应对能力和救援水平、消防专业化和职业化问题、城市建设布局、爆炸原因和追责、环境管理等多类议题。鉴于本部分的研究主题，笔者仅讨论各类主体在环境议题方面的建构与言说。

具体的分析思路依循争议点理论，通过发现事件中有关环境议题的争议点，采用“舆论诉求—政府干涉行为—干涉后的舆情情况”的逻辑[②]，对事件中政府、媒体、意见领袖、公众的意见输出与话语互动过程进行考察。

在对第三方舆情分析平台所提供的互联网数据进行随机抽样分析后，笔者归纳出关于此事故的七个热点话题：污染物扩散会不会影响空气质量；爆炸区域环境监测结果平稳是真是假；危险品中存在氰化物引发恐慌；降雨是否会导致污染物扩散；海河出现大量死鱼；涉事企业的环境影响评价、安全评价被质疑；危险品仓储的安全距离。对这些争议点进行同类合并后可以发现，天津港爆炸事故所引发的环境议题讨论实际上主要集中在两个方面：一是官方环境监测数据是否可信，二是涉事企业为何能够通过环境影响评价。

---

① 天津塘沽爆炸事故境内外舆情综合分析与建议［EB/OL］．(2015-08-13)［2021-02-15］. http：//www.iricn.com/case.html.

② 喻国明，李彪．舆情热点中政府危机干预的特点及借鉴意义［J］．新闻与写作，2009(6)：57-59.

（1）媒体推动的对事故环境影响的争议点建构。

环境影响争议点是所有突发环境事件均会涉及的争议点。通过分析这起事故中不同主体对事故环境影响的建构过程可以发现，在爆发阶段，公众和履行监督职责的大众媒体居于议题建构的主导性地位，频频向以政府为代表的突发环境事件管理者发起挑战，试图赢得议题的话语竞争。随着事件处置的推进，突发环境事件本身的紧迫性、未知性和不确定性越来越低，公众的恐慌情绪慢慢平息，建构的主导权渐渐归于事故的管理者一方。接下来笔者将详细介绍具体过程。

爆炸发生后，最先进入媒体和公众议程的环境影响议题是空气味道的“不同寻常”。8月13日凌晨1时50分许，新京报网发布快讯称爆炸地点“空气中弥漫着呛人的味道，居民担心危险化学品污染空气，准备撤离”，并配以被疏散居民裹被捂鼻前行的照片，这一快讯随后迅速被新浪、搜狐、网易等网络媒体转载。2时53分，微博中，“@京华时报”发布了一则“警方建议”，虽未指明有无空气污染，但建议当地居民“关好门窗，有空气净化器的都打开，尽量保持家中空气质量”，“@人民网”和“@中国新闻网”随即进行了转发。3时30分许，“@北京青年报”发布快讯，称现场附近居民描述“空气中有刺鼻的味道，并且‘雾蒙蒙’的”，该快讯也被各大媒体、论坛转载。现场“浓烟滚滚”，空气“刺鼻”“呛人”成为当天媒体报道现场环境情况的主要声音。

除了媒体，从13日凌晨开始陆续有天津滨海新区居民在微博、微信上发布消息，称当地“空气的味道很刺鼻”（“@雪小杉”，2015-08-13，4：03）、“空气中弥漫着一股酒精的味道”（“@原来地球也是个球”，2015-08-13，4：57），甚至有网民表示其在距离爆炸地点60～70公里的天津市区也能“闻到味道”（“@清风染墨”，2015-08-13，7：22）。

仿佛一切都在显示爆炸发生后当地的空气质量“存在问题”。然而13日5时02分，天津市滨海新区官方微博“@滨海发布”贴出的“情况公报”却称滨海新区空气质量监测未见异常。作为在这次事件中官方首次公布的环境监测数据相关信息，这则通报被“@人民网”“@天津发布”“@北京发布”等媒体和政府的官方微博转载，但却引发了网民的普遍质疑，例如“新闻里伤员都捂着鼻子，我不信没有污染物”（“@apollo19890210”，2015-08-13，6：10），“那么大的浓烟，空气质量竟然是优?”（“@野生同志带鱼养殖专家”，2015-08-13，

14：23）。一些看似知情的网民表示政府公布的是“空气质量”监测数据而不是“有毒化学气体”监测数据，意指政府有意使用不相关数据“蒙骗”公众。

对监测结果提出质疑的不仅有公众。13日上午，一篇来自“澎湃新闻网”的报道被各大网络媒体转载，该报道称“澎湃新闻记者在离事故地几百米的位置，仅仅停留了三四分钟的时间，就不断呕吐”，有力地挑战了官方“空气质量无异常”的说法，新浪在转载这则报道时更针对性地将标题修改为“天津监测空气未见异常 记者停留3分钟呕吐不止”，获得3.7万来自网民的评论和点赞。

然而，就在公众、媒体与政府部门在空气质量监测问题上相持不下之时，13日上午11时20分左右，“中青在线”的一篇报道扭转了舆论的关注点，使对环境影响的争议点建构进入了第二个阶段。

该报道称“事发仓库所属公司仓储业务的商品类别包括氰化钠、甲苯二异氰酸酯等毒害品”，因此爆炸现场不排除存在氰化物的可能；该报道还援引一位名叫吴春平的博士的建议，提出“氰化物是剧毒物，可通过皮肤渗透进人体，造成中毒”①。“中科院物理研究所”微信公众号也在这一时间发布文章，说明“氰化钠可通过皮肤接触、吸入、食入和眼睛接触等方式影响人体……进入人体200～300ppm② 即可迅速致人死亡”，而由于我国的空气质量监测不测氰化物，所以“天津空气质量指数并不能反映氰化物浓度”。上述消息一经发布转载，网民一片哗然，爆炸区域到底有没有氰化物，以及氰化物是否在爆炸中泄漏成为公众关注的焦点。

尽管公众对氰化物的关切越来越多，各大传统主流媒体却并未就此发声。在13日下午4时30分的“天津港爆炸事故”首场新闻发布会上，天津市环保局局长再次说明了事故现场的污染物水平与全市平均水平相当，仍没有谈及氰化物的问题。直至当天下午6时左右，新华社、人民网、中新网等多家媒体及其微博才一同发布报道，集中回应“事故现场未检测到氰化物”；但也就在同一时间，新京报网发布快讯“下水沟里检出氰化钠，说明已经泄漏”，该报道经“@今日头条”转载后，被网民转发、评论、点赞共5.4万余次。网民开始对发

① 天津爆炸现场不排除存在氰化物的可能［EB/OL］.（2015-08-13）［2021-02-15］. http://news.sina.com.cn/c/nd/2015-08-13/doc-ifxfxray5527434.shtml.

② ppm表示比率，其含义为百万分之（几），例如1ppm为百万分之一。

布“未检测到氰化物”的媒体进行集体批判，同时也陷入了深深的恐慌，典型的言论如“水没法喝了”（“@liquidwy”，2013-08-13，18：39）、“剧毒啊！赶紧囤水”（“@Deoeenleee”，2015-08-13，18：39）。

面对公众的恐慌与愤怒，8月14日上午8时许，中央电视台通报两个检出氰化物的地下管道排放口已经被堵上，污染物暂时未进入周边环境并造成污染。10时13分，天津市环保产业协会工程师王连卿在事故第二场新闻发布会上介绍了控制事故区域氰化物水污染的具体措施。15时28分，新华网发布国家海洋局对天津港港池及事故周边海域海洋生态环境的监测结果，称暂未见异常。此后3天，事故处置小组定时对外发布有关氰化物及其他污染物的监测结果，称所有结果均未出现严重异常。8月17日，天津官方在新闻发布会上再次承诺环境质量监测结果“不会报假数”，“请大家放心”。

在政府和媒体的共同努力下，公众对事故环境影响的焦虑慢慢平息，但此后也出现了两次小的波澜。第一次是在8月18日，天津自发生事故后第一次降雨，有网民在微博上发图说自己所在的空港经济区地上出现白色泡沫；财新网随即跟进报道，称滨海新区黄海路路面有“大量异常的白色泡沫”，而记者也感到面部、胳膊、手部关节处有灼烧感或热痒症状（财新网，2013-08-18，13：23），这则报道再度引发网民的恐慌。当晚，中央电视台对此做出回应，报道天津市环保部门前往现场进行检测且“并未发现氰化物”，力图打消公众疑虑。第二次是在8月19日，有网民在微博上发布视频称事故附近水域出现大面积死鱼；20日搜狐新闻对此进行了报道，并引用附近居民的话，称“此前这个位置从未出现过如此规模的死鱼”，暗示污染扩散的可能性。对此，天津市环境监测中心20日下午公布了对该河段水质的检测结果，也“未检出氰化物”。虽然网民对上述两个事件的结果半信半疑，但随着事故处理的有效推进，这两个事件并未形成更大的舆论风波。

通过对事故环境影响建构过程的梳理可以看到，传统媒体，尤其是市场化程度较高的报纸媒体在该事件议题的建构与竞争中扮演了挑战者甚至是领导者的角色。这些媒体借助新闻网站、官方微博和微信向公众更新事故消息，同时对公众的关注点和诉求点加以跟进报道与挖掘，一方面成为公众诉求的代言人，另一方面也是公众参与议题建构的组织者。从公众的角度来说，随着新闻媒体对事故环境影响信息的不断披露，其也在新媒体平台上不断发布个人的态度与观点，与相关媒体一起向事故处理者施加压力。然而我们亦须看到，公众对事故环境影响的建构并不一定是理性的，这突出地表现在谣言的制造与传播上。天津港爆炸事故发生 5 天后，有媒体总结了其间被广泛传播的 27 条谣言，其中有 6 条关涉事故的环境影响："方圆两公里内人员全部撤离""700 吨氰化钠泄漏毒死全中国人""爆炸物有毒气体两点飘到市区""爆炸原因为'乙醚罐爆炸'""有害气体可能影响北京""天津因爆炸发布空气重度污染预警"。尽管这些谣言的生成和传播与公众受到情境、情绪的影响以及其在相关知识上的局限有关，但另一个更为重要的原因是作为事故管理者的政府没能在第一时间获知和发布与环境影响相关的信息。比如在现场是否存在氰化物的问题上，从 13 日第一场新闻发布会开始，天津官方的回复一直是"此事不太了解""很快就会有明确答复"，直至 8 月 17 日事故过去 5 天之后，才明确披露了氰化物的具体数量。

（2）由媒体创造的对涉事企业环境影响评价的争议点建构。

追责议题是突发环境事件中各方，特别是受害者和监督者关注的关键议题。虽然对于由生产安全事故造成的突发环境事件，环境部门并非主要的被追责主体，但在天津港爆炸事故中，环境部门却因为此前批准了涉事企业的环境影响评价而受到各界质疑，"涉事企业为何能够通过环境影响评价"成为该事件环境议题的另一个主要争议点。在这个争议点的建构上，传统媒体同样显示出了强劲的创造能力和意见影响力。

8 月 13 日凌晨 1 时 58 分，公安部消防局通过官方微博通报发生爆炸的是瑞海公司的危化品堆垛，更正了此前部分媒体报道的"发生爆炸的是集装箱内易燃易爆品"的说法。当日早晨，公众闻讯，社会骇然。距离居住区如此之近的地方为何会仓储危险化学品，"是谁批准涉事企业这么做的"成为公众的集体疑问。

面对公众的质疑，媒体陆续指出涉事企业的环评存在问题。8 月 13 日 14 时 32 分，新京报网率先质问："'瑞海国际'堆场改造工程是如何通过环评的？"[①] 该报道介绍了瑞海公司在 2012 年成立时，其许可经营项目并不包括危化

---

① 杨锋，何光，邓琦，等．一问："瑞海国际"堆场改造工程是如何通过环评的？［EB/OL］．(2015-08-13)［2021-02-15］．http：//www.bjnews.com.cn/news/2015/08/13/374212.html.

品仓储，2014 年 5 月 8 日才被纳入；在堆场改造工程环评阶段，其曾两次就项目环境保护评价进行多渠道公示，其中包括对项目周边居民进行问卷调查，且显示 51.6%的公众持支持态度，然而，经过记者采访，多名周边居民均称并未见过相关问卷。同一天晚些时候，澎湃新闻也发布报道，揭露负责涉事企业环境影响评价的是天津市环境保护科学研究院，其环评公示信息认为该项目“环境风险水平可以接受，项目选址合理可行”。14 日，《北京青年报》和《中国青年报》跟进报道，继续质疑环境影响评价结论，并再次提及针对周边居民的问卷调查结果可能为造假。在媒体的连番揭露下，网民群情激愤，批判矛头直指环评普遍造假、环境监管形同虚设。

面对外界的此种质疑，天津官方一直没有进行正面的回应，新华社、《人民日报》等主流媒体也没有展开相应的报道。直至 8 月 17 日事故第七场新闻发布会上，天津市副市长何树山在回答记者有关“是否发现可能存在监管过失”的问题时从侧面进行了解答，称“会认真进行调查”。

与此同时，逐步有网民和媒体开始提出另一种不同意见，他们认为将事故责任归于事前环评审批不严是片面的。在“环评爱好者”论坛上，网民从专业角度对这一问题进行了讨论，核心观点有三：其一，环评所谓的选址合理是从环保角度而言的，如正常生产情况下储存的物质会不会造成环境污染，而非从安全角度考察发生爆炸的后果；其二，环评的风险评价是评估事故发生后的环境影响，而不是事故本身发生的概率；其三，对项目安全性进行评估和审核的是安全评价，环评为其背了“黑锅”。8 月 14 日，《中国新闻周刊》也发布报道并援引某资深环评师的话，指出“环评对于项目选址没有制约力……环评可以制约开工、建设方案”，“环评无法评价事故风险，对事故风险的评价需要参考安全评价报告”。

“安评”程序的现身使公众和媒体对“环评”的批判声浪有所平息，但由媒体披露的涉事企业环评报告“作假”嫌疑仍然持续为媒体和公众所关注。8 月 17 日，新华网发布报道称经过记者多日采访，被采访的居民均表示对存在危化品仓库不知情，万科（万科海港城是此次距离爆炸点最近的小区）相关负责人也称从未获悉相关情况。同一天，《新京报》也发表评论，批评环评存在“红顶中介，审查走过场”的问题。在微博上，网民也普遍认为环评可信度低，“是真是假大家心知肚明”（“@汉武文堂”，2015－08－19，18：08），其不过是为了“应付上面的检查罢了”（“@礁石小浪花”，2015－08－18，20：12）。

可以说，各方对涉事企业环境影响评价争议点的建构以环评程序失信作为结局。尽管随后政府官员承诺会认真调查安评、环评程序，进行逐一追责，但公众对环评这一环境监管程序普遍失去信心和信任的情况却在短时间内难言改善。

（3）多元主体在建构过程中的话语框架比较。

以心理学的视角来看，框架是指一种相对稳定的心理结构，即影响人们认识、理解和评价事物的特定心理基模。以社会学和传播学的视角来看，框架则是一种建构话语的策略，是表达者为实现特定目标而采取的话语基模。这种策略设定了人们认知的边界和方式，刻意让人们“看到”什么、“忽视”什么。

从“天津港爆炸事故”议题来看，不同主体所采用的建构话语往往存在多重表达框架：环境部门及其关联机构更多地采用治理话语框架——控制、动员话语占据主要地位；新闻媒体主要采取社会突发事件或公共危机的框架——紧急、异常、质询等议题成为首选信息要素；社会公众则普遍采取日常生活叙事和公民权利框架——表达忧喜悲欢，关切自身权益。

由各类主体的互动情况及效果观之，政府在议题建构中采用的治理话语框架频频遭遇媒体和公众的瓦解与压制，原因主要有三个：其一，政府对于一些媒体和公众关注、关心的环境问题一直没能做到及时、正面、有效的回应；其二，有的媒体充当了公众诉求与质疑的“发声筒”，但由于权威信源缺席，媒体的调查报道进一步加深了公众的危机感和对事件背后利益关系的想象；其三，公众以往积累的对政府环境监督管理的不信任在突发环境事件中集中爆发。

三、突发环境事件议题的议程建构模式

上述两个个案分别代表了两类典型的突发环境事件议题。天津港爆炸事故是一起突发性、破坏性、严重性均十分强烈的突发环境事件，这类事件会在发生之初由于其巨大的冲击力和稀有性在短时间内成为社会公众关注的“焦点事件”①，本身便具有天然的议程设置功能。兰州水污染事件则是一起发生在地方

---

① BRIKLAND T A. Focusing events，mobilization，and agenda setting [J]. Journal of pubilic policy，1998，18 (1)：53－74.

的局部污染事件，其在事件的显著性、可见性以及稀有性方面虽然均弱于天津港爆炸事故，但却属于我国最为多发与常见的突发环境事件。

与环境风险议题相比，在突发环境事件议题的建构中，政府、媒体、公众及其议程之间的对抗性有所下降，但批判性和质疑性仍存。政府在救援、善后与事故原因等事实议题上拥有显著的建构能力。媒体彰显出舆论监督的自觉性，对事故调查、政府应对、问责等议题的建构具有较强的批判性，并在很大程度上引导了社会意见对事件议题的认知与归因。公众的建构总体表现为“有限参与”，即缺乏其在环境风险议题建构中的主动性和自我动员特征，而主要以追责为诉求进行意见与情绪表达。

（一）媒体推动事件议程变化

上述两起事件的议程建构均呈现出明显的媒体主导特征——媒体不仅仅披露了事件议题、推动地方议题进入公共议程，更对议题内部不同属性加以建构，促使事件议题焦点属性发生转移，进而改变人们对其主要属性的认知。

1. 放大局部议题的社会可见性

“可见性”是由英国社会学家约翰·B. 汤普森（John B. Thompson）提出的用以描述媒体政治作用的概念。汤普森认为大众媒体对某一事件的报道会提高该事件的“公共可见性”，使其被更大范围的社会公众认知和了解，进而形成一种对政治权力的隐形约束。库尔特·朗（Kurt Lang）和格拉迪斯·恩格尔·朗（Gladys Engel Lang）对此也有过精练的描述，即新闻媒体会赋予特定议题比其他议题更强的社会能见度，并将其引入公众议程及政策议程之中。[①] 对突发环境事件议题而言，突发事件具有的突发性、危害性、紧迫性等特征本来就使其极易得到政府、媒体和公众的关注。正如在天津港爆炸事故中所表现的那样，有关政府部门迅速启动应急救援并向外界通报事故信息；事故附近居民通过新媒体平台在第一时间进行“现场直播”；尤其重要的是，众多媒体运用不同渠道对事故做出报道，全国范围内的媒体“共鸣”迅速改变了公共议程顺序，天津港爆炸事故在发生后第二天就成为一起举国关注的环境事故。

然而，并不是所有的突发环境事件都像天津港爆炸事故一样具有如此巨大

---

① LANG G E，LANG K. The battle for public opinion：the president，the press，and the polls during Watergate [M]. New York：Columbia University Press，1983：58.

的冲击力。从某种程度上讲，天津港爆炸事故本身的社会可见性和议程设置能力并不是他者赋予的，而是由其极端化、罕见性的事件特征决定的。对于这样的事故，社会各界都不可能将之作为一个局部的、地方的事件进行处理和应对。但对其他多数突发环境事件来说，即便其后果或危害的严重性不亚于天津港爆炸事故，也可能由于出现方式的“非戏剧化”而无法像天津港爆炸事故一样立即进入公共议程之中。就像如果没有新华网、中新网这样的中央级新闻网站的披露，兰州水污染事件进入公共议程的时机就有可能被推后，甚至毫无机会。

故而在突发环境事件议题中，媒体提高事件社会可见性的方式会根据不同情境而有所差异。一者，对于如天津港爆炸事故这类本身即具备成为“焦点事件”所需的可见性、稀有性和破坏性特征的突发环境事件来说，媒体对其社会可见性的放大，主要是通过多级、多地媒体集中而饱和的报道来实现的，这一方式的作用是加速事件议题的传播，缩短改变公共议程的时间。二者，像兰州水污染事件这类具备破坏性但缺乏显著的稀有性、可见性的突发环境事件，媒体对其社会可见性的放大首要体现在对事故信息的披露上，而其能否进入公共议程则在很大程度上取决于媒体的身份、地位及信息传播平台的影响力，因为这些属性越高或越强，事件相关利益主体干预、阻断议题持续传播的可能性就越小。

2. 建构议题属性及推动议题属性转移

与其他环境议题相类似，媒体对突发环境事件议题的建构作用不仅体现于提升议题本身的显著性，即对象的显著性（salience of objects），还体现在其对议题内部不同细节的选择性放大上，即向外界传递议题属性的显著性。而媒体在建构突发环境事件议题时对特定属性的建构与其他环境议题也有所差别：其一，相较于常规环境议题，媒体对突发环境事件议题的属性建构更具质疑性和批判性；其二，与环境风险议题主要涉及风险后果、风险管理、风险决策三方面属性不同，媒体对突发环境事件议题的属性建构可能会涉及更多方面，不仅包括事件危害、应急处置、善后处理，还会涉及事故原因、事故问责以及由此牵连出的更多具体细节。例如，在兰州水污染事件议题上，媒体在报道污染状况和应急处置进程之外，还报道了“政府为何在事故发生十余个小时后才发布消息”“受污染自流沟的多年隐患为何无人监管”“‘洋水务’模式是否合理”以及“城市用水安全如何保障”等细节问题；在天津港爆炸事故中，媒体除了报道事故现场抢险救援进展，对涉事企业背景、涉事企业资质、政府规划管理等事故细节问题的挖掘所占比重更大。

随着事件的发展，媒体会逐步掌握更多的新闻来源和消息，对议题属性的建构重点也就跟着发生转移。回顾上面两个案例可以发现，事件前期媒体往往把议题属性的建构重点放在具体事件的细节追问上，如兰州水污染事件中政府信息公开的迟滞和天津港爆炸事故可能导致的空气、水污染问题。随着事故调查处理不断推进，媒体对议题属性的建构重点逐渐转向讨论事件所反映的社会层面的普遍问题，譬如我国目前城市用水的管理模式是否合理，城市建设规划和相关评估环节是否被科学、严格地执行等。由于危机情境是一个存在高度信息需求但信息供给有限的状态，因此对新的议题属性的建构常能产生巨大的传播势能，不仅可以快速设置其他媒体的报道框架从而形成媒体间的“共鸣”效果，还会使公众的视线随之转移到这些事件背后“隐藏”的事实上，进而对事件议题的整体议程产生影响。值得注意的是，在突发环境事件中，媒体对事件议题多元属性的建构基本上都是以政府行政管理“失责”为出发点展开的，这种质疑性和批判性的建构话语又将在很大程度上扩充和形塑公众对事件主要属性的负面认知。

（二）政府建构的延迟与保留策略

媒体对突发环境事件整体议程及议题属性的建构，常会给作为事件处置者的政府（少数情况下也包括企业）带来巨大的挑战。媒体在这两个案例中或作为曝光者直接促使事件的曝光范围从地方扩展至全国，或扮演监督者角色不断挖掘事件背景、向政府抛出问题与质疑。不论哪种方式，实际上都在直接或间接地设置政府的事件议程：前者迫使地方政府不得不改变原来的议程顺序，将事件处理当作“头等大事”来做；后者则是不断对政府的议题属性建构进行打断，并强行插入新的属性元素，削弱政府对事件议程的影响力，重构事件议题内部的具体议程。

媒体之所以能够对突发环境事件产生如此显著的议程建构作用，在某种程度上亦与地方行政管理者在事件处理中应对迟缓、处理拖沓、透明度低等表现密切相关。突发环境事件通常会危及公众的健康和环境安全，因此作为事件主要处置者的政府应当面向利益相关者发布其需要的信息，这也是政府建构突发环境事件议题的关键环节。对此，英国危机公关专家迈克尔·里杰斯特（Michael Regester）提出了“3T”原则，即危机发生后，涉事组织的危机管理应做到：主动告知（tell your own tale），以把握信息发布的主动权；迅速告知（tell it fast），争取在第一时间（能有多快就应有多快）发布相关信息；充分告知（tell it all），即全面、真实地提供有关事件的信息。① 在本节的两个案例中，政府的议题建构却既有延迟又有保留，这种表现不仅使政府的舆情应对陷入被动，公信力随之降低，也加剧了社会的恐慌，引发了公众的敌对情绪，为危机的化解设置了新的障碍。

1. 信息发布的延迟

政府在上述突发环境事件中的信息发布主要有两个方面的延迟。

一是通报事故发生信息的延迟。在兰州水污染事件中，政府之所以备受公众指责，主要是因为其在得知自来水遭到污染后没有在第一时间告知公众。事实上，这种发生环境事故却延迟对外通报的做法并非个例，甚至可以说相当普遍，比如 2012 年山西长治苯胺泄漏事故污染了作为下游多地水源的浊漳河，当地政府在事故发生 5 天之后才对外通报信息；又如 2011 年云南曲靖铬渣污染事件，政府在发现污染发生 2 个月后才告知公众。对于突发环境事件，一些政府部门会错误地认为只要自己能处理，就不用向上报、对外报②，由此也就丧失了参与意见竞争以抢占事件话语权与解释“框架”的机会。在公众看来，获知危及自身权益的环境信息是其基本权利，同时发布相关信息也是作为社会管理者的政府的基本义务，所以政府迟报、瞒报环境事故就会被视为不顾民意、罔顾民生，这也就相应导致了政府社会信任资源的流失。

二是对事件议程中关键议题进行回应的延迟。关键议题是在危机事件中居于媒体议程或公众议程优先地位的议题，往往关涉权力关系和利益关系的交错与冲突，反映舆论对事件的主要关切。正是由于关键议题比较敏感，政府在回应时常常十分小心谨慎，甚至干脆模糊处理、避而不谈。在天津港爆炸事故中，

---

① 胡百精．公共关系学［M］．北京：中国人民大学出版社，2008：296－297.

② 胡健．长治苯胺泄漏隔 5 日通报官员称未出市界不必上报［EB/OL］．（2013－01－06）［2021－02－15］．http：//www.chinanews.com/gn/2013/01－06/4462889.shtml.

媒体建构的涉事企业环评、安评争议点成为事件中后期的关键议题，相关报道质疑在这一问题上政府存在监管漏洞，可能与涉事企业存在利益勾连。在媒体议程中，该议题出现于 8 月 13 日左右，而官方直至 17 日才对此进行了简单的侧面回应；在此期间，先前被表达、塑造的批评性意见得以有空间和时间被进一步凝聚、优化，媒体报道框架的共鸣也逐步影响了公众议程，两者共同构筑起对这一议题的负面认定。而政府回应的迟缓，使其不仅丧失了对关键议题的引导能力，也失去了干预媒体和公众“结盟”的时机，从而使自身的议程建构陷入被动、无效的境地。

2. 信息发布的保留

在迈克尔·里杰斯特看来，危机情形下，涉事组织应当将有关危机状态的所有信息告知受众。不过有的研究者却认为，将信息和盘托出并不总是有助于危机的解决和信任的重铸，相反也有可能引发更深度的恐慌与对抗。[①] 站在政府的立场上看，政府处理突发事件的目标不仅是在事实层面上解除危机、开展沟通与缓解冲突，还指向维护社会稳定、减少反对意见以及修复政府形象，而这往往会成为政府策略性地模糊表达或回避隐瞒事件的状态、成因和未来后果的主因。在兰州水污染事件中，涉事企业禁止记者进入污染源区域进行报道；地方政府在通报水质信息时只公布苯污染物的数据。在天津港爆炸事故中，中青在线通过涉事公司登记的仓储商品类别猜测爆炸现场可能存在氰化物。面对关于氰化物的“爆料”，政府先是在新闻发布会上只字不提，之后在舆论愈演愈烈的情况下借助媒体策略性地回应“未检测到”氰化物。但同一时间新京报网发布的“下水沟里检出氰化钠”的消息让政府的回应变成了“笑话”，迫使其不得不将氰化物议题的处理策略从否认和淡化转向修正行为与诚意致歉。

总的来说，突发环境事件发生后，政府在事故状态、事故处置、事故调查等事实议题层面，具有显著的对媒体议程和公众议程的设置能力，这是因为在突发环境事件带来的信息不对等的状态下，政府作为危机处置者掌握着事件的事实真相，是媒体和公众议程的主要信息来源。然而政府在信息发布中普遍存在的延迟与保留问题，又为媒体和公众留出了很大的建构、引领空间。权威信

---

① 吴宜蓁．危机传播：公共关系与语艺观点的理论与实证［M］．苏州：苏州大学出版社，2005：260.

息来源的迟至、缺席，会使媒体的负面建构进一步加深公众的危机感，激发其对事件背后的利益关系展开想象，以往积累的对政府环境监督管理能力的不信任便容易集中爆发。

（三）跟随为主的公众参与议程

在常规环境议题中，公众议程与政府议程、媒体议程并不存在显著的相关关系，即政府和媒体议程对公众议程的影响力有限，反之亦然。在环境风险议题中，上述三种议程出现了交叉、互动乃至直接冲突，公众会通过意见表达与情绪宣泄等手段提升自身议程的可见性与显著性，甚至还会以对抗行动直接干预政府和媒体议程，议程建构呈现出高度紧张和不稳定的状态。与上述两类议题相比，公众对突发环境事件议题的议程建构会受到政府和媒体议程的影响，同时，公众在影响政府和媒体议程的过程中通常不会采取直接对抗与自我动员等方式，其议程的批判性仍在，但冲突性有所减弱。

在议程的跟随性上，上述两个案例中，公众议程的跟随对象多以媒体议程为主。在相关媒体报道了兰州水污染事件后，公众议程随即做出反应，当天微博上有关该事件的博文高达 10 万余条[①]；此后，媒体引导建构的信息公开议题、“洋水务”议题、城市用水安全议题也相继进入公众议程，媒体对这些议题的属性建构也在一定程度上引导了公众的讨论与商议。同样，在天津港爆炸事故发生后，媒体对氰化物议题的引入与报道不仅扭转了整个事件的议程走向，也改变了公众对爆炸事件后果的认知，该议题迅速成为公众议程中的显著议题；在事故问责方面，尽管公众议程在事故发生之初便开始呼吁问责，但在媒体对涉事企业环评、安评审批程序进行质疑报道之后，公众议程对问责议题的建构才真正获得了证据支撑和话语资源，公众便开始跟随媒体从这一角度切入，对问责议题进行建构。

值得注意的是，公众在突发环境事件议题的议程建构过程中并不是完全被动的。如在事件议题的建构中，当地居民对事件环境危害的感知以及对政府、企业危机应对措施的评价成为媒体建构事件议程的重要信息来源之一。又如，在公众内部，一些专业意见领袖基于相关领域的专业知识，针对事件的环境后

---

① 朱明刚．甘肃兰州自来水苯含量超标事件舆情分析［EB/OL］．（2014－04－24）［2021－02－15］．http：//yuqing. people. com. cn/n/2014/0424/c210114-24939231. html.

果与政府采取的应对措施等进行了大量的评价，例如天津港爆炸事故中“中科院物理研究所”通过其微信公众号告知公众氰化物对人体健康存在巨大的威胁，同时指出我国空气质量监测指标不包含氰化物，这在公众中引起了轩然大波，进一步加剧了公众对政府空气质量监测数据真实性的质疑。

除此之外，随着公众维护自身健康与环境权益意识的逐步提高，在突发环境事件议题的建构中，公众也开始有意识地通过发起公益诉讼等手段制造社会事件，以吸引媒体议程和政府议程的关注。在兰州水污染事件中，兰州市部分市民向当地法院提起环境公益诉讼，诉讼在当时虽然未得到法院的受理，但是获得了媒体、网络上其他公共意见领袖和环保组织的支持，在一定程度上推动了环境公益诉讼理念的普及和国家对公益诉讼制度的完善。

基于前面的分析我们可以发现，区别于常规环境议题的政府主导特征和环境风险议题的公众意见引领特征，在突发环境事件议题的议程建构中，大众媒体扮演了最为关键的角色。这一方面体现为媒体通过曝光、共鸣等方式赋予事件议题更高的社会能见度，另一方面体现为媒体在事件议程的建构过程中挖掘、展示不同的议题属性并对之展开批评性建构，引领公众议程对事件议题的认知和责任归因。在此过程中，政府作为危机应对主体，在事件议题的事实层面有较强的议程建构能力，但其采用的延迟发布和保留发布策略为媒体和公众进行议程建构“让渡”出了很大的空间，从而使突发环境事件的议程建构呈现出明显的批判性、质疑性特征，进一步导致政府的舆情应对陷入失信、失效和失序的困境。无论是舆论倒逼，还是自觉革新，在突发环境事件中快速、公开地回应“真问题”都是政府应当努力的方向。不过若想做到这些，政府必须不断提升或强化自己的服务角色、对话意识及协商机制。

第二节　公众主导构建的突发环境事件集体记忆

在上一节中，我们从过程角度对突发环境事件中多元主体的话语互动和议题建构进行了梳理与呈现，发现各主体在信息传播及意见表达中扮演着差异化的角色，发挥着不同的作用。而细究这种关注与讨论的结果，一种显著的表现是各社会主体会通过舆论这种意见形态监督事件的解决进程，影响事件的发展方向；另外可能较少被关注到的是，社会主体通过互动、对话形成的对事件的认知与情感，还会慢慢沉淀为有关事件的一种集体记忆，成为他们日后认知、衡量、评判类似事件的意识刻度与类比标尺。换言之，对突发环境事件多元话语交互的研究亦有必要延展至更为长远的时空范围，尝试发掘此类事件集体记忆的构成形态与建构模式，这对全面把握突发环境事件的舆论形成规律，更好地应对突发环境事件的舆情危机具有重要意义。

所谓集体记忆，是指“一个特定社会群体之成员共享往事的过程和结果”①。传统媒体时代，大众媒体基本拥有对公共话语生产与传播的垄断，成为个人记忆的中介代理者和集体记忆的核心书写者。而互联网与社会化媒体的出现，为公众提供了诸如微博、微信、脸书（Facebook）等栖身于网络的集体记忆空间，公众可在此主动书写、存储与读取社会记忆，一种不同于以往的集体记忆构建模式由此产生。鉴于这种新变化，本节选择公众作为社会记忆主体，探讨由公众主导的突发环境事件集体记忆的构建过程及其叙事特征，并重点回应如下三个问题：第一，公众会选择何种记忆主题对突发环境事件展开集体记忆构建？第二，公众构建突发环境事件集体记忆的核心路径是什么？第三，公众在构建突发环境事件集体记忆时会选择运用哪些话语资源，由此形成的集体记忆框架有何特点？

一、样本选择与方法设计

本研究选取社会化媒体知乎上有关“天津港爆炸事故”的问答帖为研究对象，样本的时间跨度为2015年8月12日至2018年8月11日，即事件发生后的三个顺延年度。

之所以选择“天津港爆炸事故”作为具体案例，主要是因为：第一，有关互联网与集体记忆的现有研究以研究重大战争（如抗日战争）、自然灾害（如唐山大地震、汶川地震）、公共卫生事件（如“非典”）为主，对事故灾难类突发环境事件涉及较少，因此选择该事件可在研究对象上对已有成果形成补充和拓展；第二，作为事故灾难类突发环境事件，“天津港爆炸事故”是一起特别重大生产安全事故，引发了社会的高度、广泛关注，并在网络上触发了二次舆情危

---

① 哈布瓦赫．论集体记忆［M］．毕然，郭金华，译．上海：上海人民出版社，2002：49.

机，公众围绕该事件展开了大量的话语表达，使得可供研究的话语素材较为丰富；第三，事故距今已有较长时间，具备了记忆沉淀所需的时间要素，但鉴于事件过去越久公众对事件的讨论越少，相关话语表达多呈现陈旧与重复特征，故而选择较为适中的三个顺延年度作为本次研究的样本选择范围。

而选取知乎，则出于以下几方面的考量：其一，知乎作为在线问答社区，用户基数大，影响范围广，在社会化媒体中具有代表性；其二，知乎问答帖具备一定的内容篇幅、逻辑关联，从本研究的目标出发，其样本价值优于微博等平台上微型且碎片化的内容；其三，问答形式的话语素材具备更直接、更深层的交互关系，更契合研究问题的需要，其间形成的记忆比转发、点赞等浅层记忆的存续时间更长、影响更久，也更有可能沉淀、固化为集体记忆；其四，知乎上外部干预因素（如“水军”）对内容生产的影响较微博等平台小。

在样本获取与编码方面，本研究以“天津爆炸”“滨海爆炸”“8·12 爆炸”等为关键词，借助网络数据爬取工具，在前述样本时间范围内，对知乎上与天津港爆炸事故相关的问答帖进行抓取，共获得 517 个提问帖，5 024 个回答帖。然后对初始样本进行人工筛选：首先剔除大量重复样本；其次排除过度偏离天津港爆炸事故的内容；最后删除语义残缺或难以识别表达指向的内容。最终，共提取有效提问帖 241 个，回答帖 2 358 个。

基于此样本，本文选择批判话语分析（critical discourse analysis）作为分析工具，通过文本自身的语用特征观察事件的集体记忆表象，并从话语实践与社会实践两个层面对其意义建构的具体因素与建构框架展开挖掘。

二、“天津港爆炸事故”中的记忆主题与话语表征

记忆生发以记忆主体经历的特定事件或体验为基础，但其生成却不是“有闻必录”，而是取决于记忆主体的需求层次与认识框架。[①] 那些能够吸引多数主体讨论并沉淀在其认知中的议题，是集体记忆建构的基础，即事件的记忆主题。鉴于“知乎”平台上用户之间的信息交互均围绕提问者的问题展开，后者在很大程度上限定了后续讨论所要针对的客体及讨论方向，故而可将提问及其关注

---

① 张春兴．现代心理学：现代人研究自身问题的科学［M］．上海：上海人民出版社，1994：258－272.

点作为挖掘此次事件记忆主题的依据。在对 241 个提问帖有效样本进行编码、归类、提炼后发现，公众对“天津港爆炸事故”的记忆主题包含以下四个方面。

一是“事故情形”，即与事故相关的事实性记忆，包括伤亡情况、环境污染情况、事故原因、爆炸威力等，相关提问占总样本的 45.2%。二是“政府应对”（30.3%），讨论在事故处理过程中政府的应对行为，包括事故通报、救援措施、舆情应对、问责处置、赔偿方案等。三是“社会反应”（15.8%），指涉事故发生后公众产生的意见、态度、行为，如对信息公开的不满、对救援措施的质疑、对真假信息混杂的困惑、对捐款祈福行为的反思等。四是“媒体表现”（8.7%），即公众对媒体报道伤亡情况、污染危害、原因调查、问责处置时是否尽责的讨论。这四类记忆主题的知乎提问示例如表 8－1 所示。

表 8－1　天津港爆炸事故中四类记忆主题的知乎提问示例

记忆主题	典型提问
事故情形	天津港爆炸的威力有多大，相当于多少吨的 TNT 炸药？其辐射半径是否超过微型核弹头？ 天津港爆炸的爆炸物究竟是什么化学品？为何会在灭火过程中发生爆炸？ 关于天津氰化物爆炸后挥发遇水即成剧毒物，是真的吗？
政府应对	你怎么看待在天津塘沽爆炸事故中消防员义无反顾地上前救灾救难的行为？ 天津塘沽爆炸的问责工作将会如何开展？ 如何看待爆炸后天津网警的做法？
社会反应	如何看待天津港爆炸事故后“马云被逼捐款”？ 如何看待天津港爆炸事故发生后，朋友圈里“上千残肢，伤亡数百”的传言？ 如何看待天津港爆炸事故发生后网络上的各种祈福行为？
媒体表现	如何看待天津港爆炸事故中媒体的报道？ 为什么天津港爆炸事故发生 10 个小时了，主流媒体依旧没有报道，天津卫视还在播韩剧？ 天津港爆炸事故发生后要求电视台全程直播，是否合理？

记忆主题勾勒了公众对这一事件的记忆点及关涉问题。而要完成对这些主题的建构，公众需要借助包括事实、情感、观念、信仰等在内的一系列话语，它们是记忆书写的素材和意义建构的基础。在此次事件中我们发现，公众主要通过以下三种话语表征完成了记忆的构建实践。

（一）个体性表征：自我与他者的共振

面对天津港爆炸事故造成的惨烈后果，作为社会情绪的一种纾解方式，大量公众选择在网络公共空间言说个人遭遇、表达个人情感、主张个人诉求，因此以个人经历或经验为主的个体性表征成为事件记忆构建的重要特点。而这些个体性表征根据内容差异又可分为两类：一是事故亲历者以自传体记忆[①]的形式还原个人遭遇，二是他者代入的与此次事件相关的事实、经验与情感。

亲历者独特的个体记忆主要聚集在“事故情形”这一主题上，包括重现事故发生时的爆炸场景（“秦峰”，“打雷一般的巨响声，整个房子在剧烈地抖动”，2015-08-13）、恐惧心理（“秦峰”，“脑子已近空白，只希望自己可别这么死了”，2015-08-13）、自救过程（“秦峰”，“我跑到楼下，看到外面很多老人、孩子浑身是血，大家彼此搀扶着，哭着往楼下跑”，2015-08-13），以及呈现事后救援见闻和对污染情况的了解（“人物”，“看到一些不明物质遇到雨水开始冒烟”，2015-08-28）等。这些冲击性场景及其包含的强烈情感，很快引起了非亲历者的关注、共鸣和自我代入，例如“看着不断增加的遇难人数心里真的很难过，每个人身后的家庭要承受怎样的悲痛啊”（“不知道我是谁”，2015-08-14）。基于这种共情基础，非亲历者记忆系统中与之相关的经历及感受被唤醒，在同一主题下与亲历者共同展开事故信息的共享和伤痛情绪的共振——这种跨越时空的联结，使互动过程既充满私人个性化的讲述，又伴随着群体普遍性的共鸣。

（二）权威性表征：官方与科学的并立

突发公共事件后果的严重性和不确定性，会让公众良久处在“缺乏充足线索或提示”的模糊情境中[②]，获得可靠、准确的信息成为此时公众交流的重要目标。在天津港爆炸事故群体记忆中亦呈现出显著的权威性表征，即来自政府、主流媒体的官方消息和来自科学专家、行业专家的知识信息在公众互动中成为重要的话语资源。

---

① 杨治良，郭力平，王沛，等．记忆心理学［M］．2版．上海：华东师范大学出版社，1999：416.

② BUDNER S. Intolerance of ambiguity as a personality variable［J］. Journal of personality，1962，30（1）：29-50.

从官方消息看，《人民日报》、新华社、中央电视台、《新京报》、澎湃新闻、财新网等媒体是公众获取事故信息的主要渠道。由其提供的权威信息内容对公众记忆在事实感知层面的一致性和稳定性产生了积极影响，即当媒体间的报道能够相互印证时，公众的记忆也就相对一致；而一旦媒体间的报道内容出现矛盾，相关事实在群体记忆的建构中便会趋于模糊，甚至争议不断。例如，2015年8月15日，新华网与《人民日报》官方微博“@人民日报”在政府是否有因化学污染而组织当地居民撤离一事上做出了截然不同的报道：

新华社天津8月15日电（记者刘林）记者15日上午在天津市滨海新区“8·12”瑞海公司危险品仓库特别重大火灾爆炸事故受灾群众临时安置点天津开发区第二小学见到，10时50分左右，志愿者挨个帐篷通知受灾群众：接上级信息警示，因为风向即将改变，出于安全考虑请大家穿着长衣长裤并戴上口罩有序撤离。截至11时，已有三辆大巴车载着群众离开，现场还有一辆大巴车，群众正带着行李有序上车。

@人民日报：#天津港爆炸事故#【最新发布会：“方圆两公里撤离”为不实信息】据17时举行的发布会：(1) 今天消防搜救组搜救出2人，目前搜救总数为46人；(2) 伤员救治722人，其中重症58人；(3) 从今天上午11点多开始的“方圆两公里撤离”，经过多方核实为不实信息，政府没有组织撤离。(《人民日报》记者王君平)

对于事故现场污染情况到底如何以及是否存在撤离行为等问题，媒体相互矛盾的报道令公众陷入了“不知道该相信谁”的尴尬境地，相关事实也在这种信息矛盾中变得众说纷纭、扑朔迷离。

不过幸运的是，在官方消息出现模糊与缺位时，由科学专家与行业专家提供的知识信息在部分问题上扮演了关键的补位角色。例如在有关爆炸威力的提问中，多位专业人士借助学术文献、理论模型等给出了测算回答；针对大量有关危化品爆炸的污染危害提问，由于官方提供的信息有限，因此相关专业知识为公众提供了重要的认知基础，如有人对氰化钠污染及其应对做出解释：“氰化钠是对生物有毒的物质，一般本身不燃，但易水解产生剧毒、易燃的氰化氢气体……吸入口中的味道是带苦甜的（干杏仁味）。临床上常用的抢救方法是用硫代硫酸钠溶液进行静脉注射，同时让那些尚有意识的病人吸入亚硝酸异戊酯进行血管扩张，来克服缺氧”（“翔中游弋的宇航员”，2015-08-16）。但与官方消息相比，这种知识信息受提供主体的知识结构和专业水平的影响较大，故而在一致性上表现不佳。

（三）历史性表征：当下与过去的互文

新闻媒体在进行报道时常会援引历史事件，将其作为一种语义标记与当下事件建立关联，从而把某一事件纳入特定类别，建立某些推论。本研究发现公众在进行记忆建构时同样会采取这一策略。

在此次事件的群体互动与记忆书写中，共有17个历史事件被引用（见表8-2），其中1986年切尔诺贝利核事故、1993年深圳清水河大爆炸事故、2001年“9·11”事件被多次提及。公众引用这些历史事件的目的，一是将其作为事件认知参照，对天津港爆炸事故进行爆炸强度、危害等级方面的评估，例如依据深圳清水河大爆炸后的污染对此次爆炸后污染的严重程度加以评估推测；二是借其实现自证、反驳异见或合理化猜想，如通过援引哈尔滨仓库火灾事故中因决策失当导致的消防员牺牲，合理化个人对此次爆炸消防救援决策的质疑。

表8-2 天津港爆炸事故讨论中公众引用的17个历史事件

表征事件	表征内容	表征目的
加拿大哈利法克斯爆炸事件（1917）	爆炸强度、破坏力	评估爆炸强度
广岛原子弹事件（1945）	原子弹毁坏城市后的复建	评估爆炸对交通系统的影响
切尔诺贝利核事故（1986）	核泄漏的危害	评估爆炸危害
	苏联政府的应对	质疑公权力
深圳清水河大爆炸事故（1993）	产生污染	评估爆炸后污染的严重程度
	爆炸产生的危害	证明政府不吸取教训
湖南邵阳爆炸事故（1996）	爆炸强度、破坏力	评估爆炸强度
“9·11”事件（2001）	现场附近吸入爆炸粉尘的人患癌	评估爆炸对人体的危害
	343名消防员牺牲	反驳对消防救援的质疑
	CNN直播遭公众批判	对要求天津卫视直播的反驳
	事故一年后才公布伤亡人数	对质疑政府声音的反驳

续表

表征事件	表征内容	表征目的
“非典”事件（2002）	政府隐瞒人数	对公权力的质疑
上海胶州路大火（2010）	本地频道只播新闻片段	对要求天津卫视直播的反驳
蓬莱 19-3 油田溢油事件（2011）	对渤海产生了污染	评估爆炸对渤海的污染程度
日本大地震（2011）	震后较长时间才公布伤亡人数	对质疑政府声音的反驳
温州动车追尾事故（2011）	事故调查报告	对质疑公权力的反驳
美国得克萨斯州化肥厂爆炸（2013）	爆炸强度、破坏力	评估爆炸强度
青岛中石化输油管道爆炸事故（2013）	爆炸原因	论证政府不吸取教训
昆明火车站暴力事件（2014）	事件发生后，仅短期内增加安全保护	论证政府不吸取教训
昆山工厂爆炸事故（2014）	爆炸原因	论证政府不吸取教训
哈尔滨仓库火灾事故（2015）	消防员牺牲	质疑消防救援决策
“东方之星”沉船事故（2015）	事故问责迟缓	论证媒体、公众对问责的遗忘

需要指出的是，不同于媒体对历史事件的援引与类比，公众对其的引用呈现出较强的主观性和随意性，往往只关注事件的表面关联，并不深究关联是否可靠。巴特莱特（Bartlett）曾证明个体在复述故事的过程中会对不同的信息采取简化、省略、突出、夸大等策略，“并以自己的经验常识和知识背景为基础对原有的故事进行‘合理化’，以使那些表面上不关联的材料形成相对固定的联结”①。然而这种倾向的存在，可能会使个体在运用历史性表征认知当下事件时发生扭曲、失当，比起厘清事实，更容易固化原有的刻板印象。

① 魏屹东，等．认知、模型与表征：一种基于认知哲学的探讨［M］．北京：科学出版社，2016：582.

三、突发环境事件中公众集体记忆的转化与形成路径

对于集体记忆的形成，需要首先言明两个方面的问题[①]：第一，集体记忆要依托于一定的群体而存在，“集体”本身并非记忆的主体，群体中具体的个人才是记忆行为的完成者，来自个体的记忆组成了集体记忆；第二，集体记忆也并非个体记忆的简单累加，而是经由一定的媒介传播和个体参与形成的能够被群体成员广泛共享的内容。对突发环境事件来说，即表现为作为记忆“集体”的公众通过认识、理解、回忆、表达与对话而形成的对特定事件相对统一的符号与意义体系。

具体到天津港爆炸事故，公众对这一事件的记忆是如何超越私人叙事的个体记忆进而转化为具有共识性特征[②]的集体记忆的？这种转化又是如何在公众的对话中实现的？本研究将基于个体记忆向集体记忆转化的两个微观机制——“社会分类”（social categorization）和“社会比较”（social comparison）[③]，结合具体话语文本进行分析。

所谓社会分类，是异质个体转向同质群体的第一步，具体指个体从主观上将自己置于某一群体的范畴之内，先在精神层面与之凝聚为“心理群体”，从而主动缩小与群体的差异，产生对外群成员的排他性。[④] 而社会比较则强调同质性的进一步强化，即新加入的个体将自己的看法与群体成员尤其是共同体的看法相比较，以增强或改变自己的原有看法，形成与扩大群体共识。当群体成员之间达成一致意见之后，个体记忆也由此成为相互认同的集体记忆。[⑤]

采用上述分析框架，我们可将“天津港爆炸事故”公众集体记忆的转化路径提炼为“创伤体验投射”和“成因建构泛化”两个阶段。在第一个阶段，个体通过对创伤体验的共情投射，实现亲历者与旁观者作为同一“心理群体”的构建，完成从异质个体到同质群体的转化。在第二个阶段，拥有共同情感与关

---

① 哈布瓦赫．论集体记忆［M］．毕然，郭金华，译．上海：上海人民出版社，2002：69.

② 陶东风．从进步叙事到悲剧叙事：讲述大屠杀的两种方法［J］．学术月刊，2016，48（2）：126－138.

③ 周晓虹．口述历史与集体记忆的社会建构［J］．天津社会科学，2020（4）：137－146.

④ 韦伯．经济与社会：上卷［M］．林荣远，译．北京：商务印书馆，1997：382.

⑤ 豪格，阿布拉姆斯．社会认同过程［M］．高明华，译．北京：中国人民大学出版社，2011：29.

切的个体围绕事故原因展开叙述、互动与比较，个体在与他者的比较中增强或改变原有看法，形成管理风险“无处不在”的集体“共识”。

（一）基于共情的创伤投射：亲历者与旁观者的“心理群体”构建

鉴于天津港爆炸事故的严重后果与恶劣性质，其对社会生活与社会心理的冲击是全方位的。其中，直接目睹、遭遇与体验这一事件，乃至自身生命与财产遭受严重损失的亲历者首当其冲，因而由亲历者书写的、表达自身经历与感受的、还原事故过程与场景的自传体记忆，成为知乎上最早出现同时也是早期最受关注的有关天津港爆炸事故的公众记忆。

亲历者的自传体记忆在内容上包括三个主要方面。[①] 一是语义记忆，即与自我有关的事实性记忆，包括个人身份信息、家庭关系和重要的个人经历等，诸如有些亲历者在回忆中介绍“我是塘沽的海洋石油总医院的一名内科大夫”（“在在了了”，2015－08－29），“我就住在五大街，应该是距爆炸中心第二近的小区”（“周一周”，2015－08－14）。二是事件记忆，包括与事件有关的时间、地点等情境性信息以及关于“发生了什么”的情节性信息，例如“巨大的气流把整个窗帘都吹飞了，窗外是漫天的火光”（“匿名用户”，2018－08－17），“爆炸第二下，楼都在晃，我俩[②]就靠在客厅背面的墙壁那里，楼晃了三下，从窗户可看到火光和烟尘……向着爆炸方向的玻璃和玻璃框架全倒塌了，一片狼藉”（“周一周”，2015－08－14），“如果说第一次爆炸还能看见火柱，第二次则完全把我家变成了爆炸的一部分。爆炸声就在自己头顶，满眼都是眩光，能感受到冲击波的热量”（“秦峰”，2015－08－13），“我爬到20多楼的时候看见楼梯上有血迹，顺着血迹发现一家门没关，门口一大摊血”（“周一周”，2015－08－14）。三是感觉记忆，具体指个体受到外部刺激时产生的情感反应，包括恐惧、害怕、羞愧及心理唤醒等，譬如在很多人的描述中出现的“脑子已近空白，只希望自己可别这么死了”（“秦峰”，2015－08－13），“我可能真的要死了”（“匿名用户”，2015－09－21），“我以为楼房要倒了，我描述不出来，反正整个人都是懵的”（“匿名用户”，2015－08－14），“突然开始后怕，真是后怕，当时觉得自己

---

① CONWAY M A. Memory and the self [J]. Journal of memory and language，2005，53 (4)：594－628.

② 即讲述者及其妻子。

差点就……”（“桑龙”，2015－09－17），“其实我特别想有个人抱着自己，哭一场”（“匿名用户”，2015－08－14）。一般而言，在亲历者的一个相对完整的叙述中，这三类记忆内容通常是相互联系、高度融合在一起的。例如：

> 我家住在万科海港城，距离爆炸地点约600米。十点半的时候，火是这样的……当时在犹豫要不要跑（现在想想真是蠢极了）……火势刚开始感觉被控制住了，但是几分钟之后再次扩大，同时有放炮一般的声音。突然就看到了第一次爆炸冲天的火柱，以及冲击波带起来的巨大的尘埃圈冲着我的家汹涌而至……打雷一般的巨响声，整个房子在剧烈地抖动，整个窗户连着框架砸在了我之前躺的床上，混凝土和玻璃碎片像下雨一样扑过来，我当时心里一直在念叨房子千万别塌，同时对老婆一遍一遍地喊，我们能活下来，我们能活下来……”（“秦峰”，2015－08－13）

由于此次事故对亲历者造成了严重伤害，因此其自传体记忆中充满了对惨烈的事故场景、恐怖的爆炸过程、危机下艰难求生等残酷画面的描绘，这些内容所凸显的个体“无辜受难者”的身份，传递出的普通人在生命与家园遭受突如其来的摧残时皆有的恐惧、害怕、无助、悲痛等情感，使亲历者的回忆充溢着强烈的创伤感。在社会其他主体同时给予这一事件高度关注的情形下，加之这种创伤叙事具有强大的道德与情感动员力量，一些拥有类似身份、相似经历与共通情感的旁观者产生了同情、理解等显著的共情反应，开始在同一主题下与亲历者展开事故信息的共享和伤痛情绪的共振，从而在心理与情感层面与亲历者站在了一起。典型表现主要有以下几类：(1) 对遇难者与受难群众的不幸感同身受，如“看了几个离爆炸事故现场最近的视频，无法想象有多恐怖”（“李霎霎”，2015－08－13），“今晚，看到塘沽爆炸的视频，我也忍不住落泪了”（“Kyocyanline”，2015－08－13），“虽然远在千里，却对我触动很大……那一刻我真的觉得，灾难和明天，不知道哪个会先降临”（“HeroVillain”，2015－08－13）。(2) 通过亲历者的故事联想到自己过去的经历，如“这让我想起了‘5·12’汶川大地震的时候，给家里人反复打电话却一直占线的那种心情。我在成都读的书，当时在操场上听到震源在我家附近的时候，瞬间慌了，于是跑到门卫室守着打电话……我试了好多次，都占线，我当时心里就念叨着不要……不要……”（“匿名用户”，2015－08－13），“去年还是前年昆山发生爆炸，看到新闻，我的心差点跳到嗓子眼。抓起电话打给我弟，无人接听。我想冷静却冷静不下来，接着拨打电话，过了很久。那几分钟觉得跟半辈子似的”（“阿四 Mandy”，2015－08－13）。（3）为受难群众呼吁正义、追责与赔偿，如“真是痛心，一套房是用老百姓辛苦一辈子的积蓄或用几十年辛苦去偿还贷款换来的，说炸就炸了……唉，可怜呐！严惩责任方，妥善安置老百姓吧”（“匿名用户”，2015－08－18），“告慰消防员英灵的唯一方法，是将犯罪分子绳之以法”（“几字微言”，2017－06－13）。

在共情机制的作用下，旁观者虽然没有和亲历者共同经历这一事件，但通过对亲历者表达同情、关心与支持，以及在事件的感知、言说中引入其他类似的经历、故事、情感作为对亲历者的回应，实现了与亲历者在心理与情绪上的同步，集体记忆沉淀的第一阶段由此完成——亲历者与亲历者基于不同视角合力还原，亲历者与旁观者跨越时空共情联结。

（二）导向共识的成因建构：从个体苦难泛化至集体危机

基于共情的创伤投射缔结了亲历者与旁观者之间普遍而强烈的社会联系感，带来了对事件的集体关注与记忆的共同书写。然而集体记忆的形成与巩固除却这种心理与情感意义上的同舟共济之外，也需要在事件性质、影响、成因、责任等关键问题上的共同认知。围绕这些问题的意见表达与观点比较，构成了有关事件的深层次记忆。由于天津港爆炸事故的性质与影响相对较为明显，因此在政府陆续公布相关信息后，公众开始更多地聚焦事故成因与责任归属问题展开讨论。因为这两方面具有内在的关联性，所以本部分将其统一作为事故归因问题进行探讨，探究公众是如何建构这一命题并最终达成共识的。

前面章节曾提及，归因是个人根据所掌握的信息对特定事实（或行为）进行分析以推论其原因的过程。个体对天津港爆炸事故的归因方式，既可以反映出其会选择从哪些角度认知与解释这一事件，还能看到这一事件将会被主体纳入自身哪一方面的认知或经验系统之中。而在个体归因的基础上，集体记忆呈现出的对事故归因的主导性意见，则决定了该事件将会以何种身份或位置存在于社会记忆系统之内。通过对公众有关归因言论的分析，我们发现，其对事故的归因主张具有微观、中观与宏观三个层次，且讨论越深入，越表现出从微观向宏观——从具体归因到泛化归因——的演变态势（见表 8－3）。

表 8-3 公众对事故归因的记忆建构

<table>
<tr><td rowspan="3">归因逻辑</td><td rowspan="3">具体
↓
泛化</td><td>微观</td><td>企业安全生产意识薄弱，违规经营和存储危险化学品；政府违规审批、疏于监管，部分官员存在贪污渎职问题；城市规划失当；事故发生后的救援决策失误</td></tr>
<tr><td>中观</td><td>地方发展与社会管理的理念、方式滞后，行政风气不良；安全生产监督、消防安全体系建设、城市规划与管理等方面存在制度漏洞与改革空间</td></tr>
<tr><td>宏观</td><td>经济增速放缓导致地方急功近利，盲目追求发展，产生安全管理懈怠；政府行政管理体制存在弊端；社会运行普遍缺乏规则意识，违规操作导致风险无处不在</td></tr>
</table>

在微观层面，公众主要依据爆炸事故的事实性信息做出具体的归因判断，主要包括四个方面：（1）企业安全生产意识薄弱，违规经营和存储危险化学品，如“我在事故现场不远处的万通新城住了两年，推开窗子就能看到这些爆炸前的集装箱。从我第一次看到它们起，就是露天摆放的，周围没有任何显眼的安保消防设施”（“赵明亮”，2015-08-14）。（2）政府违规审批、疏于监管，部分官员存在贪污渎职问题，如“这个事一出来就应该查当初这个厂房以及周边建筑的消防验收是怎么通过的，有没有放水。建筑领域的消防验收一向是贪腐重灾区，那些肥得流油的人民蛀虫无时无刻不在给消防子弟兵挖下一个又一个存在事故隐患的死亡陷阱”（“秋山”，2015-08-13）。（3）城市规划失当，如“虽然调查结果还没有出来，还难以进行准确的定责，但是政府的城市规划部门和负责城市规划的工作人员在这起事故中肯定难辞其咎。危化品仓库为何会距离居民楼这么近？而且还是在楼盘开盘之后（才建的）？”（“游旭东”，2015-08-13）。（4）事故发生后的救援决策失误，如“明知危化品有爆炸危险，为何消防员还要进场？是否是指挥员仓促胡乱指挥酿成此次事故？”（“夜航船”，2015-08-14）。

中观层面的归因更多地将这起爆炸事故与过往类似的突发事件进行对比，对其中存在的共性问题加以突出和强调。其中被提及次数最多的问题是地方政府发展观与政绩观的扭曲和社会管理制度存在疏漏两个方面。公众通过援引诸如 2003 年湖南衡阳大火、2013 年杭州萧山大火等近年发生的社会安全事故，多角度论证了这一观点：

（1）安全生产监督。“在安全生产监督领域，不管是国家预算还是地方预算都是不断增加的，但是和很多政府部门一样，财政的重视是否转化为了现实的进步？现在全中国热火朝天的安全生产培训基地建设是不是起到了提升安全生产的作用？还是和动漫产业基地、文化产业基地一样沦为另一种‘官商地’换装套钱的模式？”（“秋山”，2015－08－13）

（2）消防安全体系建设。“凡是可能着火的地方都是消防部门在管，而且是一条龙地管，没有其他部门进行监督。审核消防条件、日常消防检查、着火之后扑救、事后责任认定都是消防部门进行的。集运动员、教练员、裁判员等多种角色于一身。从来也没有听说过火灾的事故认定跟消防部门的监管不到位有关，可是明明都着火了……所以我也希望我们的消防机制该改改了。”（“匿名用户”，2015－08－14）

（3）城市规划与管理。“天津滨海新区为什么布局了这么多化工厂，这个问题让人很疑惑。受困于我国长期以来的‘权力主义’城市规划倾向，很多时候规划师的专业建议无法左右领导的个人意志……一切以短期政绩为目标，缺乏对城市的长远考虑，其后果是既可能浪费社会公共财富，建造一个个康巴什和曹妃甸那样的‘鬼城’，也可能导致如同深圳清水河大爆炸事故和天津爆炸这样的惨剧。”（“游旭东”，2015－08－13）

与微观、中观层面不同，公众在对事故进行宏观归因时开始在不同程度上脱离事实性信息，转而采用逻辑推导的方式进行。这导致宏观归因经常具有较强的主观性。虽然其能在某种程度上反映问题所在，但其结论的科学水平和论证的严谨程度往往难以保证，甚至有时极为牵强、不值一驳。概括来看，宏观归因中下述三类观点最为突出：（1）经济增速放缓导致地方急功近利，盲目追求发展，产生安全管理懈怠，如“在新常态下，类似的事故会越来越多。新常态就是经济增长减速，但换挡操作还远远没有完成”（“鲲鹏”，2015－08－14）。（2）政府行政管理体制存在弊端，如“放松管理和监管之后，就会出现松动，虽然没有直接关系，但是营造的社会氛围会造成这种问题”（“匿名用户”，2017－10－17）。（3）社会运行普遍缺乏规则意识，违规操作导致风险无处不在，如“这次爆炸事故的发生说到底就是因为没秩序。一些中国人从来不懂讲秩序，不认真守规矩。从选址规划到环评审批，从化学品堆放到安全管理，相关条例、规范都有，不出事永远不知道违反了那么多”（“尚晓蕾”，2015－08－14）。

可以看到，在事故归因从微观走向宏观的进程中，一些直接、具体、偶发的情境因素慢慢隐去，发展理念、管理制度、行政体制、社会环境等底层原因逐步显露。天津港爆炸事故不再只是公众回忆与建构的主体事件，还成为同类事件的记忆提取线索，一些具有相似底层机制的负面事件不断被公众引入讨论，在主体事件记忆的建构中闯入与闪回。公众“强烈意识”到，天津港爆炸事故的发生并不是偶然的，实属多重结构性矛盾累积下的一种必然结果；其亦非孤例与个案，而是“数以万计、大大小小的潜伏炸弹”（“匿名用户”，2015-08-15）中不幸爆炸的一枚；“家破人亡”虽于此次表现为特定个体与群体的苦难，但实际却是集体危机的显现和缩影。随着归因层次的升级与泛化，这次事件与此前诸多同类事件一样，再一次被纳入市场失灵、政府失灵与社会失灵的框架中进行解释。而后者又极易触发公众的敏感情绪与认同心理，使其作为一种群体共识得以持续加强，最终形成针对事故成因与责任归属的相互一致的集体记忆。

借由体验共情与归因共识这两个主要路径，公众自身形成了对天津港爆炸事故的集体记忆。回溯公众的记忆文本，加之上文论述能够发现，公众构建的天津港爆炸事故集体记忆具有两个核心特征：一是叙事的悲剧化。公众从归因认定此次事故是一场本应避免的“人祸”，故而一方面用个体悲剧叙事表达自身的痛苦、失望与愤怒，另一方面采用社会悲剧叙事强调导致事故发生的社会管理漏洞与公共安全隐患遍布社会各个角落，每个人都有可能成为下一个“受害者”，由此扩大对悲剧叙事的心理认同范围。二是创伤的普遍化。对公众个人而言，这体现为事故对其造成的有形（生命、健康、财产上）与无形（心理、精神上）的伤害；对社会而言，事故也进一步加剧了公众与政府、企业、媒体等主体之间的信任紧张与关系裂痕。由于这两种记忆特征属于创伤型记忆的典型表现[①]，因此我们可以认定公众围绕天津港爆炸事故所构建的集体记忆是一种创伤型集体记忆。

四、突发环境事件的创伤型集体记忆的建构框架

创伤型集体记忆是突发环境事件集体记忆中的一种常见类型，主要是因为

---

① 陶东风．从进步叙事到悲剧叙事：讲述大屠杀的两种方法［J］．学术月刊，2016，48（2）：126-138.

突发环境事件会难以避免地影响到社会生活与公众安全，造成不同程度的社会创伤。那么，就突发环境事件而言，创伤型集体记忆具有什么样的诠释结构？或者说公众会通过哪些角度、选择何种框架来构建其对突发环境事件的创伤型集体记忆？

简单地讲，框架就是从有待感知的现实中选择某些方面，使其在传播的文本中更加显著，从而形成对某一问题的特殊界定方式、因果解释、道德评价或提出该问题的解释方案。[①] 突发环境事件的创伤型集体记忆的建构框架，亦即公众在再现这一事件时选择并突出的内容主题及其认知与情感上的属性，二者共同组成了创伤型集体记忆的记忆生产结果。结合前文对记忆主题的分析，我们可将公众对天津港爆炸事故的记忆内容化约为关注爆炸过程与影响的事故事实主题，以及聚焦政府、企业、媒体等涉事主体责任与行为的关系主题两类主题。其中，针对事故事实主题，公众从亲历与旁观两种视角出发，主要采用“受难框架”对个人经历进行悲剧叙事，以此增强外界对此次事件的关注和对受难群众的支持。由于前文对这部分内容已进行过分析说明，所以此处不再赘述，而将重点放在对关系主题的框架分析上。

由前文可知，公众在事故发生后对“政府应对”“社会反应”和“媒体表现”三个方面的讨论在事件记忆中的占比超过了一半。其对政府、企业、媒体等主体的关注，一方面缘于后者是事故危机管理的组织者和重要参与者，其相关行动会直接影响到事故救援的效率与效果；另一方面则缘于在“人祸”的定性下，公众对政府、企业、媒体等主体在履行管理与预防社会安全风险责任方面产生了广泛的质疑、批评与反思。对此，公众主要采用了“角色冲突”框架，通过“负面行为”叙事[②]呈现上述主体在“实践角色”与“期望角色”之间的差距，同时与前文事故归因中提出的若干普遍性问题形成呼应。具体而言，表征政府、企业、媒体等主体的角色差距结构体现为以下三个方面。

（一）“保护-施难”的角色差距结构

“保护-施难”的角色差距主要针对负有监管责任的政府主体。公众对政府

---

① ENTMAN R M. Framing：toward clarification of a fractured paradigm [J]. Journal of communication，1993，43 (4)：51-58.

② 李艳红．一个“差异人群”的群体素描与社会身份建构：当代城市报纸对“农民工”新闻报道的叙事分析 [J]. 新闻与传播研究，2006 (2)：2-14，94.

的角色期待是保护公民的生命与财产安全，增进人民福祉，但此次事件留给公众的认知却是政府沦为共同施难者。在公众的记述中，虽然事故的主要责任在于企业，但政府因以下四种原因在客观上“纵容”了事故的发生：一是官商勾结、贪污腐败导致违规审批，如“在居住密集区域审批危险品物流”（“匿名用户”，2015-08-18）；二是政绩观扭曲，一味追求经济利益，如“对违法经营活动睁一只眼闭一只眼”（“OdaNobunaga”，2015-08-27）；三是形式主义，对涉事企业、机构等监管不力，如“这个物流公司是天津海事局指定危险货物监装场站，那为啥还会出这样大的事故?”（“doorer”，2015-08-18）；四是疏于公开，信息不透明，如“危化品仓库离居民区不足600米，而附近居民却从来不知道它的存在”（“匿名用户”，2015-08-18）。

（二）“承担-转嫁”的角色差距结构

在这一差距结构中，公众记忆呈现了其对政府、企业与媒体的角色期待在主持正义的责任、反思责任、赔偿责任三个方面的落空。

公众首先期待政府在事故发生后能够承担主持正义的责任，给施难者以惩戒，给受难者以抚慰；期待媒体承担信息披露、舆论监督的社会责任。但公众实际感知到的却是政府与媒体经常试图转移焦点或转嫁责任，如很多公众质疑媒体选择性地对消防员的英勇精神、普通人士的爱心之举和祈愿活动等进行报道宣传，认为其目的在于分散公众注意力，稀释社会问责的声量，如“看到网络、媒体都在颂扬消防员救人，忽略了背后的根本原因，顿时联想到去年热播的韩剧《匹诺曹》”（“疏花枝”，2015-08-14）。

在反思责任方面，公众期待政府、企业能够主动开展自我反思，吸取以往的经验教训，切实破除沉疴积弊，做到防范事故的发生。然而这一事件再次让公众确信政府、企业仍然疏于反思、怠于改进，如“领导们为了政绩和经济利益，一次次地容忍不合规范的项目，我记得大连的PX项目也是一样的道理”（“匿名用户”，2015-08-13），“总说从历史中吸取经验，但是从不总结教训，从不把教训渗透到未来的行动中去”（“今天小熊不在家”，2015-08-14）。在公众眼中，这才是导致悲剧不断上演的根本原因。

在赔偿责任方面，公众期待政府、企业依法担负起对受难者进行赔偿的责任。但针对政府赔偿的合理性出现了较多质疑，很多公众表达了“政府的赔偿责任其实就是向纳税人转嫁赔偿责任”的观点，不满自己除了要承受灾难外，还要为政府的失职“买单”，如“钱都来自纳税人……若是花点钱就能息事宁人，摆脱自身责任，当地官员自然求之不得。企业要为自己的过错负责，政府同样要为自己的过错负责。负责的方式有经济赔偿，有制度反思，更有真刀实枪的问责。正如冤案中的国家赔偿，不等于能够豁免其他责任。我们最该警惕的是以经济赔偿为名逃避其他更严重的责任”（“凯风”，2015－08－17）。

（三）“专业-失能”的角色差距结构

在“专业-失能”的角色差距结构中，公众希望政府能够在事故处置中做出及时、科学、正确的决策。然而在此次事件里，政府既未能在火灾发生后、爆炸发生前提醒周围群众避让，也未能在爆炸发生后针对“会产生哪些污染”“污染扩散程度”“污染对人体有哪些危害”“该如何进行自我保护”等问题在第一时间公开给出明确的解释与说明。这一系列“失误”引发了公众广泛的批评，如“每一次灾难首先考验的不是民众的情感，而是政府的态度……这个时候我们看到的是政府在做什么？政府做了什么？政府有没有切实地担负起了自己的责任？政府是不是像当初承诺的那样，是人民的政府，关心民生疾苦？如果不是的话，就需要好好自省了”（“正切函数”，2015－08－14）。

现场救援中出现的一些问题也在公众中间不断发酵。比如，此次事故救援出现了99名消防人员牺牲、5名消防人员失踪的惨痛后果，致使公众对消防救援程序的科学性、合理性产生了严重、广泛的质疑：“谈到事故现场指挥的问题……各种领导因为各种莫名其妙的原因做出各种莫名其妙的判断和决定……但对消防官兵来说，领导让上就必须上啊，所以在二次爆炸中消防官兵遇难很有可能是由现场指挥的错误判断造成的”（“赵波”，2015－08－14）。还有部分公众对政府在事故发生后的受灾群众转移、安置与服务工作的专业性提出疑问，一名参与现场救援的志愿者在网络上写道：“现在说明天领导要来，今天就过来把我们的物资收走等着领导检查……我们重要的物资都交给他们了，但是不让我们知道送去哪里了，这么处理真的不好吧！而且到现在，仍没有一套完整的官方统计、运送物资的体系流程，外面的物资送不进去，里面的需求传递不出来。”（“匿名用户”，2015－08－16）

除此之外，“专业-失能”的角色差距结构还指向媒体的失职。突发事件发生后，公众的主要诉求之一就是从媒体处获取真实、可靠、准确的信息，“在重大事故发生的时候，很多关注新闻的人还是更倾向于等待电视、报纸做出更权威的报道，大家潜意识里仍然更信赖它们而不是微博‘大 V’和微信公众号”（“kkkkidom”，2015-08-13）。但在公众的记录中，其对媒体采用的一些报道手法，如重煽情轻报道、重引导轻问责、重抢新轻跟进等感到十分不满：例如，面对天津卫视在事故发生后仍继续播放连续剧，有人评论“媒体失语造成谣言满天飞，如果信息快速透明公开，谣言就会被遏制住”（“风月依然”，2015-08-13）；又如，针对媒体对新闻现场的选择性呈现，有人批评“从每天的新闻报道来看，一直以为爆炸地点是无人区，死伤的好像都是消防员，周围几百米就有万科高档楼盘，死伤的有普通老百姓，新闻却一点都没拍”（“匿名用户”，2015-08-16）。

实际上，前述成因建构部分中公众提出的对政府、企业等主体的认知与意见也可被纳入本部分相应的角色差距结构中加以理解和解释，为避免重复，此处不再做详细说明。整体来看，公众通过对“保护-施难”“承担-转嫁”“专业-失能”三种角色差距结构的使用，使政府、企业、媒体从生命守护者、责任承担者、专业决策者演变为错误纵容者、责任转嫁者与失职失能者，从携手面对灾难、同舟共济的合作者沦为失信施难者，甚至因此被置于社会公众与公共利益的对立面。这种角色差距结构与公众在事故事实主题上采用的受难框架与悲剧叙事一道，进一步加剧了突发环境事件创伤型集体记忆包含的关系断裂、信任损耗与认同流失风险。这种创伤型集体记忆的存在，不仅仅是时刻悬于公众头顶的恐惧之剑，更易成为随时引爆负面舆论风暴的引线，导致社会问题与社会冲突，最终危及社会稳定和社会秩序。

五、突发环境事件中创伤型集体记忆的构建机制

本节以天津港爆炸事故为研究对象，分析、呈现了公众在突发环境事件中构建创伤型集体记忆的形态与方式。根据前文分析，我们将突发环境事件中公众主导的创伤型集体记忆的构建机制总结为图 8-1。

如图 8-1 所示，以公众为主体的集体记忆的构建与形成是个体与他者在一个开放、动态的系统中不断进行话语互动、记忆共享与转化沉淀的过程。在微观的个体记忆层面，记忆主体会从其个人的角度，以事件亲历者或见证者的身

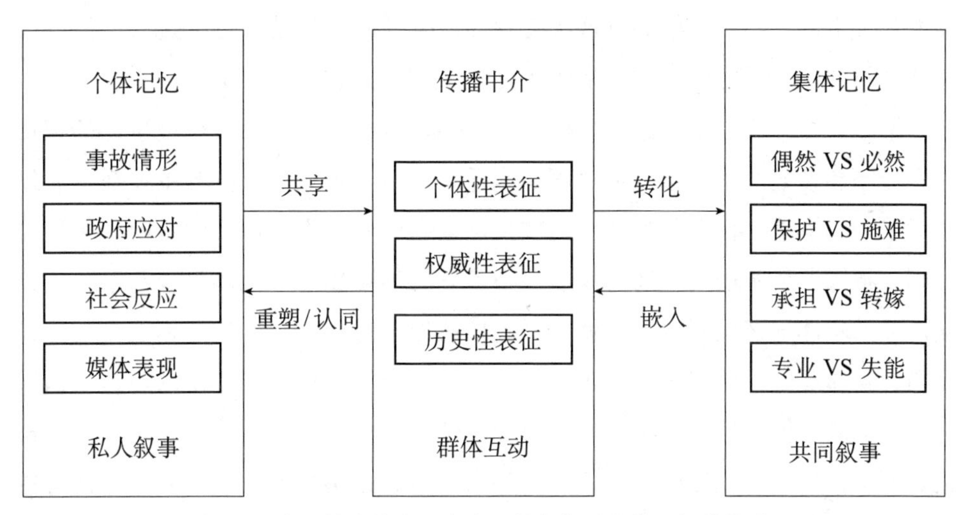

图 8-1　突发环境事件中公众主导的创伤型集体记忆的构建机制

份，对事故情形、政府应对、社会反应以及媒体表现等问题展开记述、描述和评述。新媒体为这些记忆话语提供了发布、存储、传播与共享的平台。借由广泛的群体互动与记忆流动，个体与他者在围绕事件归因（偶然事件还是必然事件）及关键主体责任等方面渐趋达成共识，使得个体记忆能够超越个体的限制转化为带有群体一致的社会经历与精神特征的集体记忆。后者作为一种群体的共同叙事反过来进一步同化其他个体对此次事件的理解与认知。具体至以天津港爆炸事故为代表的一类突发环境事件，受到事故危害特别重大、应对处置问题迭出、经营监管疏失引祸等因素的影响，公众对事件的个体记忆充满了悲剧叙事，群体则在关键主体的角色差距下爆发出了强烈的集体危机感知，使得这类事件的集体记忆呈现出显著的创伤性表征。

面对这种创伤型集体记忆的构建机制，还需进一步说明与注意的是：

第一，作为集体记忆的基础，个体的记忆行为并不是孤立的，对其记忆内容与方式发挥决定作用的是个体所在的集体以及由无处不在的思想观念与行为模式构成的社会框架。[①] 换言之，公众围绕突发环境事件构建的集体记忆并不是仅依靠单一事件形成的独特记忆；相反，从某种意义上讲，公众脑海中早就被构建好的价值观念与知识经验已经决定了他们会如何认知、建构与记忆此次

① 哈布瓦赫．论集体记忆［M］．毕然，郭金华，译．上海：上海人民出版社，2002：68-69．

突发环境事件。当然，他们对这次突发环境事件的记忆结果也会进入他们的观念体系与知识体系之中，在未来认知类似事件时发挥框架作用。

第二，尽管公众记忆依循某种既有框架，但从其针对突发环境事件的记忆主题分布和频繁使用的角色冲突框架来看，政府、企业、媒体等主体在事件发生后采取的措施、行动及其产生的效果，也会对公众集体记忆的走向产生很大影响。将第一节所述天津港爆炸事故中各方的议题建构及互动过程与第二节公众形成的集体记忆比照观察，就可发现事故处理过程中政府的延迟发布与保留发布、媒体部分混乱甚至相互矛盾的报道在公众记忆里得到了反映，这些做法进一步加剧了公众记忆的批判性与负面程度。对此，相关主体需要意识到危机也是契机，如能在危机中及时应对、科学施策、透明公开、积极对话，便有机会改变公众对自身的认知框架，实现化危机为机遇。相反，应对失当或沟通迟滞只会不断固化公众对自身的负面刻板印象。

第三，从整体上看，公众的集体记忆所反映的其对突发环境事件的认知及相关意见、态度实际上并非完全正确，也不一定做到了公允公正，甚至在某些情形下充斥着私人偏见与片面预设。但换个角度看，它却真实地反映了公众在此类事件中可能呈现的群体意识与认知方式，这种集体框架需要得到审慎对待。社会管理者理应认识到，积极的集体记忆将会成为形塑信任与认同的重要力量，消极的集体记忆则可能蕴含着价值分化、信任瓦解与认同解体的风险与危机。

主要参考文献

1. 贝克．风险社会［M］．何博闻，译．上海：译林出版社，2004.

2. 曹海林，王园妮．“闹大”与“柔化”：民间环保组织的行动策略：以绿色潇湘为例［J］．河海大学学报（哲学社会科学版），2018，20（3）：31-37，91.

3. 柴巧霞，张筠浩．微博空间中环境政策的传播与公众议程分析：基于河长制的大数据分析［J］．湖北大学学报（哲学社会科学版），2018，45（4）：160-165.

4. 陈吉宁．以改善环境质量为核心 全力打好补齐环保短板攻坚战：在2016年全国环境保护工作会议上的讲话［J］．环境经济，2016（1）：7-19.

5. 陈丽君，金铭．政策营销、政策获取意愿与政策有效性评价的关系研究：基于政策知晓度的中介效应检验［J］．中国行政管理，2020（2）：117-122.

6. 陈绍军，李如春，马永斌．意愿与行为的悖离：城市居民生活垃圾分类机制研究［J］．中国人口·资源与环境，2015，25（9）：168-176.

7. 陈晓运，张婷婷．地方政府的政策营销：以广州市垃圾分类为例［J］．公共行政评论，2015（6）：134-153.

8. 戴佳，季诚浩．从民主实用到行政理性：垃圾焚烧争议中的微博行动者与话语变迁［J］．中国地质大学学报（社会科学版），2020，20（3）：133-146.

9. 丁进锋，诸大建，田园宏．邻避风险认知与邻避态度关系的实证研究

[J]. 城市发展研究，2018，25 (5)：117－124.

10. 董天策，胡丹．试论公共事件报道中的媒体角色：从番禺垃圾焚烧选址事件报道谈起 [J]. 国际新闻界，2010 (4)：53－57.

11. 法默尔．公共行政的语言：官僚制、现代性和后现代型：中文修订版 [M]. 吴琼，译．北京：中国人民大学出版社，2017.

12. 范文宇，薛立强．历次生活垃圾分类为何收效甚微：兼论强制分类时代下的制度构建 [J]. 探索与争鸣，2019 (8)：150－159，199－200.

13. 范小杉，罗宏．突发性环境事件省际格局变动趋势 [J]. 中国人口·资源与环境，2012，22 (S2)：235－238.

14.《改革开放中的中国环境保护事业 30 年》编委会．改革开放中的中国环境保护事业 30 年 [M]. 北京：中国环境科学出版社，2010.

15. 龚文娟．环境风险沟通中的公众参与和系统信任 [J]. 社会学研究，2016，31 (3)：47－74，243.

16. 顾丽梅，李欢欢．行政动员与多元参与：生活垃圾分类参与式治理的实现路径：基于上海的实践 [J]. 公共管理学报，2021，18 (2)：83－94.

17. 郭施宏，陆健．城市环境治理共治机制构建：以垃圾分类为例 [J]. 中国特色社会主义研究，2020 (Z1)：132－141.

18. 郭小安．网络舆情联想叠加的基本模式及反思：基于相关案例的综合分析 [J]. 现代传播（中国传媒大学学报），2015 (3)：123－130.

19. 郭小平，李晓．环境传播视域下绿色广告与“漂绿”修辞及其意识形态批评 [J]. 湖南师范大学社会科学学报，2018，47 (1)：149－156.

20. 郭小平．风险传播视域的媒介素养教育 [J]. 国际新闻界，2008 (8)：50－54.

21. 国家环境保护办公室．环境保护文件选编 1988—1992 [M]. 北京：中国环境科学出版社，1995.

22. 国家环境保护局．第四次全国环境保护会议文件汇编 [M]. 北京：中国环境科学出版社，1996.

23. 国家环境保护局办公室．环境保护文件选编 1973—1987 [M]. 北京：中国环境科学出版社，1988.

24. 国家环境保护局办公室．环境保护文件选编 1993—1995 [M]. 北京：中国环境科学出版社，1996.

25. 国家环境保护局办公室．环境保护文件选编：2000 [M]. 北京：中国环境科学出版社，2001.

26. 国家环境保护总局办公厅．环境保护文件选编：1998 [M]. 北京：中国环境科学出版社，1999.

27. 哈布瓦赫．论集体记忆 [M]. 毕然，郭金华，译．上海：人民出版社，2002.

28. 汉尼根．环境社会学：第 2 版 [M]. 洪大用，等译．北京：中国人民大学出版社，2009.

29. 豪格，阿布拉姆斯．社会认同过程 [M]. 高明华，译．北京：中国人民大学出版社，2011.

30. 何，安德蒙．嵌入式行动主义在中国：社会运动的机遇与约束 [M]. 李婵娟，译．北京：社会科学文献出版社，2012.

31. 何艳玲．"中国式"邻避冲突：基于事件的分析 [J]. 开放时代，2009 (12)：102-114.

32. 洪大用．试论改进中国环境治理的新方向 [J]. 湖南社会科学，2008 (3)：79-82.

33. 侯光辉，王元地．邻避危机何以愈演愈烈：一个整合性归因模型 [J]. 公共管理学报，2014，11 (3)：80-92，142.

34. 胡百精，杨奕．社会转型中的公共传播、媒体角色与多元共识：美国进步主义运动的经验与启示 [J]. 中国行政管理，2019 (2)：128-134.

35. 胡百精．公共协商与偏好转换：作为国家和社会治理实验的公共传播 [J]. 新闻与传播研究，2020，27 (4)：21-38，126.

36. 黄彪文，张增一．从常人理论看专家与公众对健康风险的认知差异 [J]. 科学与社会，2015，5 (1)：104-116.

37. 黄河，刘琳琳．风险沟通如何做到以受众为中心：兼论风险沟通的演进和受众角色的变化 [J]. 国际新闻界，2015，37 (6)：74-88.

38. 黄河，刘琳琳．环境议题的传播现状与优化路径：基于传统媒体和新媒体的比较分析［J］. 国际新闻界，2014，36（1）：90－102.

39. 黄河，刘琳琳．论传统主流媒体对环境议题的建构：以《人民日报》2003年至2012年的环境报道为例［J］. 新闻与传播研究，2014，21（10）：53－65，127.

40. 黄河，刘琳琳．媒介素养视角下公众对环境风险议题的负向建构［J］. 现代传播（中国传媒大学学报），2018，40（2）：157－161.

41. 黄河，王芳菲，邵立．心智模型视角下风险认知差距的探寻与弥合：基于邻避项目风险沟通的实证研究［J］. 新闻与传播研究，2020，27（9）：43－63，126－127.

42. 嵇欣．当前社会组织参与环境治理的深层挑战与应对思路［J］. 山东社会科学，2018（9）：121－127.

43. 季诚浩，戴佳，曾繁旭．环境倡导的差异：垃圾分类政策的政务微信传播策略分化研究［J］. 新闻大学，2020（11）：97－110.

44. 贾广惠．论传媒环境议题建构下的中国公共参与运动［J］. 现代传播（中国传媒大学学报），2011（8）：14－18，39.

45. 江作苏，孙志鹏．环境传播议题中"三元主体"的互动模式蠡探：以"连云港核循环项目"和"湖北仙桃垃圾焚烧项目"为例［J］. 中国地质大学学报（社会科学版），2017，17（1）：110－119.

46. 卡斯帕森 J X，卡斯帕森 R E. 风险的社会视野：上［M］. 童蕴芝，译. 北京：中国劳动社会保障出版社，2010.

47. 考克斯．假如自然不沉默：环境传播与公共领域：第3版［M］. 纪莉，译．北京：北京大学出版社，2016.

48. 克里姆斯基，戈尔丁．风险的社会理论学说［M］. 徐元玲，孟毓焕，徐玲，译．北京：北京出版社，2005.

49. 朗格林，麦克马金．风险沟通：环境、安全和健康风险沟通指南：第5版［M］. 黄河，蒲信竹，刘琳琳，译．北京：中国传媒大学出版社，2016.

50. 李东晓．"地位授予"：我国媒体对一家国际环保组织"媒体身份"建构的描述性分析［J］. 国际新闻界，2020，42（10）：48－68.

51. 李鹏．论有中国特色的环境保护［M］. 北京：中国环境科学出版社，1992.

52. 李燕，母睿，朱春奎．政策沟通如何促进政策理解?：基于政策周期全过程视角的探索性研究 [J]. 探索，2019 (3)：122-134.

53. 林爱珺，吴转转．风险沟通研究述评 [J]. 现代传播（中国传媒大学学报），2011 (3)：36-41.

54. 刘建秋，宋献中．社会责任活动、社会责任沟通与企业价值 [J]. 财经论丛，2011 (2)：84-91.

55. 刘涛．“传播环境”还是“环境传播”?：环境传播的学术起源与意义框架 [J]. 新闻与传播研究，2016，23 (7)：110-125.

56. 刘小青．公众对环境治理主体选择偏好的代际差异：基于两项跨度十年调查数据的实证研究 [J]. 中国地质大学学报（社会科学版），2012，12 (1)：60-66，139.

57. 刘小燕．政府形象传播的本质内涵 [J]. 国际新闻界，2003 (6)：49-54.

58. 娄树旺．环境治理：政府责任履行与制约因素 [J]. 中国行政管理，2016 (3)：48-53.

59. 罗斯．社会控制 [M]. 秦志勇，毛永政，译．北京：华夏出版社，1989.

60. 毛劲歌，张铭铭．互联网背景下公共政策传播创新探析 [J]. 中国行政管理，2017 (9)：111-115.

61. 毛泽东著作选读：下册 [M]. 北京：人民出版社，1986.

62. 孟薇，孔繁斌．邻避冲突的成因分析及其治理工具选择：基于政策利益结构分布的视角 [J]. 江苏行政学院学报，2014 (2)：119-124.

63. 秦鹏．消费问题：环境问题的另一种解读 [J]. 中国人口·资源与环境，2008 (4)：128-138.

64. 邱雨．中国社会组织的话语功能研究：基于公共领域的视域 [J]. 华东理工大学学报（社会科学版），2019，34 (4)：35-45，56.

65. 曲格平，彭近新．环境觉醒：人类环境会议和中国第一次环境保护会议 [M]. 北京：中国环境科学出版社，2010.

66. 曲格平．中国的环境管理［M］．北京：中国环境科学出版社，1989.

67. 曲格平．中国环境保护四十年回顾及思考（回顾篇）［J］．环境保护，2013，41（10）：10－17.

68. 曲格平．中国环境问题及对策［M］．北京：中国环境科学出版社，1989.

69. 曲格平．走有中国特色的环境保护道路［J］．上海环境科学，1993（1）：2－6.

70. 斯洛维克．风险感知：对心理测量范式的思考［M］//克里姆斯基，戈尔丁．风险的社会理论学说．徐元玲，孟毓焕，徐玲，等译．北京：北京出版社，2005.

71. 孙其昂，孙旭友，张虎彪．为何不能与何以可能：城市生活垃圾分类难以实施的“结”与“解”［J］．中国地质大学学报（社会科学版），2014，14（6）：63－67.

72. 孙晓杰，王春莲，李倩，等．中国生活垃圾分类政策制度的发展演变历程［J］．环境工程，2020，38（8）：65－70.

73. SCHREURS M. 国际环境执政理论研究进展透视［J］．环境科学研究，2006（S1）：71－80.

74. 塔罗，等．社会运动论［M］．张等文，孔兆政，译．长春：吉林人民出版社，2011.

75. 谭翀，严强．从“强制灌输”到“政策营销”：转型期中国政策动员模式变迁的趋势与逻辑［J］．南京社会科学，2014（5）：62－69.

76. 谭爽，任彤．“绿色话语”生产与“绿色公共领域”建构：另类媒体的环境传播实践：基于“垃圾议题”微信公众号L的个案研究［J］．中国地质大学学报（社会科学版），2017，17（4）：78－91.

77. 谭爽．草根NGO如何成为政策企业家?：垃圾治理场域中的历时观察［J］．公共管理学报，2019，16（2）：79－90，172.

78. 童志锋．动员结构与自然保育运动的发展：以怒江反坝运动为例［J］．开放时代，2009（9）：116－132.

79. 王奎明，钟杨．“中国式”邻避运动核心议题探析：基于民意视角

[J]. 上海交通大学学报（哲学社会科学版），2014，22（1）：23－33.

80. 王利涛. 从政府主导到公共性重建：中国环境新闻发展的困境与前景[J]. 中国地质大学学报（社会科学版），2011，11（1）：76－81.

81. 王庆. 媒体归因归责策略与被“雾化”的雾霾风险：基于对人民网雾霾报道的内容分析[J]. 现代传播（中国传媒大学学报），2014，36（12）：37－42.

82. 王诗宗，徐畅. 社会机制在城市社区垃圾分类政策执行中的作用研究[J]. 中国行政管理，2020（5）：52－57.

83. 吴湘玲，王志华. 我国环保NGO政策议程参与机制分析：基于多源流分析框架的视角[J]. 中南大学学报：社会科学版，2011，17（5）：29－34.

84. 武小川. 公众参与社会治理的法治化研究[M]. 北京：中国社会科学出版社，2016.

85. 夏倩芳，黄月琴. 社会冲突性议题的媒介建构与话语政治：以国内系列反“PX”事件为例[J]. 中国媒体发展研究报告，2010：162－181.

86. 向安玲，沈阳. 中继人视角下公共政策异构化传播研究：以垃圾分类政策为例[J]. 情报杂志，2021，40（2）：131－137.

87. 肖爱树. 1949～1959年爱国卫生运动述论[J]. 当代中国史研究，2003（1）：97－102，128.

88. 亚当，贝克，龙. 风险社会及其超越：社会理论的关键议题[M]. 赵延东，马缨，等译. 北京：北京出版社，2005.

89. 颜景毅. “参与”的传播：社交媒体功能的杜威式解读[J]. 现代传播（中国传媒大学学报），2017，39（12）：44－47.

90. 于亢亢，赵华，钱程，等. 环境态度及其与环境行为关系的文献评述与元分析[J]. 环境科学研究，2018，31（6）：1000－1009.

91. 张乐，童星. “邻避”冲突管理中的决策困境及其解决思路[J]. 中国行政管理，2014（4）：109－113.

92. 张萍，丁倩倩. 环保组织在我国环境事件中的介入模式及角色定位：近10年来的典型案例分析[J]. 思想战线，2014，40（4）：92－95.

93. 张萍，赵蕾. 迈向环境共治：环保社会动员的转型与创新[J]. 中央民族大学学报（哲学社会科学版），2020，47（5）：88－94.

94. 张威．绿色新闻与中国环境记者群之崛起［J］. 新闻记者，2007（5）：13－17.

95. 张燕，虞海侠．风险沟通中公众对专家系统的信任危机［J］. 现代传播（中国传媒大学学报），2012，34（4）：139－140.

96. 张玉林．中国农村环境恶化与冲突加剧的动力机制：从三起“群体性事件”看“正经一体化”［M］// 吴敬琏，江平．洪范评论．北京：中国法制出版社，2007：192－219.

97. 曾繁旭，戴佳，郑婕．框架争夺、共鸣与扩散：PM2.5 议题的媒介报道分析［J］. 国际新闻界，2013，35（8）：96－108.

98. 曾繁旭，戴佳．中国式风险传播：语境、脉络与问题［J］. 西南民族大学学报（人文社会科学版），2015，36（4）：185－189.

99. 钟兴菊，罗世兴．接力式建构：环境问题的社会建构过程与逻辑：基于环境社会组织生态位视角分析［J］. 中国地质大学学报（社会科学版），2021，21（1）：70－86.

100. 周生贤．加快推进历史性转变 努力开创环境保护工作新局面：在 2006 年全国环保厅局长会议上的讲话［J］. 环境保护，2006（5A）：4－15.

101. 朱正威，王琼，吕书鹏．多元主体风险感知与社会冲突差异性研究：基于 Z 核电项目的实证考察［J］. 公共管理学报，2016，13（2）：97－106，157－158.

102. 卓光俊，薛葵．环境事件中多元利益主体的话语实践分析：基于云南民族生态地区的实地调研［J］. 国际新闻界，2017，39（7）：107－118.

103. 邹东升，包倩宇．环保 NGO 的政策倡议行为模式分析：以“我为祖国测空气”活动为例［J］. 东北大学学报（社会科学版），2015，17（1）：69－76.

104. ADSERA A，BOIX C，PAYNE M. Are you being served?：political accountability and quality of government［J］. The journal of law，economics，and organization，2003，19（2）：445－490.

105. AUSTIN L C，FISHHOFF B. Injury prevention and risk communica-

tion: a mental models approach [J]. Injury prevention, 2012, 18 (2): 124 - 129.

106. BAUMGARTNER H, SUJAN M, BETTMAN J. Autobiographical memories, affect, and consumer information processing [J]. Journal of consumer psychology, 1992, 1 (1): 53 - 82.

107. BEETON S, BENFIELD R. Demand control: the case for demarketing as a visitor and environmental management tool [J]. Journal of sustainable tourism, 2002, 10 (6): 497 - 513.

108. BRIKLAND T A. Focusing events, mobilization, and agenda setting [J]. Journal of pubilic policy, 1998, 18 (1): 53 - 74.

109. CANTRILL J G. Communication and our environment: categorizing research in environmental advocacy [J]. Journal of applied communication research, 1993, 21 (1): 66 - 95.

110. CARLSON L, GROVE S J, KANGUN N. A content analysis of environmental advertising claims: a matrix method approach [J]. Journal of advertising, 1993, 22 (3): 27 - 39.

111. CHEN M F. Impact of fear appeals on pro-environmental behavior and crucial determinants [J]. International journal of advertising, 2016, 35 (1): 74 - 92.

112. CLARKE L. Explaining choices among technological risks [J]. Social problems, 1988, 35 (1): 22 - 35.

113. COBB R, ROSS J, ROSS M H. Agenda building as a comparative political process [J]. The American political science review, 1976, 70 (1): 126 - 138.

114. PETERS R, COVELLO V, MCCALLUM D. The determinants of trust and credibility in environmental risk communication [J]. Risk analysis, 1977 (1): 43 - 54.

115. COVELLO V, SANDMAN P. Risk communication: evolution and revolution [C] // WOLBARST A. Solutions for an environmental in peril. Baltimore: Johns Hopkins University Press, 2001.

116. COX J R. Beyond frames：recovering the strategic in climate communication [J]. Environmental communication，2010，1 (1)：122 - 133.

117. DAVIS J J. The effects of message framing on response to environmental communications [J]. Journalism & mass communication quarterly，1995，72 (2)：285 - 199.

118. FISHHOFF B. The sciences of science communication [J]. Proceedings of the national academy of sciences，2013，110 (suppl 3)：14033 - 14039.

119. FOWLER Ⅲ A R，CLOSE A G. It ain′t easy being green：macro，meso，and micro green advertising agendas [J]. Journal of advertising，2012，41 (4)：119 - 132.

120. GADAMER H G. Truth and method [M]. Translated by J Weinsheimer & D G Marshall. London：Continuum，1975.

121. GALADA H C，GURIAN P L，CORELLA-BARUD V，et al. Applying the mental models framework to carbon monoxide risk in northern Mexico [J]. Revista panamericana de salud pública，2009，25 (3)：242 - 253.

122. GAMSON W A，MODIGLIANI A. Media discourse and public opinion on nuclear power：a constructionist approach [J]. The American journal of sociology，1989，95 (1)：1 - 37.

123. GOFFMAN E. Frame analysis：an essay on the organization of experience [M]. Cambridge：Harvard University Press，1974.

124. GRIMMER M，WOOLLEY M. Green marketing messages and consumers’ purchase intentions：promoting personal versus environmental benefits [J]. Journal of marketing communications，2014，20 (4)：231 - 250.

125. HABERMAS J. Legitimation crisis [M]. London：Heinemann，1976.

126. HARTMANN P，APAOLAZA-IBÁÑEZ V. Green value added [J]. marketing intelligence & planning，2006，24 (7)：673 - 680.

127. HERNDL C G，BROWN S. Green culture：environmental rhetoric in contemporary American [C]. Madison：University of Wisconsin Press，1996.

128. HUR W M，KIM Y，PARK K. Assessing the effects of perceived val-

ue and satisfaction on customer loyalty：a "green" perspective [J]. Corporate social responsibility and environmental management，2013，20 (3)：146 - 156.

129. IYER E，BANERJEE S B. Anatomy of green advertising [J]. Advances in consumer research，1993，20：494 - 501.

130. JI B C，KIM H K. Competition，economic benefits，trust，and risk perception in siting a potentially hazardous facility [J]. Landscape and urban planning，2009，91 (1)：8 - 16.

131. KELLEY H. Attribution theory in social psychology [J]. Nebraska symposium on motivation，1967，15：192 - 238

132. KRAUSE A，BUCY E P. Interpreting images of fracking：how visual frames and standing attitudes shape perceptions of environmental risk and economic benefit [J]. Environmental communication，2018，12 (3)：322 - 343.

133. KUHN R G，BALLARD K R. Canadian innovations in siting hazardous waste management facilities [J]. Environmental management，1988，22 (4)：533 - 545.

134. LEONIDOU L C，LEONIDOU C N，PALIHAWADANA D，et al. Evaluating the green advertising practices of international firms：a trend analysis [J]. International marketing review，2011，28 (1)：6 - 33.

135. MAHARIK M，FISHHOFF B. The risks of using nuclear energy sources in space：some lay activists' perceptions [J]. Risk analysis，1992，12 (3)：383 - 392.

136. MOON K，GUERRERO A M，ADAMS V M，et al. Mental models for conservation research and practice [J]. Conservation letters，2019，12 (3)：e12642.

137. MORGAN M G，FISHHOFF B，BSOTROM A，et al. Risk communication：a mental models approach [M]. Cambridge：Cambridge University Press，2002.

138. MROGERS E，WDEARING J. Agenda-setting research：where has it been，where is it going? [J]. Annals of the international communication assoc-

iation，1988，11（1）：555－594.

139. NAKAZAWA T. Politics of distributive justice in the siting of waste disposal facilities：the case of Tokyo [J]. Environmental politics，2015，25（3）：513－534.

140. National Research Council. Improving risk communication [M]. Washington：National Academy Press，1989.

141. NEWELL S J，GOLDSMITH R E，BANZHAF E J. The effect of misleading environmental claims on consumer perceptions of advertisements [J]. Journal of marketing theory and practice，1998，6（2）：48－60.

142. PARGUEL B，BENOIT-MOREAU F，LARCENEUX F. How sustainability ratings might deter "green-washing"：a closer look at ethical corporate communication [J]. Journal of business ethics，2011，102（1）：15－28.

143. PETTY R E，CACIOPPO J T. The elaboration likelihood model of persuasion [J]. Advances in experimental social psychology，1986，19：123－205.

144. POLLAY R W，DAVID K，WANG Z Y. Advertising，propaganda，and value change in economic development：the new cultural revolution in China and attitudes toward advertising [J]. Journal of business research，1990，20（2）：83－95.

145. REICH B J，ARMSTRONG SOULE C A. Green demarketing in advertisements：comparing "buy green" and "buy less" appeals in product and institutional advertising contexts [J]. Journal of advertising，2016，45（4）：441－458.

146. RENN O. Concepts of risk：a classification [M] // KRIMSKY S，GOLDING D. Social theories of risk. Westport：Praeger，1992：53－79.

147. RILEY D. Mental models in warnings message design：a review and two case studies [J]. Safety science，2014（61）：11－20.

148. SEGEV S，FERNANDES J，WANG W R. The effects of gain versus loss message framing and point of reference on consumer responses to green ad-

vertising [J]. Journal of current issues & research in advertising, 2015, 36 (1): 35-51.

149. SHOEMAKER P J, REESE S D. Mediating the message: theories of influences on mass media content [M]. New York: Longman Trade, 1991.

150. SLOVIC P. Perception of risk [J]. Science, 1987, 236 (4799): 280-285.

151. ARMSTRONG SOULE C A, REICH B J. Less is more: is a green demarketing strategy sustainable? [J]. Journal of marketing management, 2015, 31 (13-14): 1403-1427.

152. STARR J, NICOLSON C. Patterns in trash: factors driving municipal recycling in Massachusetts [J]. Resources conservation & recycling, 2015, 99: 7-18.

153. THOMPSON J B. Media and modernity: a social theory of the media [M]. Cambridge: Polity Press, 1995.

154. TUCKER E M, RIFON N J, LEE E M, et al. Consumer receptivity to green ads: a test of green claim types and the role of individual consumer characteristics for green ad response [J]. Journal of advertising, 2012, 41 (4): 9-23.

155. VAN LEEUWE T. Legitimation in discourse and communication [J]. Discourse & communication, 2007, 1 (1): 91-112.

156. VLACHOS P, TSAMAKOS A, VRECHOPOULOS A, et al. Corporate social responsibility: attributions, loyalty, and the mediating role of trust [J]. Journal of the academy of marketing science, 2009, 37 (2): 170-180.

157. WAN C, SHEN G Q, YU A. The role of perceived effectiveness of policy measures in predicting recycling behaviour in Hong Kong [J]. Resources conservation & recycling, 2014, 83 (2): 141-151.

158. WILLIAMS D E, OLANIRAN B A. Expanding the crisis planning function: introducing elements of risk communication to crisis communication practice [J]. Public relations review, 1998, 24 (3): 387-400.

159. XIAO S J, DONG H J, GENG Y, et al. An overview of the municipal solid waste management modes and innovations in Shanghai, China [J]. Environmental science and pollution research, 2020, 27 (24): 29943－29953.

160. XUE F. It looks green: effects of green visuals in advertising on Chinese consumers' brand perception [J]. Journal of international consumer marketing, 2014, 26 (1): 75－86.

后　记

在本书中，我们基于传播主体与传播议题的双重线索，对政府、媒体、社会组织、公众的环境传播行为，以及常规环境议题、环境风险议题、突发环境事件议题的对话协商进程进行了全景式分析，以此描绘了新中国成立以来环境传播的历史发展进程与当代实践图景。

从国际比较视野看，中国环境传播的社会实践晚于以美国为代表的西方国家，发展模式也与之迥然不同。自19世纪中后期的资源保护运动开始，西方环境传播事业以部分民间环保主义者与相关专业人士的环境觉醒为萌芽，运用文学作品、媒体报道与科学研究等手段，通过促进社会公众的环境保护意识与行动，并借由环境社会运动的扩张推动环境议题进入国家议程。按照国家-社会的二元结构观察，在这种西方模式中，是社会力量而非国家意志在更大程度上主导并促进了环境传播的发展与环境保护运动的壮大。

而基于前述对我国环境传播发展路径的分析，在中国环境保护与环境传播事业发展的早期阶段，政府扮演了实质上的主导角色：一方面，政府是中国环境传播的发起者，一直在环境议题的话语建构中处于核心地位；另一方面，政府针对环境问题和环境治理的意义阐释与话语体系也在社会层面得到了大众媒体的积极贯彻，公众作为被启蒙者亦几乎从未（或难以）大规模地直接质疑政府的环境宣传或反对政府的环境决策。然而，正如本书用大量篇幅所论述的那样，进入21世纪后，伴随人民生活水平、知识素养、公民意识的不断提高以及对美好生活愈发强烈的追求，叠加新媒体普及发展所创造的全新社会互动方式，以普通公众、意见领袖、社会组织等为代表的社会主体开始更为主动地参与到环境信息传播、观念表达、意见沟通与利益协商之中，环境领域的议题博弈与话语竞争日益加剧，政府的环境决策与环境宣传频遭挑战。可以说，公众的崛起正在打破环境传播的力量格局，传统的环境传播体系开始面临结构性调整的压力。

当然，中国环境传播体系及其格局秩序的革新并非单纯是为应对传统传播方式遇挫而做的策略性调整，其也内嵌于新媒体环境下中国社会公共传播体系发展重塑的整体进程，对推进新时代中国社会治理体系的现代化具有必要而积极的意义。从这一角度来说，中国环境传播发展所要面对和解决的问题，与中国社会治理体系和社会公共传播体系的重构创新所要针对的问题应有很大程度的共性。其中，首要的问题是在结构层面对政府、媒体、企业、社会组织、公众等多类行动者在环境传播整体格局中的地位、角色、功能及其互动关系做出全新规划，形成契合时代特点与环境保护事业发展需要的新架构。当前，国家治理体系与环境治理体系都处在现代化转型的变革时期：党的十九大报告明确提出要推进国家治理体系和治理能力现代化，完善党委领导、政府负责、社会协同、公众参与、法治保障的社会治理体制；在环境保护领域，习近平总书记也于 2017 年提出“加快构建政府企业公众共治的绿色行动体系”的要求。换言之，在国家治理体系的现代化进程中，媒体、社会组织、公众等多元社会主体将越来越广泛、深入地参与到国家公共事务的管理和决策之中，在国家治理与环境治理中的作用会发挥得更加充分，这也同时代表着其在环境传播中的角色会得到进一步的扩展和提升。这里需要说明的是，主体结构的调整并不意味着要彻底改变政府在环境传播中的主导地位，事实上任何组织和个人都无法在与政府同等的地位和意义上成为环境传播的主体，但面对国家治国方略和传播技术发展给中国环境传播主体带来的变革要求，矫正长期以来在环境传播主体问题上的“政府偏向”——用政府代言和教化社会，转为政府主体与社会主体的平等对话及和谐互动，是中国环境传播的发展趋势所在。

多元主体平等对话及和谐互动的环境传播体系的构建，必然要求各类主体调整自身的环境传播理念与方式，促进环境传播的过程机制及其实践效果的优化。在前述章节中，我们从不同侧面对各主体在环境传播行为中存在的问题展开了讨论，并接着提出了可能与可为的改进路径，在此不再赘述。事实上，从当代中国环境传播的发展经验来看，各类主体一直在根据政策环境、社会环境、传播环境等外部环境的变化调试自身进行环境传播的思路与方法。以其中的突出代表政府为例，新媒体时代以来，其就在不断吸纳现代技术、更新传播手段，一方面加强主流环境信息的输出，提高环境传播的贯穿力和影响力，另一方面进一步注重来自社会领域的环境信息，更为积极地回应与引导社会意见和情绪，以此促进自身环境传播行动的参与性与互动性。但严格来讲，这些调整在更多情况下是针对新媒体创造的“去中心化”传播环境及其培育的极具权利意识和批判精神的受众群体做出的初步、被动的改变。一个根本的问题是，虽然当前中国环境传播的多元参与与双向互动特征得到了空前的加强和拓展，但政府与公众、国家与社会之间在环境传播的范围、深度与影响力等方面还具有相当大的差距，各行动主体之间的沟通与对话也缺乏制度化与规范化、建设性与灵活性兼具的交流机制，这使得目前有关环境问题的社会互动并不能总是导向国家与社会之间的良性对话与协同合作。就此而言，中国环境传播的现代化发展，不仅是更新传播技术、方式和方法的问题，在更深层面，还涉及其所基于的价值规范能否与现代价值体系、时代精神相契合的问题。也就是说，推动中国环境传播走向新的秩序，使之继续成为环境保护事业的促进力量，各行动主体除了要把握与顺应新媒体传播规律，更需从其背后更为宏大的国家治理理念与社会价值潮流出发认识、规划与践行环境传播活动，将共建共治共享、参与对话协商的社会治理观念转化为环境传播及对话交流的制度架构与价值追求，使环境传播成为一种有表达、有监督、有对话、有共识、有合作的社会运作过程，从而在实质层面提高其政治效能与社会价值。

人与自然和谐共生的现代化，是中国社会主义现代化的重要特征。在走向和谐共生的时代命题下，我们选择了环境传播这一十分重要的环境实践领域，以期通过对中国环境传播的历史与现实、主体与议题、宣传与对话、秩序与冲突的多维呈现，总结中国环境传播70余年的发展历程，探寻推动中国环境传播进步的时代起点。希望这样的探索在推动形成人与自然和谐共生的现代化建设新格局的过程中发挥积极作用。

图书在版编目（CIP）数据

走向和谐共生：中国环境议题的多元话语建构/黄河著．-- 北京：中国人民大学出版社，2022.9
（新闻传播学文库）
ISBN 978-7-300-30982-8

Ⅰ.①走… Ⅱ.①黄… Ⅲ.①环境保护—研究—中国
Ⅳ.①X-12

中国版本图书馆 CIP 数据核字（2022）第 164162 号

新闻传播学文库
走向和谐共生
中国环境议题的多元话语建构
黄　河　著
Zouxiang Hexie Gongsheng

出版发行　中国人民大学出版社
社　　址　北京中关村大街 31 号　　**邮政编码**　100080
电　　话　010－62511242（总编室）　010－62511770（质管部）
010－82501766（邮购部）　010－62514148（门市部）
010－62515195（发行公司）　010－62515275（盗版举报）
网　　址　http://www.crup.com.cn
经　　销　新华书店
印　　刷　北京宏伟双华印刷有限公司
规　　格　170 mm×240 mm　16 开本　　**版　　次**　2022 年 9 月第 1 版
印　　张　20 插页 2　　**印　　次**　2022 年 9 月第 1 次印刷
字　　数　312 000　　**定　　价**　69.80 元